石油工程技能培训系列教材

连续油管作业

王汤　赵铭　主编

中国石化出版社

内容提要

《连续油管作业》为《石油工程技能培训系列教材》之一。连续油管广泛应用于油气田修井、完井、测井、钻井等作业，被誉为“万能作业机”。本教材从实际出发，集连续油管设备、管材及其工程应用于一体，系统地介绍了连续油管工程技术，重点对常用施工工艺、设备维护、安全保障做了详细讲解，并就倒管作业、抽管作业、设备安装与调试、连接器安装、计数器清零等常见项目的规范操作进行了详细描述，具有较强的实操性。

本教材为井下作业技能操作人员技能培训必备教材，也可作为相关专业大中专院校师生的参考教材。

图书在版编目（CIP）数据

连续油管作业 / 王汤，赵铭主编 . — 北京：中国石化出版社，2023.8

ISBN 978-7-5114-7215-1

Ⅰ . ①连… Ⅱ . ①王… ②赵… Ⅲ . ①连续油管 Ⅳ . ① TE931

中国国家版本馆 CIP 数据核字（2023）第 150576 号

中国石化出版社出版发行

地址：北京市东城区安定门外大街58号

邮编：100011　电话：(010) 57512500

发行部电话：(010) 57512575

http://www.sinopec-press.com

E-mail: press@sinopec.com

北京富泰印刷有限责任公司印刷

全国各地新华书店经销

*

787毫米×1092毫米　16开本　12.75印张　274千字

2023年9月第1版　2023年9月第1次印刷

定价：58.00元

《石油工程技能培训系列教材》
编写工作指导委员会

编委会办公室

《连续油管作业》编审人员

主　编：王　汤　赵　铭

编　写：许建波　钟　浩　许学刚　江　强

　　　　李　杰　张新峰　张胜彬

审　稿：陈介骄　秦钰铭　尤春光　韩同方

　　　　秦志勇　赵　勇

序

PREFACE

习近平总书记指出："石油能源建设对我们国家意义重大，中国作为制造业大国，要发展实体经济，能源的饭碗必须端在自己手里。"党的二十大报告强调："深入推进能源革命，加大油气资源勘探开发和增储上产力度，确保能源安全。"石油工程是油气产业链上不可或缺的重要一环，是找油找气的先锋队、油气增储上产的主力军，是保障国家能源安全的重要战略支撑力量。随着我国油气勘探开发向深地、深海、超高温、超高压、非常规等复杂领域迈进，超深井、超长水平段、非常规等施工项目持续增加，对石油工程企业的核心支撑保障能力和员工队伍的技能素质提出了新的更高要求。

石油工程企业要切实履行好"服务油气勘探开发、保障国家能源安全"的核心职责，在建设世界一流、推进高质量发展中不断提高核心竞争力和核心功能，迫切需要加快培养造就一支高素质、专业化的石油工程产业大军，拥有一大批熟练掌握操作要领、善于解决现场复杂疑难问题、勇于革新创造的能工巧匠。

我们组织编写的《石油工程技能培训系列教材》，立足支撑国家油气产业发展战略所需，贯彻中国石化集团公司人才强企战略部署，把准石油工程行业现状与发展趋势，符合当前及今后一段时期石油工程产业大军技能素养提升的需求。这套教材的编审人员集合了中国石化集团公司石油工程领域的高层次专家、技能大师，注重遵循国家相关行业标准规范要求，坚持理论与实操相结合，既重理论基础，更重实际操作，深入分析提炼了系统内各企业的先进做法，涵盖了各相关专业（工种）的主要标准化操作流程和技能要领，具有较强的系统性、科学性、规范性、实用性。相信该套教材的出版发行，能够对推动中国石化乃至全国石油工程产业队伍建设和油气行业高质量发展产生积极影响。

匠心铸就梦想，技能成就未来。希望生产一线广大干部员工和各方面读者充分运用好这套教材，持续提升能力素质和操作水平，在新时代新征程中奋发有为、建功立业。希望这套教材能够在实践中不断丰富、完善，更好地助力培养石油工程新型产业大军，为保障油气勘探开发和国家能源安全作出不懈努力和贡献！

中石化石油工程技术服务股份有限公司

董事长、党委书记

2023 年 9 月

前言

FOREWORD

技能是强国之基、立业之本。技能人才是支撑中国制造、中国创造的重要力量。石油工程企业要高效履行保障油气勘探开发和国家能源安全的核心职责，必须努力打造谋求自身高质量发展的竞争优势和坚实基础，必须突出抓好技能操作队伍的素质提升，努力培养造就一支技能素养和意志作风过得硬的石油工程产业大军。

石油工程产业具有点多线长面广、资金技术劳动密集、专业工种门类与作业工序繁多、不可预见因素多及安全风险挑战大等特点。着眼抓实石油工程一线员工的技能培训工作，石油工程企业及相关高等职业院校等不同层面，普遍期盼能够有一套体系框架科学合理、理论与实操结合紧密、贴近一线生产实际、具有解决实操难题“窍门”的石油工程技能培训系列教材。

在中国石化集团公司对石油工程业务进行专业化整合重组、中国石化石油工程公司成立10周年之际，我们精心组织编写了该套《石油工程技能培训系列教材》。编写工作自2022年7月正式启动，历时一年多，经过深入研讨、精心编纂、反复审校，于今年9月付梓出版。该套教材涵盖物探、钻井、测录井、井下特种作业等专业领域的主要职业（工种），共计13册。主要适用于石油工程企业及相关油田企业的基层一线及其他相关员工，作为岗位练兵、技能认定、业务竞赛及其他各类技能培训的基本教材，也可作为石油工程高等职业院校的参考教材。

在编写过程中，坚持“系统性与科学性、针对性与适用性、规范性与易读性”相统一。在系统性与科学性上，注重体系完整，整体框架结构清晰，符合内在逻辑规律，其中《石油工程基础》与其他12册教材既相互衔接又各有侧重，整套教材紧贴技术前沿和现场实践，体现近年来新工艺新设备的推广，反映旋转导向、带压作业等新技术的应用等。在针对性与适用性上，既有物探、钻井、测录井、井下特种作业等专业领域基础性、通用性方面的内容，也凝练了各企业、各工区近年来摸索总结的优秀操作方法和独门诀窍，紧贴一线操作实际。在规范性与易读性上，注重明确现场操作标准步骤方法，保持体例格式规范统一，内容通俗易懂、易学易练，形式喜闻乐见、寓教于乐，语言流畅简练，符合一线员工“口味”。每章末尾还设有“二维码”，通过扫码可以获取思维导图、思考题答案、最新修订情况等增值内容，助力读者高效学习。

为编好本套教材，中国石化石油工程公司专门成立了由公司主要领导担任主任、班子成员及各所属企业主要领导组成的教材编写工作指导委员会，日常组织协调工作由公司人力资源部牵头负责，各相关业务部门及各所属企业人力资源部门协同配合。从全系统各条战线遴选了中华技能大奖、全国技术能手、中国石化技能大师获得者等担任主编，并精选业务能力强、现场经验丰富的高层次专家和业务骨干共同组成编审团队。承担13本教材具体编写任务的牵头单位如下：《石油工程基础》《石油钻井工》《石油钻井液工》《钻井柴油机工》《修井作业》《压裂酸化作业》《带压作业》等7本由胜利石油工程公司负责，《石油地震勘探工》和《石油勘探测量工》由地球物理公司负责，《测井工》和《综合录井工》由经纬公司负责，《连续油管作业》由江汉石油工程公司负责，《试油（气）作业》由西南石油工程公司负责。本套教材编写与印刷出版过程中得到了中国石化总部人力资源部、油田事业部、健康安全环保管理部等部门和中国石化出版社的悉心指导与大力支持。在此，向所有参与策划、编写、审校等工作人员的辛勤付出表示衷心的感谢！

编辑出版《石油工程技能培训系列教材》是一项系统工程，受编写时间、占有资料和自身能力所限，书中难免有疏漏之处，敬请多提宝贵意见。

编委会办公室

2023年9月

目录

第一章

概述

在油气田开发过程中，根据油气田调整、改造、完善、挖潜的需要，按照工艺设计要求，利用一套地面和井下设备、工具，对油、气、水井采取各种井下技术措施，达到提高注采量、改善油层渗流条件、提高采油气速度和最终采收率的目的，这一系列井下施工统称为井下作业，是油田勘探开发过程中保证油气水井正常生产的重要手段。井下特种作业主要分为修井、试油（气）、压裂酸化、连续油管作业、带压作业等。

连续油管广泛应用于油气田修井、完井、测井、钻井等作业，在油气田勘探与开发中发挥着越来越重要的作用，被业界称为“万能作业机”。

第一节　发展概况

连续油管（Coiled Tubing，CT）又称挠性油管、盘管或柔管。相对于用螺纹连接的常规油管而言，连续油管是卷绕在卷筒上拉直后直接下井的长油管。连续油管起源于二战期间的 PLUTO 工程。1944 年第二次世界大战时期的盟军诺曼底登陆海底管线工程，铺设多条横跨英吉利海峡内径为 76.2mm、长为 1219.2m 预制好的管线，管线对焊接好后盘卷到一个直径为 12.192m 的滚筒上，盟军占领海岸后铺设的海底管线用来为盟军占领区提供燃料。

20 世纪 60 年代初，美国休斯顿 Bowen 工具公司用这种概念将挠性油管应用到小型油井修井作业，研制出第一台连续油管注入头 – 垂直反向旋转的链条牵引装置 A/N Bra–18A 系统。1962 年，由美国的 California Oil 公司和 Bowen Tools 公司联合研制成世界上第一台连续油管样机。70 年代，连续油管应用快速增加，达 200 余套，注入头提升能力达 13.5T，连续油管主要应用于冲砂、洗井、气举、打捞等常规作业。80 年代，连续油管技术发生重大转折，连续油管质量大幅提高，改善了连续油管的工作性能。1983 年美国 QT 公司首先应用斜焊技术，分散了焊接热影响区，提高了连续油管的疲劳强度和使用寿命。1985 年新型注入头研制成功，用滚轮代替了弧形链轮驱动系统，这项重大改进便于更大尺寸连续油管的使用和作业能力的提高。90 年代是连续油管作业技术成熟的年代，管材最大外径达 158.75mm，应用领域进一步扩大。1990 年，ϕ50.8mm 连续油管用于完井中。1992 年，ϕ88.9mm 连续油管用于生产油管。1994 年，开发出 ϕ114.3mm 连续油管，连续油管作业配套工具相继被开发出来。

近年来，已发展出各种材料的连续油管，如铜和其他金属及合金，以满足不同的需求，如耐酸、抗硫化氢等。另外，有公司已研制生产出玻璃钢连续油管，使油管在同等长度和内径下，强度可满足要求，重量大幅度下降，可做到完全耐酸和抗硫化氢。应用领域逐步扩展至油田地面输油管道、海洋油田海底输油管道、油井的完井管柱，以及过油管作业、大斜度井及水平井作业，目前全世界连续油管设备已超过 1000 台套。我国四川油田于

1978 年首先引进并使用连续油管，随后，国内各油田也相继引进了连续油管作业设备。

连续油管的主要用途有洗井、挤水泥、打水泥塞 / 弃井、冲砂、替泥浆、气举排液、酸化、固砂和过油管防砂、高压冲洗除垢作业，在大斜度井和水平井中测井、下入 / 打捞钢丝工具、作为完井管柱、射孔、钻塞、侧钻、钻井等。

连续油管作业的优点：作业时间短、作业成本低、施工效率高、需要作业井场小；整个作业过程中可以随时循环；能在生产条件下作业，作业安全可靠，可带压连续进行作业，减少地层污染，保护环境，而且可避免因压井而产生地层伤害。

第二节　专业术语

①连续油管作业机：使用连续油管完成油气井工程作业的专用设备。

②变壁厚油管：在缠绕油管的长度范围内，外径恒定但壁厚变化的复合型连续油管。

③内毛刺：钢管在成型过程中，内焊缝边缘少量金属被挤出，形成高出钢管内表面的细小鳍状或网状金属凸起。

④运输滚筒：运输连续油管形似绞盘的木质或金属装置。

⑤动力滚筒：张紧、缠绕、容纳连续油管的装置。

⑥软管滚筒：缠绕和释放液压管线的装置。

⑦排管器：控制连续油管整齐缠绕在滚筒上的装置。

⑧倒管器：将连续油管在运输滚筒与动力滚筒之间互倒的装置。

⑨注入头：下入或提出连续油管的动力及夹持装置。

⑩夹持块：连接在注入头驱动链条上，靠外加正压力夹持连续油管进行起下作业的块状物。

⑪ 鹅颈管：一种用于将连续油管顺利引导进注入头的装置。

⑫ 防喷盒：一种在连续油管下入或起出井内时实现管外密封的装置。

⑬ 防喷管：是连续油管作业过程中容纳井下工具的设备，一般装配在防喷器和防喷盒之间，可为井控作业提供一段压力缓冲的区域，连接形式有法兰形式和由壬形式。

⑭ 高压旋转接头：一端连接连续油管，另一端连接地面高压管汇，实现带压动密封作业的装置。

⑮ 连接器：连接连续油管和井下工具组合或连续油管之间的专用接头。

⑯ 自锁：在连续油管入井过程中，由于连续油管自身的屈曲使其在水平段推进过程中与套管内壁摩擦产生阻力，阻力达到一定程度后，无论再给连续油管施加多大推力都无法推进的现象。

思考题

1. 与常规修井作业相比，连续油管作业的优势和特点有哪些？
2. 连续油管的主要用途有哪些？

扫一扫
获取更多资源

第二章

连续油管设备

PART 2

在油气井工程中，连续油管表现为类似于电缆、钢丝绳的一种连续柔性管柱。连续油管作业改变了传统的接单根作业，作业效率约为传统设备的3倍。连续油管作业设备是连续油管工程的重要物质保障。为适应复杂的地面环境条件、井下地质构造和井筒结构条件，连续油管设备呈大型化、多样化、自动化、智能化的发展趋势，已经成为油气田勘探开发的主流设备。

第一节　设备类型

一　结构形式

连续油管作业机按滚筒的装载方式可分为车载式、橇装式和拖挂式三种形式，具体结构如下：

（一）车载设备

车载式连续油管设备机动性强，是目前国内使用最多的结构形式，其主要由滚筒车和控制车组成。

控制车（主车，图 2-1-1）。其功能和作用是对滚筒、注入头、防喷盒和防喷器等连续油管系统的控制，完成连续油管作业的一切动作。一般由底盘车、控制室、液压动力系统、注入头控制和防喷器控制软管滚筒、排管器、注入头、液压系统、气路系统、电气系统等组成。

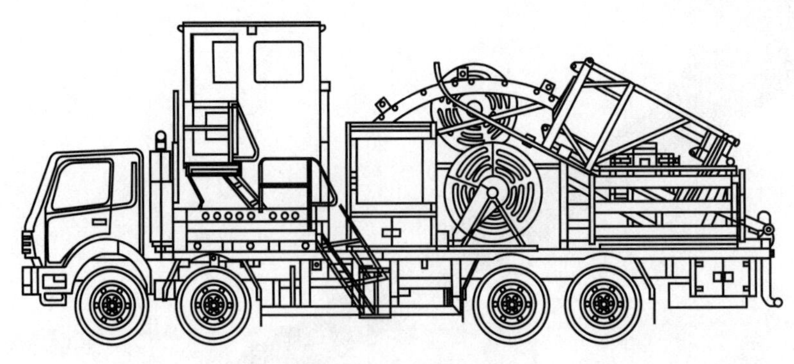

图 2-1-1　控制车示意图

滚筒车（辅/副车，图 2-1-2）。其功能和作用是完成对连续油管滚筒的控制和运输。根据需要和作业环境的不同，也可以承担运输注入头、防喷器、防喷盒、防喷管等设备的任务。有些运输车也可选装自备吊。其主要结构由底盘车、油管滚筒、监视系统等组成。

图 2-1-2　滚筒车示意图

连续油管滚筒安装在底盘车体时，按照滚筒的大小以及国家对车辆在道路行驶的法律要求，其结构形式也不一样。一般小滚筒采用“平板梁型”结构（图 2-1-3），中型滚筒采用“下弯梁型”结构（图 2-1-4），大型滚筒采用“框架梁型”结构（图 2-1-5）。

图 2-1-3　平板梁型滚筒车

图 2-1-4　下弯梁型滚筒车

图 2-1-5　框架梁型滚筒车

（二）橇装设备

橇装式连续油管设备是为满足作业区域狭小的施工现场的连续油管作业需求，如：海洋油气开采平台、山区油气开采平台、井工厂作业等场地。其根据装备的功能划分，主要为控制橇（图 2-1-6）、动力橇（图 2-1-7）、运输橇（图 2-1-8）和滚筒橇（图 2-1-9）。

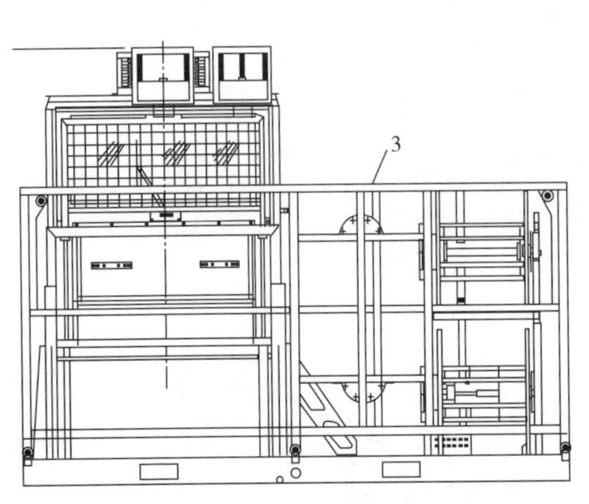

图 2-1-6　控制橇示意图

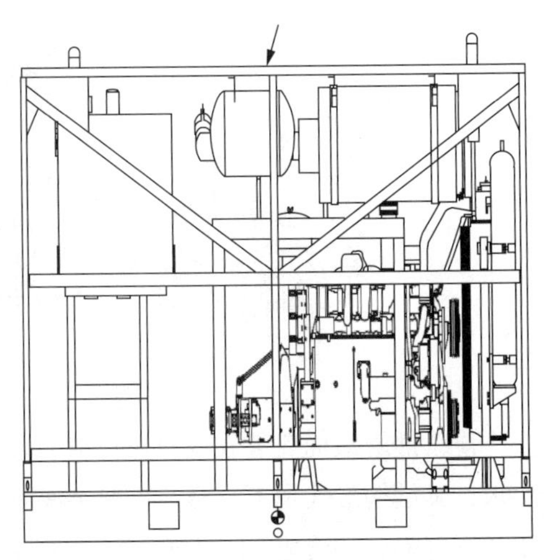

图 2-1-7　动力橇示意图

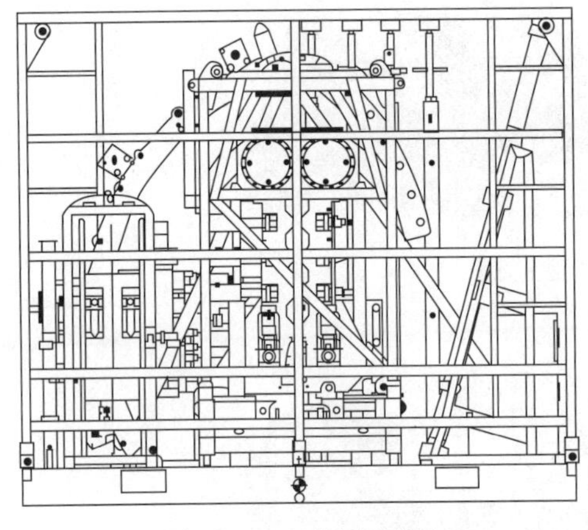

图 2-1-8　运输橇示意图

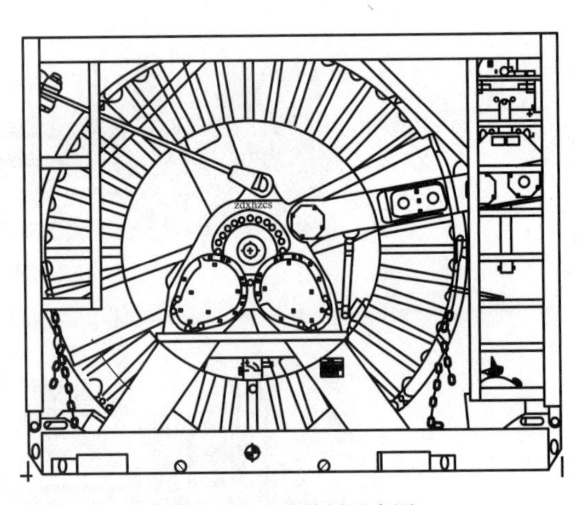

图 2-1-9　滚筒橇示意图

（三）拖挂设备

拖挂式连续油管设备集成化程度高，可降低连续油管作业的运营成本，但仅适用于平原、沙漠、草原等油区作业。因井场宽阔，地势平坦，车辆在道路上行驶的限制因素少，也更容易装配更大的连续油管滚筒，缠绕更粗、更长的连续油管，以满足超深井的施工需求。其主要结构如图 2-1-10 所示。

图 2-1-10　连续油管拖挂车

二 设备型号

连续油管作业机因其厂家不同，型号的表示方法也略有不同，国内制造的连续油管作业机表示方法如下：

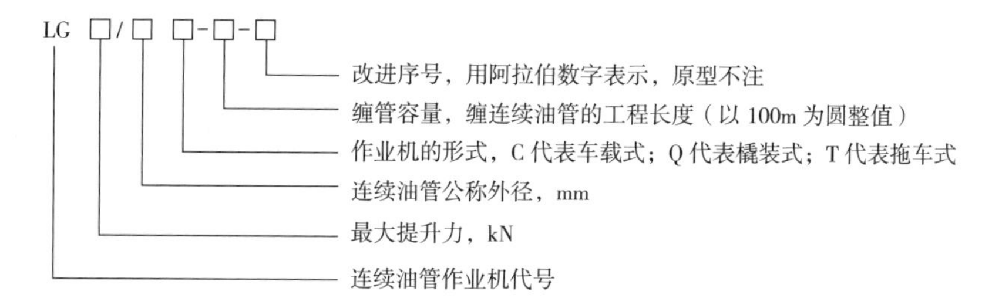

如：LG360/50Q-4000-1 表示最大提升力 360kN，缠绕连续油管公称外径 50.8mm，滚筒容量 4000m，第一次改进型橇装式连续油管设备。

第二节 设备组成

连续油管的主要部件（图 2-2-1）包括：注入头、动力滚筒、动力单元、井口控制装置、控制室（系统）、数据管理系统。

一 注入头

注入头是连续油管设备中最重要的工作单元之一（图 2-2-2），是连续油管作业的关键设备，一般为液压驱动，该设备利用自身的液压装置，夹持并携带连续油管完成起、下的动作，承载井内连续油管、作业工具以及因作业因素产生的油管下拉力或上顶力，是实现作业目的的主要设备。

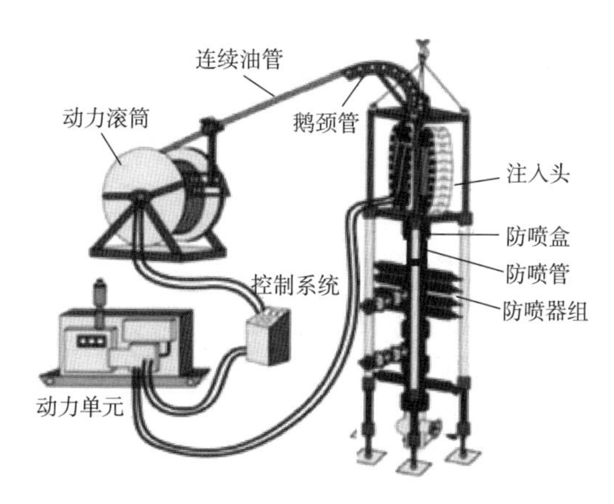

图 2-2-1 连续油管设备基本构成

图 2-2-2　注入头

（一）型号及性能

国内注入头型号的表示方法如下：

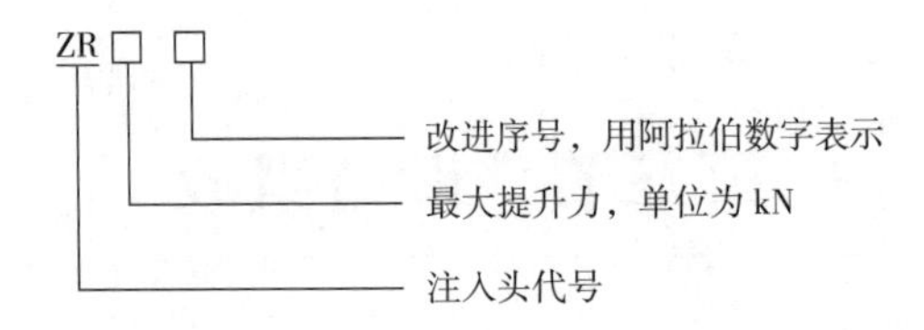

如：ZR3603 表示最大提升力为 360kN 的第 3 次改进注入头。

在国际命名惯例中，通常会把制造商的名称、产品系列号和最大起升吨位标注在编号中，以 NOV HYDRA RIG（海德瑞）公司产品编号“HR680”型注入头为例：“HR”是设备制造商 HYDRA RIG 的首字母；“6”是指该设备为其产品系列的第 6 代；“80”表示注入头最大拉力为 80klbs（360kN）。表 2-2-1 列出了一些常用型号注入头参数。

表 2-2-1　注入头参数表

型号	最大连续提升力 */kN	最大连续下推力 */kN	最高起升速度 **/（m/min）	连续油管适用范围 ***/mm	备注
ZR180	180	90	60	25~50（1~2）	SY/T 6761
ZR270	270	135	60	25~60（1~ 2⅜）	SY/T 6761
ZR360	360	180	60	25~89（1~ 3½）	SY/T 6761
ZR450	450	225	50	38~89（1½ ~ 3½）	SY/T 6761
ZR580	580	290	30	38~89（1½ ~ 3½）	SY/T 6761
ZR680	680	340	25	60~89（2~ 3½）	SY/T 6761
ZR900	900	450	20	89~140（3½ ~ 5½）	SY/T 6761
HR635	156（35000）	67（15000）	81（265）	25.4~60.3（1~ 2⅜）	Hydra Rig
HR660	267（60000）	134（30000）	76（250）	25.4~60.3（1~ 2⅜）	Hydra Rig
HR680	356（80000）	178（40000）	61（200）	31.8~88.9（1¼ ~ 1½）	Hydra Rig
HR5100	445（100000）	222.5（50000）	43（140）	38.1~88.9（1½ ~ 3½）	Hydra Rig

注：* 括号中数值单位为磅，lb。** 括号中数值单位为英尺每分，FPM。*** 括号中数值单位为英寸，in。

（二）作用

①保持对连续油管有足够的夹持力，根据作业的需要，可随时调整速度和上提、下推、停止等运动状态。

②通过更换不同尺寸的夹持块，夹持对应尺寸的连续油管。

③配合安装防喷盒，进行带压作业，可以在井内存在压力的情况下将油管下到井内要求深度。

④安装合适尺寸的鹅颈管，使连续油管过渡到油管滚筒上，避免连续油管过度折弯，提高油管使用寿命。

（三）结构

注入头的主要结构如图 2–2–3 所示，由鹅颈管支座、注入头框架、夹紧系统、张紧系统、负载测量、注入头底座、驱动系统、润滑系统、链条系统和液压系统组成。

注入头的工作原理如图 2–2–4 所示，系统压力（动力管线）驱动两个变量马达相对旋转，马达驱动链轮旋转，从而带动链条上的夹持块上下移动，两个相对的夹持块夹持连续油管。通过液压系统压力驱动夹紧液压油缸，从而驱动夹紧连续油管，进而驱动张紧液压油缸工作，将链条适当张紧。整个注入头在马达、夹紧油缸和张紧油缸三个液压元件的配合下工作，带动连续油管上提或下推。

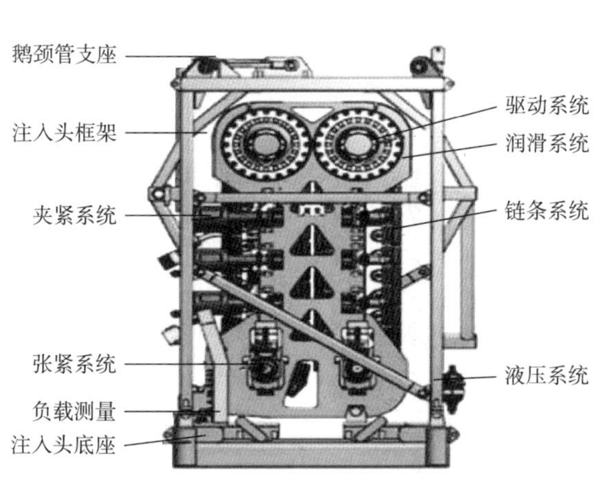

图 2–2–3　注入头结构示意图

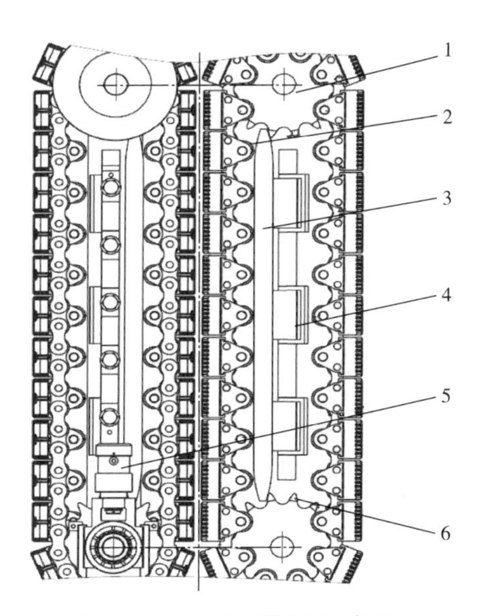

图 2–2–4　注入头工作原理示意图

1—驱动链轮；2—链条滚轮；3—滑道板；4—夹紧油缸；5—张紧油缸；6—从动链轮

1. 鹅颈管

鹅颈管是为连续油管导向，引导连续油管进出注入头。一般由鹅颈导轨、导向轮、滑轮组、压盖、支撑架、伸展液缸、鹅颈调节杆、固定锁销等部件构成，如图 2–2–5 所示。

为适用不同的连续油管规格，鹅颈管根据弯曲半径尺寸划定规格，一般有 72in、100in、120in 三种规格。为方便运输，一般 72in 鹅颈采用机械方式折叠，100in 以上鹅颈采用液压油缸折叠。

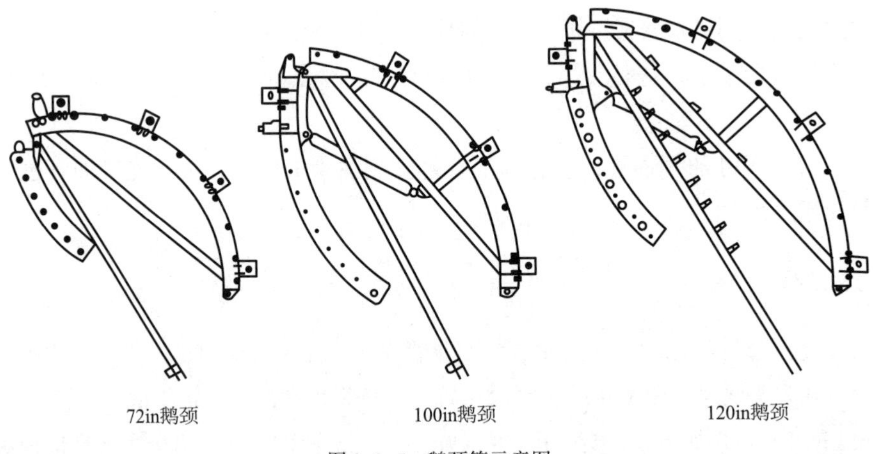

图 2–2–5　鹅颈管示意图

鹅颈管规格选择取决于油管尺寸大小，其鹅颈弯曲半径一般不低于使用最大连续油管外径的 50 倍。选择范围如图 2–2–6 所示。通过增加连续油管的弯曲半径，可以延长连续油管寿命。

鹅颈管使用前，要通过螺母 1 和 2 进行对中调整，如图 2–2–7 所示。其主要目的是保证油管从鹅颈进入注入头时，能保持在注入头的中心。如果油管不在注入头中心，夹持块就不能准确地夹持住油管。

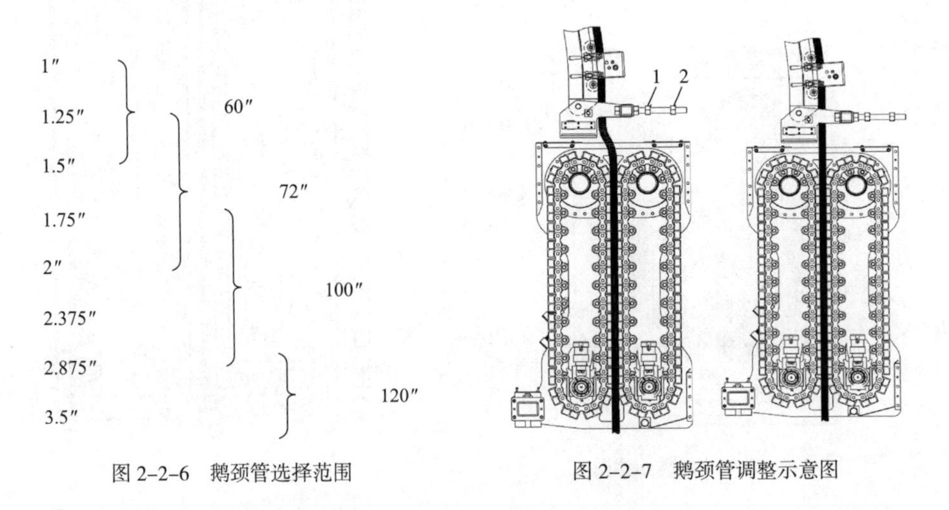

图 2–2–6　鹅颈管选择范围　　　　图 2–2–7　鹅颈管调整示意图

2. 驱动系统

驱动系统为连续油管运动提供动力。驱动系统主要包括液压马达、制动器、链轮、减速机、连接法兰，如图 2–2–8 所示，一般采用闭式 / 开式变量柱塞液压马达，可以实现从超低速到高速的任意调整。在液压马达前安装有弹簧加载 / 液压释放的制动器。由液压马达驱动链轮，再带动链条工作。

3. 夹紧系统

夹紧系统是注入头的关键部件，用来夹持和输送连续油管，如图 2-2-9 所示。主要包括夹紧油缸、滑道板、滑道板固定机构等。夹紧油缸为夹紧系统提供夹紧力。滑道板在夹紧油缸的作用下推动链条夹紧连续油管，滚针轴承在滑道板上滚动。滑道板可以翻转使用。滑动销支撑滑道板，后端的法兰可以防止油缸柱塞脱落。

图 2-2-8　驱动系统示意图

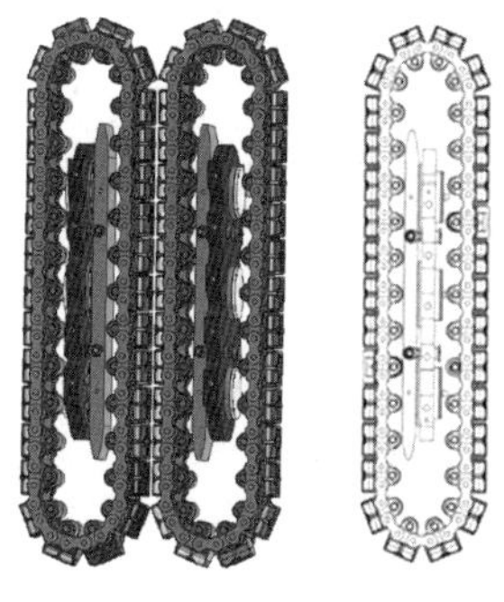

图 2-2-9　夹紧系统示意图

4. 张紧系统

张紧系统的主要作用是给链条增加预紧力，保证工作时链条运转平稳、无抖动。张紧油缸为张紧系统提供动力。提升作业时张紧力小，下推作业的张紧力要根据油管重量变化而调整。

5. 指重系统

指重系统安装在注入头底座的下部。有液压盘式传感器和电感盘式传感器两种测量方式，根据不同的需要选择安装，可以单独安装任何一种，也可以同时安装。

6. 液压系统

液压系统是注入头的控制部分，如图 2-2-10 所示，主要包括液压马达、制动器、过滤器、油缸和各种阀件。液压系统使用外供液压油工作。要注意夹持块未夹持油管时，禁止给链条施加夹紧力，否则会导致链条、夹持块、滑动销和油缸等零部件的损坏。

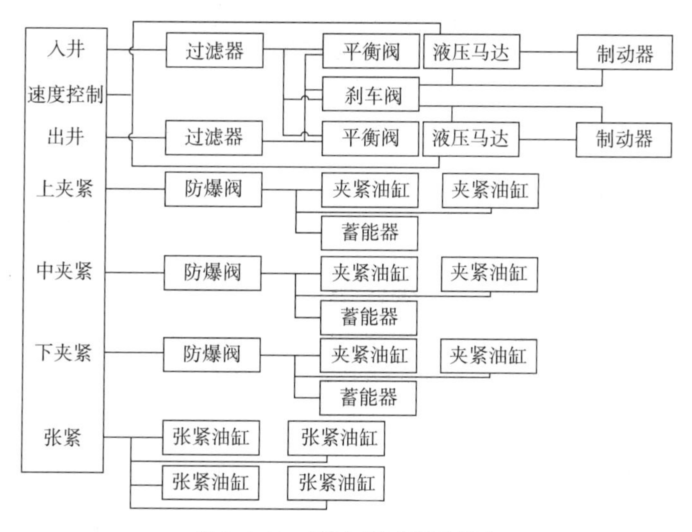

图 2-2-10　液压系统关联示意图

7. 润滑系统

润滑系统用于润滑滚针轴承和链条，采用压缩空气驱动，如图 2–2–11 所示。喷油嘴处润滑油在压力作用下从喷油嘴雾化喷出，均匀并节省润滑油。润滑系统可间歇式工作。

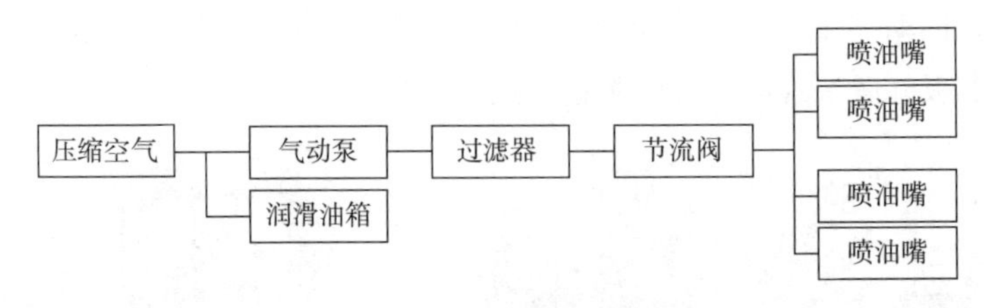

图 2–2–11　润滑系统关联示意图

二　动力滚筒

动力滚筒是承载连续油管的装置，其结构主要有滚筒体、排管装置总成、滚筒轴总成和高压管汇总成，如图 2–2–12 所示。

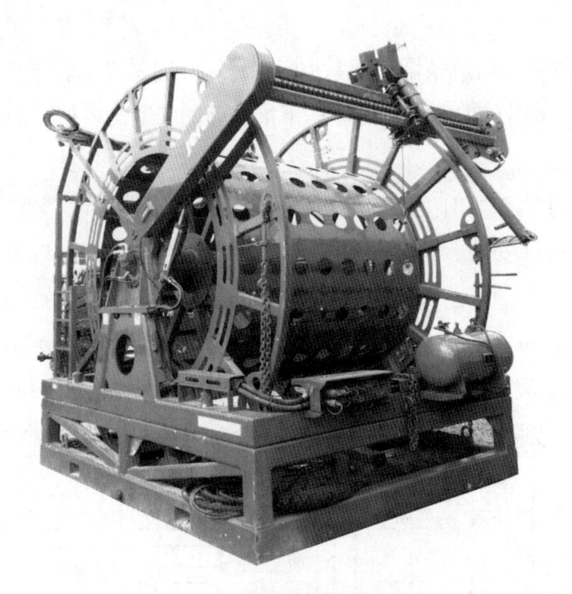

图 2–2–12　连续油管动力滚筒

连续油管滚筒的表示方法：

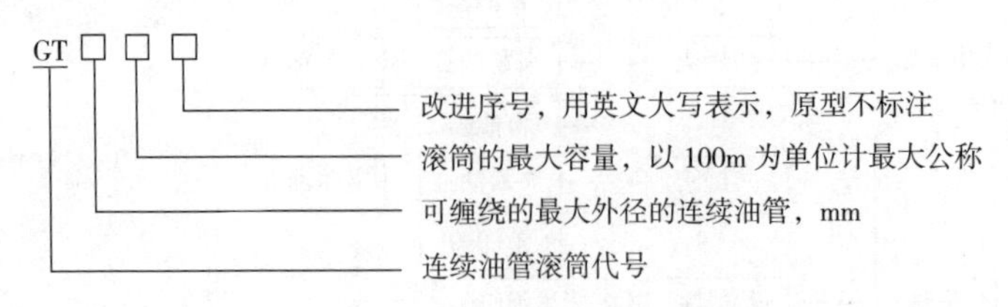

如：GT5060 代表最大可缠绕最大外径 50.8mm 的连续油管 6000m 的滚筒。

（一）滚筒体

滚筒体由筒芯和轮缘组成，为焊接结构。滚筒体的盘管容量是连续油管滚筒的标志性参数，也决定了滚筒体的结构参数。滚筒体的盘管容量通常是由制造商和客户协商决定的，依据盘管容量和其他条件决定滚筒体的结构参数。滚筒体的结构参数包括筒芯直径、筒芯长度、轮缘直径。筒芯直径是结构参数的核心，依据连续油管规格和材料力学性能确定筒芯直径，依据盘管容量确定滚筒的其他结构参数。一般要求筒芯的直径至少是连续油管直径的 40 倍。

滚筒容量计算公式为：

$$L=\pi NM(D+d_o N) \qquad (2\text{-}2\text{-}1)$$

其中：N 为层数，$N=\dfrac{(H-h)}{d_o}$；M 为每层圈数，$M=\dfrac{B}{d_o}$

式中 L——滚筒体盘管容量，m；

D——筒芯直径，m；

d_o——连续油管外径，m；

H——轮缘高度，m；

h——最外层连续油管顶面至轮缘顶面的高度，m；

B——轮缘宽度，m。

其中，N 和 M 必须为整数。

滚筒容量示意图如图 2-2-13 所示。

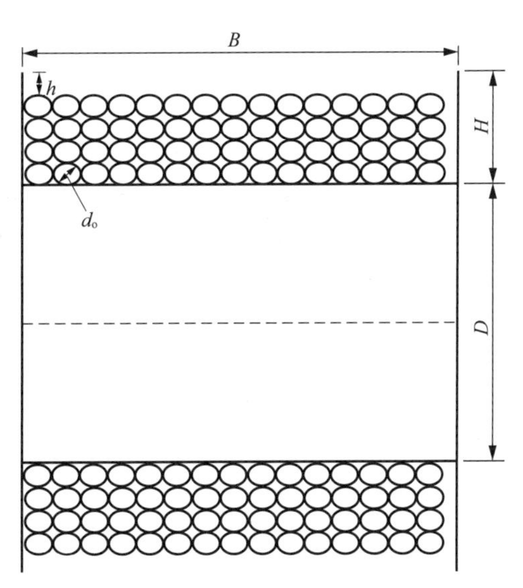

图 2-2-13 滚筒容量示意图

（二）排管装置总成

排管装置总成是由二级排管链轮组、排管臂总成、扭矩限制器、双向螺杆组件、油管润滑器、排管器头总成、强排链轮组、摆线马达、导向轮总成组成，如图 2-2-14 所示。

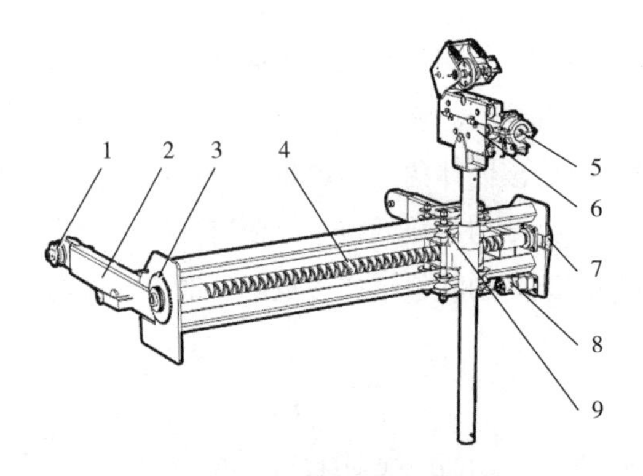

图 2-2-14　排管装置总成示意图

1—二级排管链轮组；2—排管臂总成；3—扭矩限制器；4—双向螺杆组件；5—油管润滑器；6—排管器头总成；7—强排链轮组；8—摆线马达；9—导向轮总成

排管器由机械驱动，采用 4 个滚动旋转导向总成组成。排管臂允许油管水平角度从 10° 到 85° 调节，并通过液压缸升降来调节高度。自动排管装置依靠滚筒旋转来驱动链轮组动作，进而驱动双向螺杆旋转，再带动导向轮总成做往复运动。排管器头上安装有机械计数器和电子计数器。排管器头旁边还有一个油管润滑器，用来润滑连续油管。排管器头可以根据管径进行调整，调整范围在 1~ 2⅞ in。

（三）滚筒轴总成

滚筒轴总成支撑整个油管滚筒，油管滚筒绕滚筒轴旋转，如图 2-2-15 所示，主要由减速机马达、减速机安装座、减速机、轴承、轴承安装座、旋转接头固定套、滚筒轴焊接总成等组成。

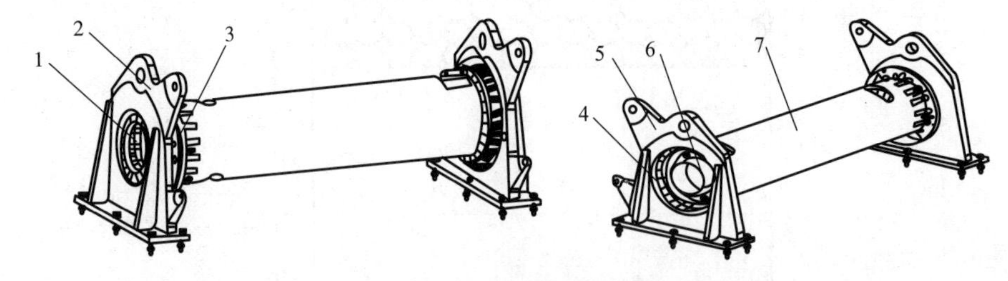

图 2-2-15　滚筒轴总成示意图

1—减速机马达；2—减速机安装座；3—减速机；4—轴承；5—轴承安装座；6—旋转接头固定套；7—滚筒轴焊接总成

（四）高压管汇

高压管汇是连续油管设备作业的必要设备，一般外挂在滚筒一侧，最高可耐压力 105MPa，满足高压作业需求。其结构如图 2-2-16 所示。

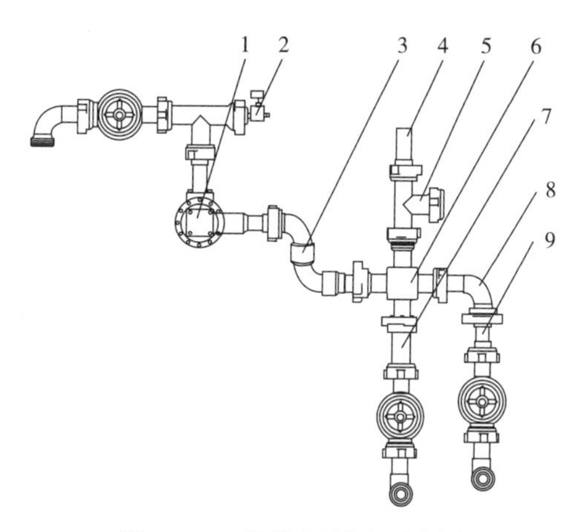

图 2–2–16　滚筒高压管汇示意图

1—滚筒旋转接头；2—高压直通排空阀；3—高压活动弯头；4—压力传感器；
5—高压 T 形三通；6—高压四通；7—高压流量计；8—高压 90° 弯头；9—整体式直管

三　动力单元

动力单元是为整个连续油管设备提供动力的装置，并将动力转换成液压力输出给其他设备，驱动整个系统运转，如图 2–2–17 所示。

图 2–2–17　连续油管动力单元

车载连续油管设备以底盘车发动机为动力源，通过全功率取力器从发动机取力，再由分动箱驱动三套液压系统工作。①注入头动力系统，采用闭式液压系统，一台变量柱塞泵带动注入头上的两台变量柱塞马达工作；②填充补油系统，采用开式液压系统，一台叶片泵为滚筒马达填充补油；③辅助液压系统，采用开式液压系统，用于驱动滚筒马达、控制室升降油缸、注入头翻转油缸、强制排管马达、排管器升降油缸、软管滚筒马达、链条张紧油缸、链条夹紧油缸、滚筒刹车总成、防喷器闸板油缸、防喷盒快速夹紧、散热器液压马达等。各部分关系如图 2–2–18 所示。

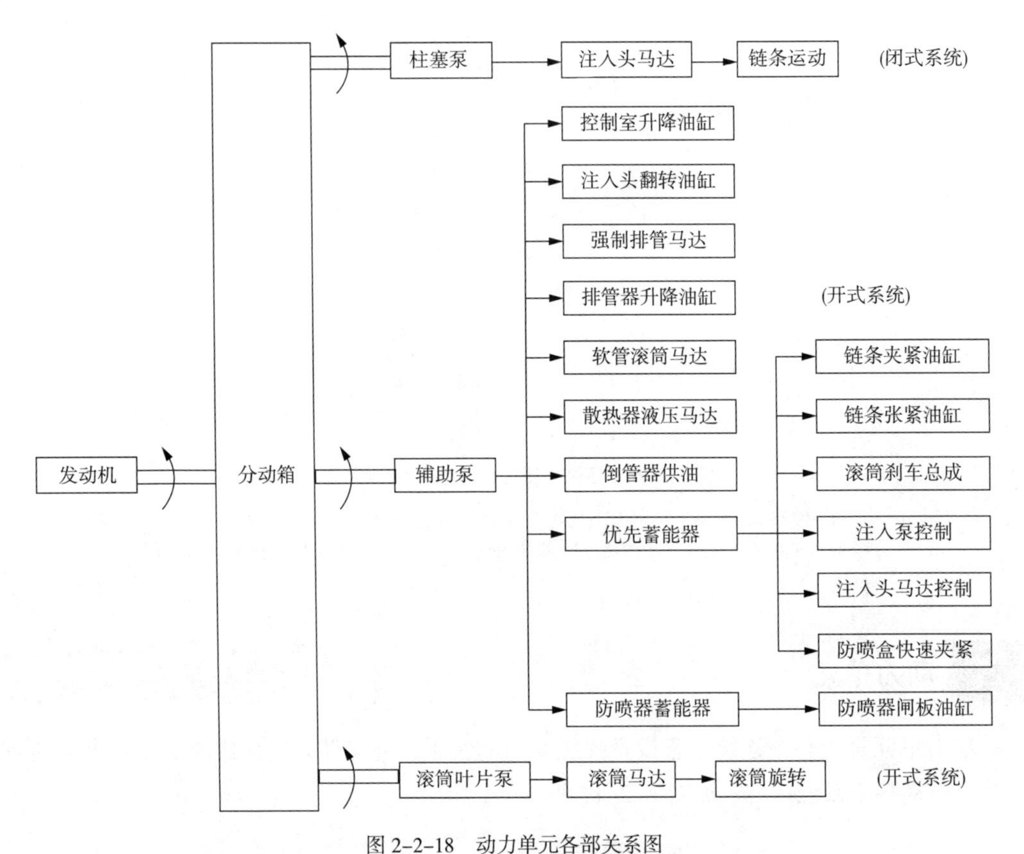

图 2-2-18　动力单元各部关系图

（一）液压系统各回路

1. 注入头驱动回路

注入头链条运动是由变量柱塞泵带动变量柱塞马达，柱塞马达驱动链条传动系统。变量柱塞泵通过一可倾斜式斜盘改变柱塞行程进而实现泵量的改变。泵出口油液方向随斜盘方向变化而改变，从而实现马达输出轴正反转向的切换。注入泵 A、B 口各设置一高压过滤器，补油泵压油口设置外置式过滤器，实现对整个回路油液的精过滤。

注入头链条运动是由变量柱塞泵驱动。该变量柱塞泵结构紧凑、输出高效，采用平行布置轴向柱塞及滑靴并通过一可倾斜式斜盘改变柱塞行程进而实现泵的排量的改变。泵出口油液方向随斜盘方向变化而改变，从而实现马达输出轴正反转向的切换。

柱塞泵排量的控制是通过控制面板上的阀实现的。注入泵先导控制阀的控制油口与滚筒刹车供油相连，当滚筒刹车处于制动状态时，注入泵排量控制油压被切断，注入泵此时排量为零，无法正常工作；只有将滚筒制动解除，注入泵才可以正常工作。

注入泵控制阀顺时针拧动时注入泵排量增大，逆时针拧动时注入泵排量减小。柱塞泵压力的大小由注入泵远程调节阀进行限定。正常作业时，通过调节注入马达压力调节阀来实现对注入泵工作压力的调节，最终实现注入头输出力的调节。

2. 注入头控制系统回路

该回路中柱塞泵排量通过其内部三位四通伺服阀来控制，调节伺服阀的开度实现液压泵排量增减，改变伺服阀工作位实现液压泵高压侧、低压侧的转换，伺服阀的开度及工作位通过控制室内部操作手柄控制。

控制室内操作手柄供油阀与滚筒刹车管路相连，当滚筒刹车处于制动状态时，注入泵控制手柄供油被切断，注入泵此时排量为零，无法正常工作；只有将滚筒制动解除，控制手柄供油，注入泵才可以正常工作。调节注入泵排量控制阀可实现注入头转速的微调。

柱塞泵压力的大小由注入泵远程调压阀进行限定。正常作业时，可以将控制室内注入泵手柄扳到进井 / 出井位置，通过调节注入泵先导溢流阀压力来实现对注入泵最大压力的限制。

3. 注入头冲洗回路

该回路中为改善注入头驱动主油路运行工况，注入泵部分设置一可调节式冲洗阀。冲洗阀将闭式回路中一部分油液排出回路，使油箱中新鲜的液压油补充到回路，达到对闭式回路中工作油液的冷却作用。闭式回路中排出的油液再对注入泵壳体进行冲洗，起到注入泵内部降温、清洁作用。

4. 辅助系统主回路

该回路中辅助泵出口高压油经高压过滤器过滤后为调速阀组持续供油，阀组上的各调速阀限定了各系统的供油流量。调速阀组分别为防喷器蓄能器、优先蓄能器、排管器控制阀、散热器风扇马达、升降系统、软管滚筒驱动马达、倒管器供油。

5. 辅助系统控制回路

该回路中辅助泵为一负载敏感液压泵。正常工作时，将控制面板上的控制球阀逆时针旋转至泄压位置，泵处于低压待命状态；控制球阀顺时针旋转至加压位置，泵通过调节自身斜盘角度，使出口压力持续保持在 2800psi（1psi ≈ 6.9kPa，下同）。

连续油管设备使用时，应将辅助泵控制阀扳至加压位置。此时，辅助泵为高压阀组持续加压，使整个系统压力保持在 2800psi。

注意：为使发动机低负载启动，启动前，辅助泵控制阀应扳至泄压位置，为使发动机能够正常熄火，熄火前，也应将控制阀扳至泄压位置。

6. 升降系统回路

该回路中辅助泵出口调速阀组为控制室升降、液压支腿起落、注入头翻转机构提供动力。拖车式设备在前部有一单联手动换向阀，实现控制室起降；一个双联多路阀，实现液压支腿的起落，拖车中部一单联手动换向阀，实现注入头翻转机构的动作。调节换向阀前的节流阀或调节换向阀手柄开度，可实现对控制室起降速度的控制。

为保证控制室升降平稳，控制室底部设置分流装置，保证进出油缸的油液流量相同。控制室换向阀位于中位时，通过四个平衡阀保持控制室可以停止在任意位置。升降系统设置一备用手动泵，当液压系统失去动力时，可以用手动泵为升降系统提供动力。

7. 排管器控制回路

该回路中调速阀组为排管器控制（排管器升降、强排马达）提供动力，通过控制室内部四联多路阀实现对排管器系统的控制。

8. 散热器马达供油回路

该回路中辅助泵出口高压阀组为散热器风扇马达提供动力，电磁换向阀控制马达旋转，当液压油温达到设定值 50℃时，电磁阀吸合，散热器风扇旋转开始为液压系统散热。当温度降到 45℃时，风扇停止运转。辅助泵出口高压阀组为倒管器各动作供油，包括倒管器立柱锁止油缸、强排马达。

9. 优先蓄能器供油回路

该回路中辅助泵出口高压阀组为优先蓄能器供油，优先蓄能器为注入头控制系统（链条夹紧、链条张紧、注入头调速、注入头刹车、滚筒刹车）、注入泵控制系统、防喷盒快速夹紧提供动力。液压系统正常运行时，优先蓄能器持续保持压力 2800psi，并在发动机熄火后，可以为注入头控制系统短时间提供动力。

10. 链条夹紧供油回路

该回路中优先蓄能器为链条夹紧调压阀提供动力，通过调压阀来控制链条夹紧力，顺时针调整夹紧力提高，逆时针调整夹紧力减小。夹紧调压阀为链条夹紧球阀供油，链条夹紧球阀实现链条的夹紧供应与卸压。链条夹紧球阀为上、中、下夹紧球阀供油，上、中、下夹紧各设置一压力表。正常作业时，上、中、下夹紧压力达到使用预定压力时，应使上、中、下夹紧球阀位于“关”位置，欲调整链条上、中、下夹紧力，应先调整夹紧调压阀，当夹紧供油压力达到预定值时，分别打开上、中、下夹紧球阀，上、中、下夹紧压力表达到预定压力时，再分别关闭二通球阀。

注意：设备正常作业时，上、中、下夹紧达到预定压力时，必须使上、中、下夹紧球阀处于“关”位置。

11. 链条张紧供油回路

该回路中由优先蓄能器为链条张紧调压阀提供动力，通过调压阀来控制链条张紧力。正常工作时，顺时针调整张紧力提高，张紧降压先导阀处于“开”位置并逆时针调整张紧力减小。张紧调压阀出口设置一压力表以显示链条张紧力。设备正常作用时，应使张紧降压先导阀处于“开”位置，设备停止作业，发动机熄火前，应使张紧降压先导阀处于“关”位置以实现张紧系统保压。

12. 注入头调速供油回路

该回路中由优先蓄能器为注入头马达速度控制阀提供动力，顺时针调节控制压力增大，注入头马达排量减小，马达最高输出扭矩减小，逆时针调节控制压力减小，注入头马达排量增大，马达最高输出扭矩增大。

注意：正常作业时，为使马达获得最佳工况，注入头马达控制压力应控制在 160psi 以内；在注入头可以满足连续油管速度的前提下，应使马达控制油压维持在最低值。

13. 注入头刹车供油回路

该回路中由优先蓄能器为注入头刹车控制阀提供动力，运转注入头前，应使注入头刹车阀处于“解除”位置，此时注入头实现自动刹车。

注意：注入头制动器为驻车制动，当注入头链条运转时，严禁将刹车阀扳至“刹车”位置，此时注入头实现强制刹车，容易损坏制动器总成与减速机。

14. 滚筒刹车供油回路

优先蓄能器为滚筒刹车阀提供动力，运转滚筒前，应使滚筒刹车阀处于“解除”位置。

注意：滚筒制动器为驻车制动，当滚筒运转时，严禁将刹车阀扳至“刹车”位置，此时滚筒实现强制刹车，容易损坏制动器总成与减速机。

15. 防喷盒快速压紧回路

优先蓄能器为防喷盒快速夹紧系统提供动力，当因工况需要防喷盒快速夹紧时，应保证防喷盒选择开关选定 1# 或 2# 防喷盒，选定的防喷盒换向阀处于“夹紧”位，此时将快速夹紧球阀扳至该防喷盒位置，即实现防喷盒的快速夹紧。

16. 防喷器供油回路

高压阀组为防喷器蓄能器供油，防喷器蓄能器总容量 40gal（1gal≈3.785L），可以保证发动机熄火后较长时间为闸板油缸提供持续动力。

启动防喷器控制阀前，应先打开防喷器供油球阀，再操作相应的闸板油缸换向阀。

注意：系统检修时，必须将蓄能器（防喷器蓄能器、优先蓄能器）卸压阀打开，确保蓄能器无压力。

17. 手动、气动泵供油系统，防喷盒控制系统

正常作业时，气动泵为防喷盒夹紧油缸提供动力。本系统可以为两套防喷盒提供动力，通过防喷盒选择阀选择所要使用的防喷盒（1#、2#），调节气动泵的进气压力来控制气动泵输出压力，通过防喷盒控制阀来进行防喷盒夹紧、释放的切换。气泵泄压阀实现防喷盒压力的释放。

紧急情况下，通过快速夹紧阀来实现防喷盒的快速夹紧。

18. 应急系统

手动泵、气动泵可以互为备用，紧急情况下，手动泵也可以为链条夹紧、防喷器、防喷盒提供动力。

19. 滚筒驱动控制系统

滚筒液压泵为滚筒液压马达提供动力，滚筒泵出口溢流阀用来调节滚筒马达的驱动油压，通过滚筒换向阀来实现滚筒进出井的切换。

20. 回油冷却回路

液压系统所有回油经回油集块进行汇集，集块出口设置一节温器，节温器控制液压系统回油大、小循环。当液压油温较低时，回油不进行散热，系统进行小循环；当液压油温超过 48℃时，节温器逐步开启，液压系统回油经散热器散热，系统回油进行大循环。

（二）气路和润滑系统

其主要功能和作用：使发动机紧急熄火；为气动泵提供动力；为注入头润滑气动泵提供动力；油管滚筒润滑；控制气喇叭；为气启动马达提供动力。气路系统气源由发动机驱动空压机来提供，经过空气干燥器后由储气瓶存储空气，通过气路分配器将气体分配到各个执行元件。

1. 注入头润滑系统

用于润滑注入头的滚针轴承和链条，采用压缩空气驱动。喷油嘴处在压力作用下产生雾化效果，润滑均匀而且节省润滑油。润滑系统是间歇式工作。相关部件关系如图 2-2-19 所示。

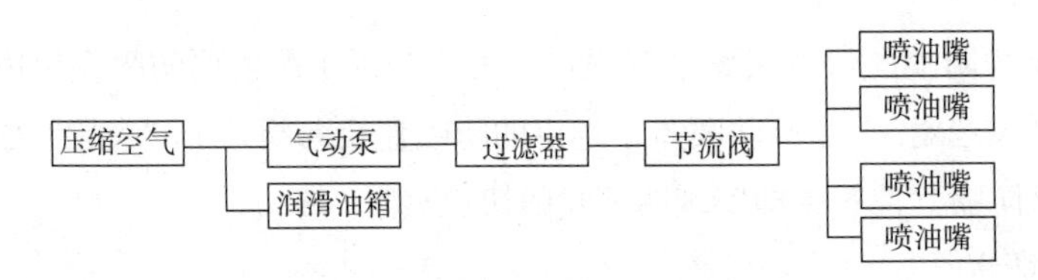

图 2-2-19　注入头润滑系统各部件关系

2. 滚筒润滑系统

油管润滑回路由控制台的“滚筒润滑”按钮控制，在出井作业时，按下“滚筒润滑”按钮，通过气顶将油压到油管润滑器，在油管表面覆盖一层薄的防腐保护层（根据油管表面实际情况进行润滑，当表面润滑不足时可适当增加按压“滚筒润滑”按钮次数），润滑油瓶的气压设定在 25psi。

3. 电气系统

电气系统的功能和作用：控制发动机启动；连续油管信号处理；给所有设备和仪表指示灯供电，确保作业时各指示灯显示，如显示屏、电源指示等；供给所有照明灯用电，以保证该车在夜间作业；电源供电由两台 110Ah 的蓄电池完成。启动发动机之后发动机自带的发电机会给电瓶充电；参数显示系统为西门子显示屏，显示的参数有循环排量、累计排量、循环压力、指重、井口压力、油管速度、深度等，也可以在显示屏上对这些量进行校准。

四　井口压力控制装置

井口压力控制装置，是连续油管专用的井控装置，其作用是防止井口发生压力泄漏，封堵井下的压力和有毒气体，保证作业安全。其主要设备有：防喷器、防喷盒、防喷管，如图 2-2-20 所示。

其在井口安装结构如图 2-2-21 所示。

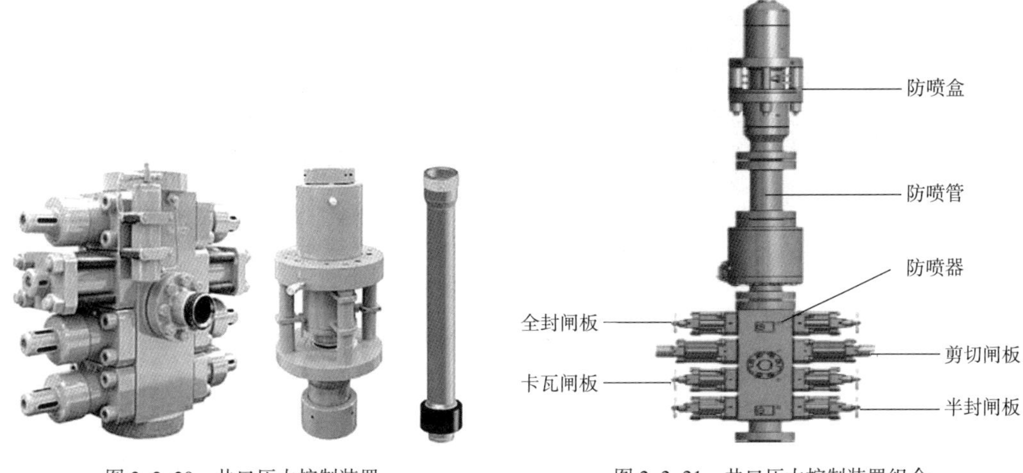

图 2-2-20　井口压力控制装置　　图 2-2-21　井口压力控制装置组合

（一）防喷器

连续油管防喷器功能类似于电缆防喷器，与井口直接相连。典型的连续油管防喷器组由四套不同类型的闸板组成，从上至下依次为全封闸板、剪切闸板、卡瓦闸板和半封闸板。

第一组全封闸板，用于在井内无障碍物阻挡闸板时，密封井内压力。全封闸板仅能单向密封，无法承受来自其上部的压力。

第二组剪切闸板，用于紧急情况发生时剪断井中连续油管。剪切闸板应能在最大井口压力和无拉伸载荷作用于连续油管上时，剪断连续油管管体（包括安装在管内的任何可缠绕的线状物）。剪切闸板应与被剪切连续油管的尺寸配套。剪切闸板应能完成两次或两次以上剪切操作。被剪切连续油管切口几何形状应利于后续的泵入、压井作业及打捞落鱼作业。每次连续油管剪切操作后，剪切闸板切刀应及时更换。

第三组卡瓦闸板，当注入头出现故障时能可靠地卡住并悬挂连续油管。卡瓦闸板的卡瓦与连续油管尺寸配套，导向块使连续油管保持在卡瓦闸板通道的中心位置。在防喷器组合结构中，卡瓦闸板通常布置在剪切闸板的下方。卡瓦闸板应能在管重情况下承受连续油管预期最大悬重，卡瓦闸板作用后连续油管不滑移。卡瓦闸板的卡瓦齿型可分为单向和双向，一定要正确使用。此外，由于卡瓦作用对连续油管会造成不同程度损伤，连续油管作业时不可轻易使用卡瓦闸板。

第四组半封闸板，用于连续油管管外密封，紧急关井时启用半封闸板，用于隔离连续油管外与防喷器组合内腔的环空压力。半封闸板与连续油管的尺寸配套，导向块使连续油管保持在半封闸板通道中心。半封闸板通常位于防喷器组合结构中最下部。半封闸板仅单向密封，无法承受来自其上部的压力。

当发生井口压力泄漏，防喷盒失控时，操作顺序一般为：关闭卡瓦闸板，扶正并固定连续油管；随后关闭半封闸板封闭井筒。此时观察井口刺漏情况以确认是否控制住井内压力，当压力无法控制，从而必须剪切连续油管避险时，则启动剪切闸板剪断连续油管，上提剪切完成的连续油管脱离防喷器，再关闭全封闸板，达到封井目的，如图 2-2-22 所示。

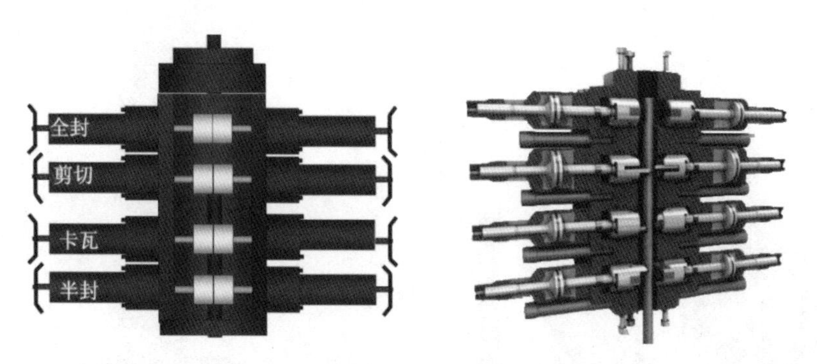

图 2-2-22　防喷器结构示意图

（二）防喷盒

防喷盒是井口压力控制的关键设备，是实现连续油管动密封的井控装置。防喷盒是位于注入头和防喷器组中间的一种井控装置，通过液压压力推动活塞，挤压胶芯，将胶芯牢牢地包裹在连续油管表面，在连续油管下入井内或自井内起出时实现管外密封。在防喷盒使用过程中密封胶芯与连续油管产生摩擦磨损，因此需要定期检查、更换。

常用防喷盒的典型结构有单联防喷盒（图 2-2-23）和双联防喷盒（图 2-2-24）。

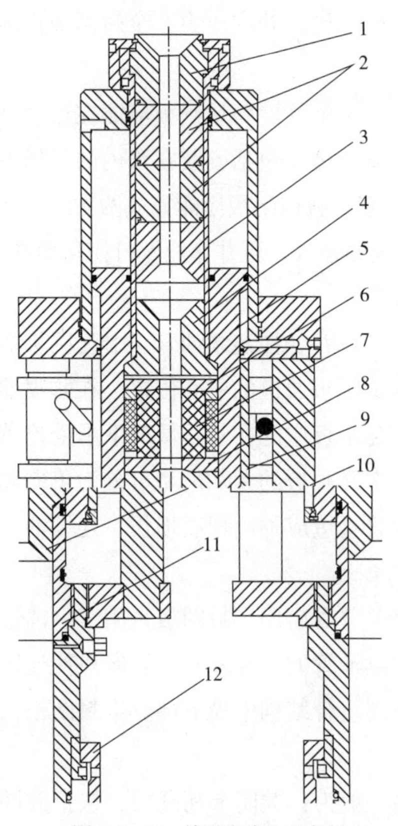

图 2-2-23　单联防喷盒示意图

1—顶补芯；2—导向补芯；3—下补芯；4—胶芯上补芯；
5—环形活塞；6，8—垫环；7—胶芯；9—侧门；
10—胶芯下补芯；11—密封短节；12—连接由壬

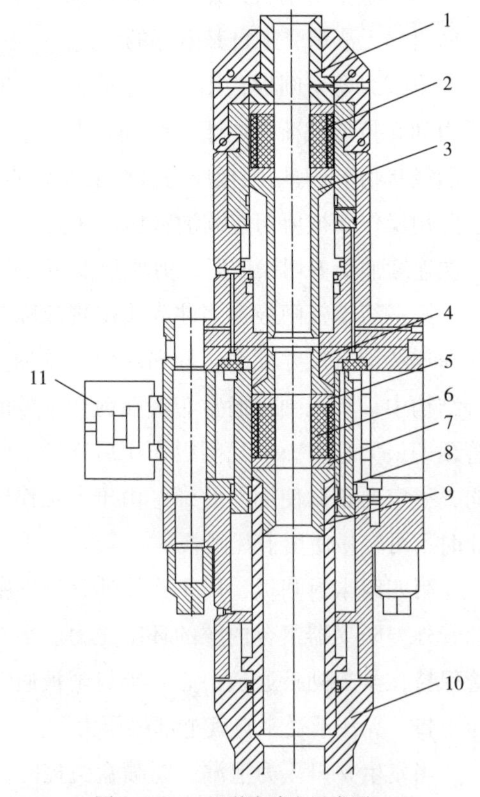

图 2-2-24　双联防喷盒示意图

1—顶补芯；2—上胶芯；3—长补芯；4—胶芯上补芯；
5，7—垫环；6—下胶芯；8—环形活塞；
9—胶芯下补芯；10—连接法兰；11—侧门

（三）防喷管

防喷管的主要作用，是设备在带压作业的情形下，提供足够的密封空间，在卸除压力之前，容纳和存储入井工具。入井工具的长度，决定防喷管连接的长度，在使用中防喷管的长度应略长于工具长度，防喷管的内径尺寸应大于入井工具的最大外径；其承压能力应与防喷器同一级别。

五 控制室

控制室是作业人员操作和监控动力源、注入头、滚筒、防喷器、防喷盒等设备的场所，配置必需的操作控制开关和监视仪表。连续油管设备的集成化非常高，可以由一人在控制室内通过数据传输和视频监控系统了解施工现场，包括施工压力、连续油管运行状态、井场内外以及配合设备的一切信息动态，极大地节省了人力，达到安全高效的作业状态，如图 2-2-25 所示。

图 2-2-25　控制室图

六 作业数据管理系统

连续油管作业数据管理系统主要由数据采集系统和模拟分析系统组成。作业数据管理系统是连续油管作业的 CPU，其中数据采集系统通过各种数据的采集、分析，对连续油管作业提供精细的指导；模拟分析系统根据作业数据、材料数据等模拟连续油管管柱力学行为，在施工设计时预测连续油管作业能力和安全性，指导施工。

（一）数据采集系统

连续油管数据采集系统一般包括 PLC（智能化控制系统）控制箱、流量计、循环压力和井口压力传感器、压力变送器、连续油管深度计数器、指重传感器、压力开关等。采集参数通过操作室电脑直接显示，包括：循环排量、累计排量、循环压力、井口压力、指重、连续油管速度、深度等，如图 2-2-26 所示。

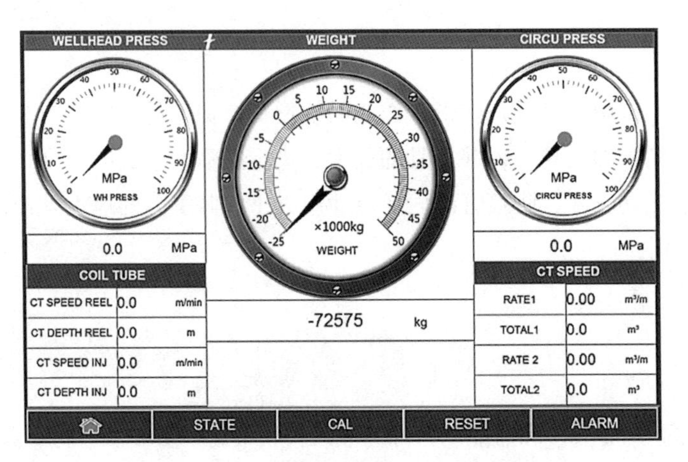

图 2–2–26　连续油管数据采集系统界面

（二）模拟分析系统

模拟分析系统是根据作业井筒的井身结构、井筒轨迹、循环液、作业工艺、连续油管等基础数据模拟作业过程中连续油管的受力、强度、稳定性、疲劳等，在施工设计时预测连续油管作业能力和安全性，在施工过程中结合数据采集系统实时反映连续油管作业状态，为施工作业提供指导。模拟分析系统软件设计有注入头提升力和注入力分析模型、作业系统水力学分析模型、连续油管疲劳强度跟踪模型、工作前 / 后数据分析模型等功能。

模拟分析系统软件可以提前对作业进行评估，计算连续油管管柱在井下是否发生屈曲或锁死、连续油管疲劳状态等。对于不同井斜、泵压、流量、循环液、工具串、连续油管管径、壁厚、材料、牵引拖曳等情况均可进行分析。图 2–2–27 为一卷 110 钢级的 2in 连续油管作业模拟结果界面。

模拟分析系统软件与数据采集系统相结合，可以实时监测连续油管井下力学状态，计算井下工具串受力情况，结合疲劳寿命分析当前连续油管极限工作范围，可对井眼轨迹复杂、工艺复杂的井况提供现场作业参考。图 2–2–28 为现场较为常用的连续油管现场实时监测分析情况。

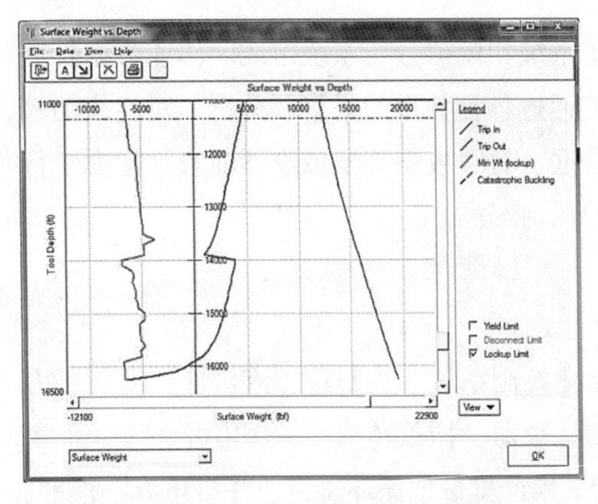

图 2–2–27　连续油管作业模拟结果界面图

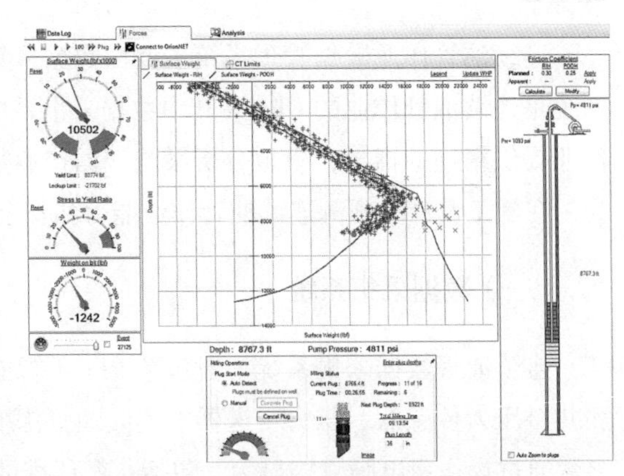

图 2–2–28　连续油管现场实时监测分析情况

思考题

1. 连续油管设备主要包括哪些部分，其各部分的功能是什么？
2. 注入头的结构及作用有哪些？
3. 滚筒型号 GT3870 的含义是什么？
4. 四闸板防喷器自上而下闸板名称及功能是什么？

扫一扫
获取更多资源

第三章

管材及通用井下工具

连续油管管材是连续油管作业的主要耗材，类似于钻井的钻杆或井下作业的油管。不同的是每卷长达数千米的油管均没有接头，需在油管末端用专门的连接工具进行转换，用以连接各类井下工具。连续油管连接器是连续油管作业的基础，任何作业都需要。

第一节　连续油管

常规连续油管是采用特殊低碳合金钢通过独特制造工艺技术生产的一种强度高、塑性好的连续焊接管，单根长度可达数千米。1960 年以来，由于连续油管制造技术不断发展，连续油管的性能越来越高，应用越来越广泛，反过来又促进了对高性能连续油管的需求。连续油管外径从原来的 25.4mm 到现在最大 168.23mm，管材钢级也从原来的屈服强度 482MPa 到现在 900~1000MPa 甚至 1200MPa，以至更高强度。热处理从原来接头处的局部热处理到现在整体热处理，壁厚从等壁厚到阶梯壁厚再到渐变壁厚。每一次技术改进都意味着连续油管的应用范围更广、应用成本更低。国内外主流的连续油管制造技术和特点基本一致。

一　制造工艺

连续油管制造示意图如图 3-1-1 所示。生产连续油管的主要工序是从右到左。连续油管是由钢带轧制焊接而成的。首先，钢板分割成钢带，钢带用斜接焊连接起来形成一条连续的钢带。焊接时采用合适的工艺参数保证斜接焊缝的力学特性，同时斜接焊缝将在较大的范围内均匀地分布应力和应变，使焊缝对连续油管的寿命影响减小。连续油管制造车间用一系列的轧辊逐渐地将钢带卷成圆管，高频焊接机内的最后的轧辊将钢带形成的圆管的边缘挤在一起，由高频焊接机产生的电流将边缘熔合在一起形成连续的纵向焊缝。

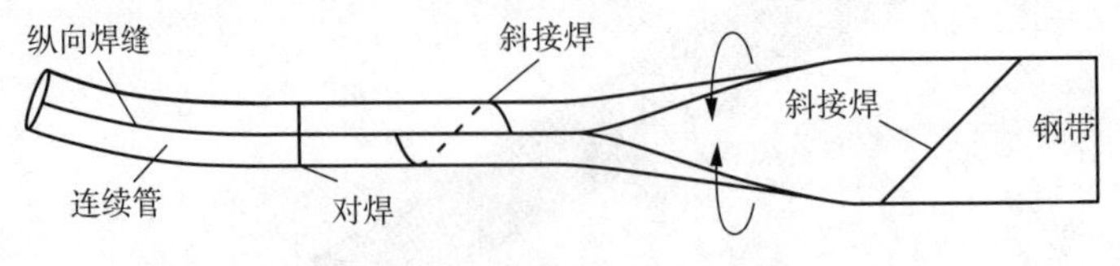

图 3-1-1　连续油管制造示意图

焊接中并没有其他材料添加进来，但会在连续油管的内外留下一些毛刺，外边的毛刺会被刮削工具清除掉以保证外径的光滑，然后焊缝采用高度局部的感应加热进行正火，全管焊缝或做涡流或做超声检测，探测有无裂缝，再通过定径轧辊将连续油管外径减小，同时保证外径的制造精度，全管进行残余应力消除处理，达到所需的机械性能，接着将连续油管卷绕到运输滚筒上，冲洗连续油管内壁清除掉多余的制造残渣。一般连续油管的生产流程为：卷曲成型、焊接成型、焊缝热处理、全管热处理（图 3–1–2）。

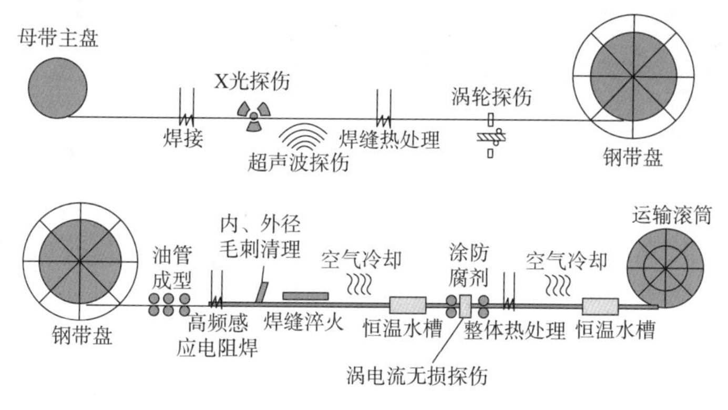

图 3–1–2　连续油管生产工艺流程

（一）钢板分割

钢板的分割是连续油管生产的第一道工序，也是制管生产的前一道工序。从轧钢厂生产出来的钢板卷一般 600~3000mm 宽，数百米长，卷成一个钢板卷，所以，在将钢板卷加工成连续油管之前，要将钢板平整剪切成宽为连续油管的周长的钢带，并将钢带连接成长为连续油管全长的钢板带。矫平钢板并分割连续油管钢板用专用的圆盘纵割机，如图 3–1–3 所示。它是由许多圆盘按连续油管横截面周长为宽度切割成多条钢带以备下道工序。

图 3–1–3　钢板圆盘纵割机

（二）钢带连接

一般这些钢带的长度只有几百米长，为了将几百米长的钢带连接成几千米长度的钢带，需要将钢带从端部焊接起来，连成一个整体。焊缝的形式有直角对接焊缝（对焊）和斜接焊缝两种，如图 3–1–1 所示。直角对接焊缝端部加工成直角，直接拼接焊起来；而斜接焊缝端部加工成 45° 角，再拼接焊起来，如图 3–1–4 所示。斜接焊缝的钢板卷成连续油管之后，焊缝不在一个平面内，而是形成一条螺旋线。

图 3-1-4　钢带的焊接

（三）检验测试

制管前和制管后需要对油管首末端进行取样并进行机械性能（扩口、压扁、拉伸）检测、显微硬度检测、金相组织检测等，同时在制管过程中有全管涡流检测，制管后会进行静水压测试和通球检测。

1. 力学性能

钢制连续油管最主要的参数是钢级，也就是所用钢材的屈服强度，单位一般为 kpsi。如 JASON 公司生产的 TS-70、TS-80、TS-90 等钢级连续油管，代表其钢材屈服强度分别为 70kpsi、80kpsi、90kpsi。而 TS-100、TS-110 及 TS-130 等属于高强系列连续油管，主要特征为强度高、承载能力强、疲劳寿命好；主要用于满足深井、高压井作业需求。

（1）拉伸性能

连续油管的拉伸性能见表 3-1-1。

表 3-1-1　连续油管的拉伸性能

钢级 /kpsi	屈服强度（最小）/MPa	屈服强度（最大）/MPa	抗拉强度（最小）/MPa	管体和焊缝硬度（最大）/HRC
70	483（70000）	NA	552（80000）	22
80	551（80000）	NA	607（88000）	22
90	620（90000）	NA	669（97000）	22
100	689（100000）	NA	758（108000）	28
110	758（110000）	NA	793（115000）	30

注：括号中数值单位为帕斯卡，psi。

（2）压扁性能

连续油管的压扁性能见表 3-1-2。

表 3-1-2 连续油管的压扁性能

钢级 /kpsi	d_o/t	两板间最大距离 H/（in 或 mm）
70	7~23	H（1.074~0.0194d_o/t）
80*	7~23	H（1.074~0.0194d_o/t）
90*	7~23	H（1.080~0.0178d_o/t）
100*	7~23	H（1.080~0.0178d_o/t）
110**	所有	H（1.086~0.0163d_o/t）

注：d_o 为钢管规定外径（in 或 mm），t 为钢管规定壁厚（in 或 mm）。* 如果在 0° 压扁试验不合格，应继续进行该试样剩余部分的压扁试验，直至 90° 位置的压扁试验不合格。在 0° 位置的过早失效不应作为拒收依据。** 压扁试验至少为 0.85d_o。

制造厂应提供每一卷连续油管的力学性能数据，包括在卷曲前或任何加工前的数据。由于包辛格效应等原因，钢管卷曲和加工状况可以导致连续油管管柱的实际机械性能发生变化。

2. 规范参数

（1）外径

外径可用卡钳之类的工具来测量。公差一般规定为：在成卷前为 ±0.25mm（±0.010in）（表 3-1-3）。由于在连续油管制造过程中需要进行钢管卷取和重绕，会使管子发生变形，可能会影响到外径尺寸，并使管子变成椭圆形。

表 3-1-3 连续油管管体直径公差

规格	公差 /mm
所有规格	−0.25~+0.25（−0.010~+0.010）

注：①应在钢管卷取前的制造厂进行管体直径公差测量；②括号中数值单位为英寸，in。

（2）壁厚

为符合壁厚要求，应对每根连续油管的两端进行壁厚测量。除焊缝区域外，钢管任意部位壁厚应在表 3-1-4 规定的公差范围内。

表 3-1-4 连续油管壁厚公差

规定壁厚 /mm	公差 /mm
＜2.8（0.110）	−0.1~+0.2（−0.005~+0.010）
2.8~4.4（0.110~0.175）	−0.2~+0.3（−0.008~+0.012）
4.5~6.4（0.176~0.250）	−0.3~+0.3（−0.012~+0.012）
⩾6.4（0.251）	−0.4~+0.4（−0.015~+0.015）

注：括号中数值单位为英寸，in。

（3）长度

长度的测量是在制造时进行的。制造时所使用的测量仪器精度应达到 ±1%。

（4）焊缝毛刺

连续油管的焊缝外毛刺应被清除至与管体外表面平齐。

连续油管的焊缝内毛刺不应高于钢管原始内表面延伸部分 2.3mm（0.090in）与规定壁厚数值中的较小值。

（5）通径试验

每卷连续油管出厂前，须进行通径试验，保证其内径的通过性。其通径球规格见表 3-1-5。

表 3-1-5 连续油管通径球规格

连续油管外径 /mm	连续油管壁厚 t/mm	通径球直径 /mm
19.05（0.750）	—	9.525（0.375）
25.40（1.000）	—	14.30（0.563）
31.75（1.250）	—	15.875（0.625）
38.10（1.500）	$t \leqslant 4.45$（0.175）	25.40（1.000）
38.10（1.500）	$t > 4.45$（0.175）	19.05（0.750）
44.45（1.750）	$t \leqslant 3.68$（0.145）	33.35（1.313）
44.45（1.750）	$t > 3.68$（0.145）	25.40（1.000）
50.80（2.000）	$t \leqslant 4.45$（0.175）	38.10（1.500）
50.80（2.000）	$t > 4.45$（0.175）	33.35（1.313）
60.32（2.375）	—	44.45（1.750）
66.75（2.625）	—	50.80（2.000）
73.02（2.875）	—	57.15（2.250）
82.55（3.250）	—	66.75（2.625）
88.90（3.500）	—	73.02（2.875）

注：括号中数值单位为英寸，in。

二 管材特点

（一）常规连续油管

连续油管在工作过程中，需要下入井中进行作业，作业完成以后需要从井中起出，并卷绕在滚筒上。由于运输条件的限制，卷绕连续油管的滚筒的尺寸不能太大，所以从滚筒上放开拉直和卷绕到滚筒上都要经过塑性变形，塑性应变较大，这就需要连续油管具有很好的韧性，能在很多次反复的塑性应变引起的损伤积累下不破坏，即有较高的寿命。在工作中，连续油管内需要通过高压工作流体，在连续油管中产生环向的应力；另外，连续油管下放进入井中，要受到轴向拉伸作用，产生轴向应力；在钻井等作业中还要受到扭矩的作用，这都需要连续油管有较高的强度。

随着连续油管应用范围的不断扩大，对连续油管的特性要求不断提高。许多新技术不断突破连续油管的强度极限和提高连续油管的塑性特性。按照连续油管作业的特点，需要从强度和延伸率两个方面进行平衡。一方面，提高连续油管钢强度，高强度材料有助于提高连续油管的抗拉、扭转、爆裂和压溃能力，扩大其抗拉伸、耐高压、抗循环疲劳的适应性；另一方面，在强度提高的同时，会导致塑、韧性损失，增大环境裂纹的敏感性，降低连续油管的疲劳寿命。所以，除了材料强度以外，人们也应关注影响其性能的其他方面，包括韧性、低周疲劳寿命、硬度、显微组织以及焊接性能等。近年来，对高强度连续油管钢的研究有了许多新进展，更为安全、可靠的110kpsi级连续油管已成功实现商品化，新的130kpsi以上级连续油管也已推出。

影响连续油管寿命的主要因素是工作压力（内压），工作压力越高，疲劳寿命越短，如图3-1-5所示。

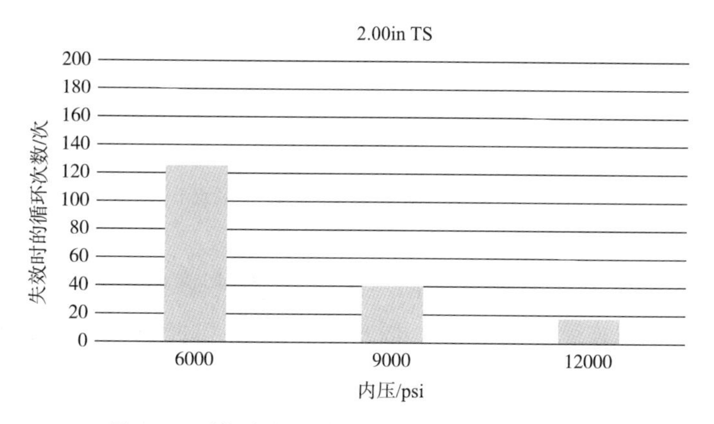

图3-1-5 同一钢级不同压力连续油管疲劳寿命分析图

在一定工作压力下，连续油管钢级越高，疲劳寿命越长，如图3-1-6所示。

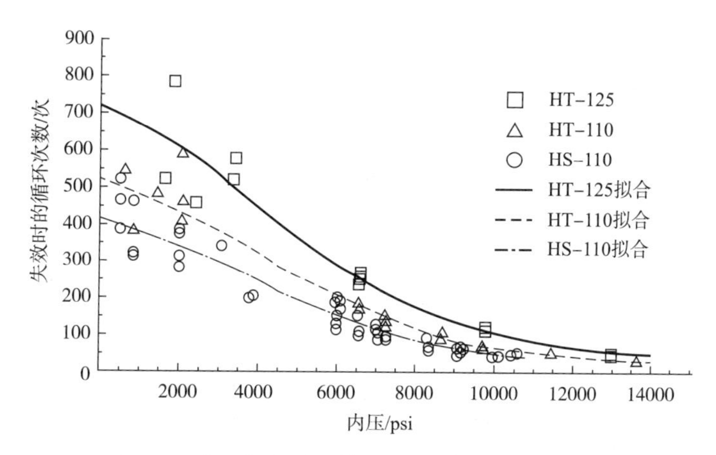

图3-1-6 同一压力下不同钢级连续油管疲劳寿命曲线图

通过试验，得出了常规连续油管疲劳寿命及性价比分析，见表3-1-6。作业压力越高，高强度连续油管的疲劳寿命增长率越高、性价比越好。

表 3-1-6 高强度连续油管疲劳寿命及性价比分析

规格		等级	35MPa 测试内压			70MPa 测试内压		
外径 /in	壁厚 /in		疲劳寿命 / 趟次	增长率 /%	成本系数	疲劳寿命 / 趟次	增长率 /%	成本系数
2.000	0.175	TS-90	99	—	0.44	18	—	2.44
		TS-110	138	39.4	0.40	34	88.89	1.62
		TS-130	226	128.3	0.27	83	361.11	0.72

（二）特殊连续油管

1. 穿电缆连续油管

连续油管穿电缆是将数千米的电缆连续穿入相应的连续油管中，电缆与连续油管的结合，使得电缆在油井中起下更加方便，且有利于很好地保护电缆使其免受损伤。电缆通过连续油管与各种井下工具连接，使得作业更加方便、快捷。

基于上述特点，穿电缆连续油管在测井尤其水平井测井、多簇射孔、分段压裂等方面有着良好的应用。通过专用的穿电缆系统装置，经水力泵送的方式，将电缆连续穿入盘卷状态的连续油管中。

此外，当连续油管寿命已达疲劳极限，且未发现有破损时，还可抽出电缆，即将电缆通过水力泵送的方式从连续油管内排出，以方便电缆和连续油管的后续维护保养。

2. 去内毛刺连续油管

连续油管采用高频感应焊接生产，其由高频感应加热，效率高、热影响区小，并通过焊接挤压辊挤压可完全排出焊缝氧化夹杂。焊接挤压过程中会在连续油管内外表面形成焊接毛刺，常规连续油管一般仅去除外毛刺，而保留内毛刺。

连续油管内毛刺最大允许高度为 2.3mm 或其标准壁厚（两数值中取较小值）。为适应穿电缆、穿光纤、同心管等特殊作业要求，往往需要将连续油管内毛刺去除。

连续油管内毛刺的去除相比常规短尺寸高频焊管要复杂、困难得多，通过开发专门的连续油管内毛刺去除设备，可以连续、高效地去除整个长度方向上的内毛刺。

3. 复合材料连续油管

复合材料连续油管设计成三层结构，包括内衬层、中间层和表层。内衬层设计为热塑性管，起抗腐蚀、防磨和防渗漏的作用。复合材料连续油管主要优点：与碳钢连续油管相比，改善连续油管的抗疲劳能力，尤其是高内压下的抗疲劳能力；重量轻，仅有钢连续油管的 1/3 的重量，有利于连续油管延伸；可定制连续油管的力学特性；在管壁中可埋入导线和光纤，形成智能连续油管；复合材料连续油管具有优良的抗腐蚀能力。复合材料连续油管主要缺点：比碳钢连续油管贵很多；没有碳钢连续油管强度高，容易遭受外力破坏；工作温度比较低，低于 120℃，主要受热塑性内衬的工作温度限制；现场修复困难；刚度低，压缩强度低；热塑性内衬容易被挤毁。

使用复合材料连续油管时，应考虑作业的环境因素，充分利用它的优点，避开其缺点，才能更经济高效地进行作业。

三 管材使用及维护

（一）油管到货检查

1. 文件信息验收

①检查油管的追溯号信息及质量证明文件。

②确认到货油管与文件相匹配。

③检查滚筒标识、油管追溯号及滚筒规格应与文件保持一致。

2. 目视检测

①检查滚筒的包装是否有破损。

②检测油管及滚筒是否有机械损伤。

③检查油管两侧是否均有堵头且密封严密。

3. 拆除包装后检测

①检测油管外层是否有划痕或凹坑等缺陷。

②检查油管表面防腐状态，是否有腐蚀现象。

③检测过程中如发现任何异常，应及时进行记录、拍照和反馈。

（二）油管维护

1. 油管的存储和维护保养

①油管宜存储在室内，外部缠绕膜防护，如因条件限制，油管储存在室外，需要采取防护措施，在油管的外表面覆盖一层防水材料，例如帆布，避免因潮湿引起的腐蚀，防止雨淋或风沙。

②定期（每月度）清洁裸露在外部的油管表面的灰尘、锈蚀等杂质后进行外部防腐（如油性防腐）。

③检查确认油管两端的堵头是否密封紧密，用检测仪器检测管内是否为正压；若管内无压力，应重新充氮气（建议纯度 99.9% 及以上）保证防腐效果。

④内外防腐的有效期是三个月，拆包装后，超过该期限需要重新防腐（建议使用油性防腐）。

⑤在含有酸性气体或酸性环境下作业时，必须采用抑制剂以保护油管。

⑥存储超过 6 个月的油管在施工前建议重新进行静水压测试，测试压力是油管最小内屈服压力的 80%。

⑦存储或使用超过一年的油管需进行全管无损检测（推荐使用连续油管缺陷检测仪），需将油管表面检测出的凹坑划伤等缺陷打磨修复，均匀过渡，打磨修复后表面光洁，确保

油管表面不会有如划伤、凹坑、裂纹等机械缺陷存在，以尽可能提升使用寿命。

⑧油管保养过程中如发现任何异常，应及时进行记录、拍照和反馈。

2. 油管打磨修复

连续油管在使用过程中，经常会因为各种原因使管体产生机械损伤。机械损伤导致连续油管有效壁厚减薄，承载能力减弱，且容易产生应力集中。在拉伸、弯曲等复杂载荷的进一步作用下，产生微裂纹、裂纹迅速扩展，最终导致连续油管过早失效。因此当连续油管出现机械损伤时，应及时进行打磨修复。

连续油管的打磨修复有以下几点注意事项：

①需沿纵向即连续油管轴向进行打磨。

②最后一次应采用 200 目的砂纸进行修磨。

③不允许过度打磨，并保证剩余壁厚不低于标准壁厚的 90%。

④不允许采用磨削效率过高的打磨工具，如图 3–1–7 所示。

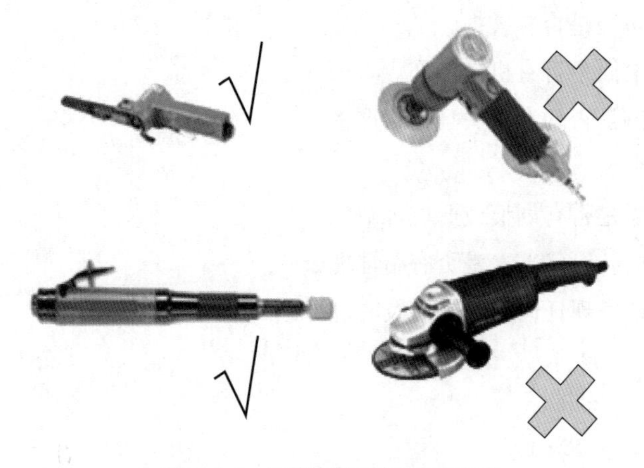

图 3–1–7　油管修复正确的打磨工具

3. 油管作业安全

①滚筒拆包装时人员严禁站立在滚筒的正前方，人员应站立在滚筒侧面使用合适的工具拆除包装上的打包带，防止油管反弹造成人员受伤。

②进行油管切断作业时，需要将油管两端固定，以免油管反弹。

③当存储油管时，须固定油管末端防止脱落。

④进行静水压测试作业时，人员严禁靠近测试区域，以免出现异常时人员受伤，测试区域应设置安全防护装置，操作人员必须经过专业培训并佩戴好劳保防护用品。

⑤进行管管对接焊作业时，需要将油管对接两端固定，以免油管反弹伤人。

⑥在油管作业过程中，如发现任何异常或安全隐患，应及时进行记录、拍照和反馈。

（三）质量证明

连续油管质量证明单是连续油管产品出厂的合格证明，包含连续油管序列号、客户及订单信息，如图 3–1–8 所示。质量证明单中包括以下内容：

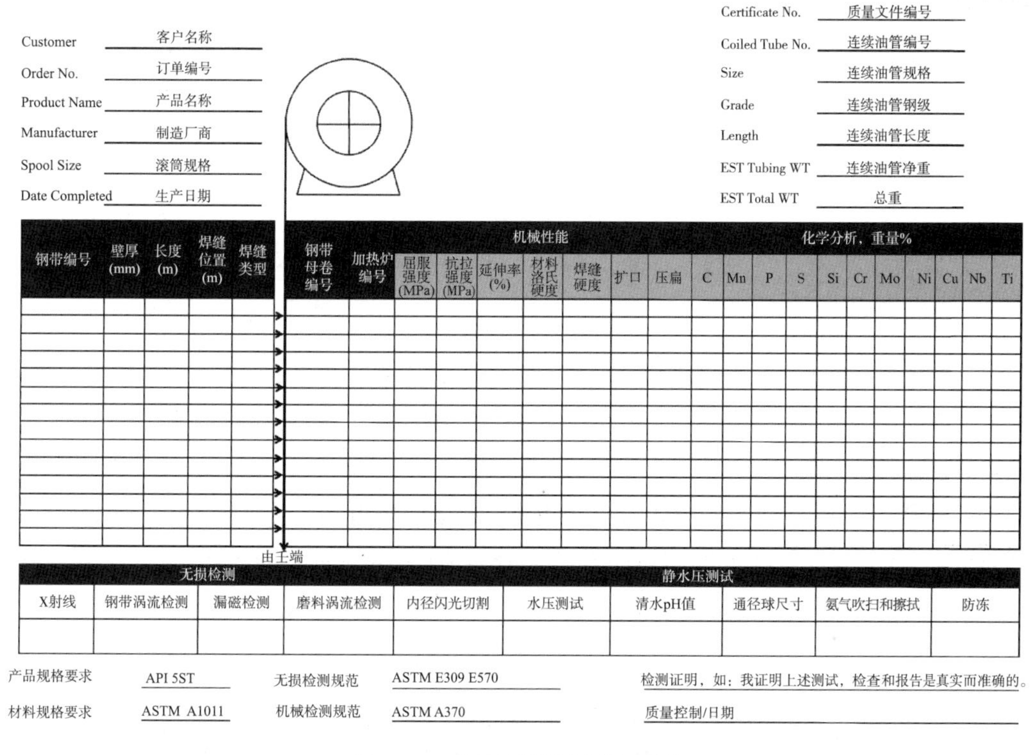

连续油管合格证

Customer	客户名称	Certificate No.	质量文件编号
Order No.	订单编号	Coiled Tube No.	连续油管编号
Product Name	产品名称	Size	连续油管规格
Manufacturer	制造厂商	Grade	连续油管钢级
Spool Size	滚筒规格	Length	连续油管长度
Date Completed	生产日期	EST Tubing WT	连续油管净重
		EST Total WT	总重

钢带编号	壁厚(mm)	长度(m)	焊缝位置(m)	焊缝类型	钢带母卷编号	加热炉编号	机械性能							化学分析，重量%										
							屈服强度(MPa)	抗拉强度(MPa)	延伸率(%)	材料洛氏硬度	焊缝硬度	扩口	压扁	C	Mn	P	S	Si	Cr	Mo	Ni	Cu	Nb	Ti

由王端

无损检测					静水压测试				
X射线	钢带涡流检测	漏磁检测	磨料涡流检测	内径闪光切割	水压测试	清水pH值	通径球尺寸	氮气吹扫和擦拭	防冻

产品规格要求 API 5ST　　无损检测规范 ASTM E309 E570　　检测证明，如：我证明上述测试，检查和报告是真实而准确的。

材料规格要求 ASTM A1011　　机械检测规范 ASTM A370　　质量控制/日期

图 3-1-8　连续油管质量合格证明单

①产品质量证明书体现连续油管生产依据规范，产品的信息可以实现有效的追溯。

②规定的直径、壁厚和等级。

③元素的化学成分分析。

④连续油管产品首末端的机械性能数据，包括屈服强度、抗拉强度、伸长率和硬度。

⑤钢带对接斜焊缝的位置。

⑥静水压试验压力和保压时间。

⑦过程检测涉及的检测标准。

第二节　通用井下工具

连续油管工具从 20 世纪 60 年代连续油管作业设备诞生后就开始应用到了现场施工，对连续油管各种工艺技术的推广和应用起到了很好的推动作用，每种新工具的投入使用都会对连续油管的作业起到很好的促进作用。目前，连续油管的各种施工工艺都离不开与之相配套的井下工具，从某种意义上讲，所使用的井下工具的先进程度代表了连续油管作业的技术水平。连续油管作业井下工具种类多，但无论哪种施工工艺都需要以下通用工具。

一 连接器

连续油管与工具连接端部没有加工成型的丝扣，需要安装连接器，作为连续油管与工具的连接载体。根据连接管壁位置区分，一般分为内连接器和外连接器。

（一）内连接器

为确保与连续油管外径一致常使用内连接器，内连接器分为内卡瓦式、内铆钉式及Roll-on（环压）式连接器。

1. 内卡瓦式连接器

内卡瓦式连接器通过旋转连接器的控制螺母使卡瓦进入连续油管中的预定位置，并且锁紧；能够承受拉力和扭矩，适用于钻井、磨铣、打捞等作业。其结构如图 3-2-1 所示，性能参数见表 3-2-1。

当要求工具外径与连续油管相同甚至更小时，适合采用内卡瓦式连接器。使用时需要把连续油管下端内圆打磨光滑，保证密封圈对连续油管的密封性。

特点：①能承受较大的负荷；②结构简单，与连续油管外径相同；③密封性能好；④卡瓦可以更换。

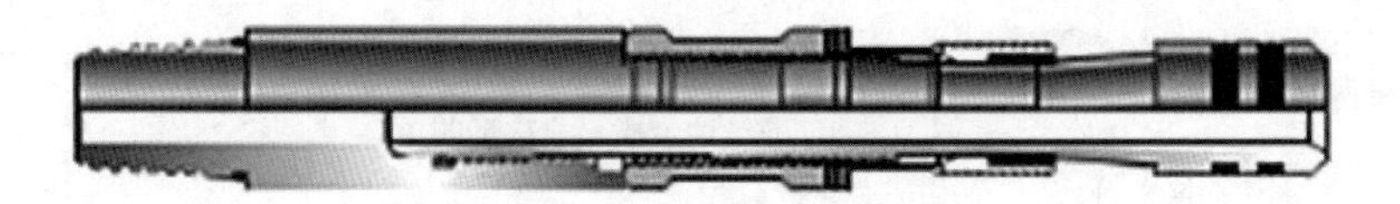

图 3-2-1 内卡瓦式连接器示意图

表 3-2-1 内卡瓦式连接器性能参数

<table>
<tr><th>连续油管外径 /in</th><th>工具外径 /in</th><th>最小内径 /in</th><th>接头螺纹规格</th></tr>
<tr><td>1.250</td><td>1.25</td><td rowspan="2">0.625</td><td rowspan="3">1.00in AMMT</td></tr>
<tr><td>1.500</td><td>1.50</td></tr>
<tr><td>1.750</td><td>1.75</td><td>0.680</td></tr>
<tr><td>2.000</td><td>2.00</td><td>0.870</td><td>1½ in AMMT</td></tr>
</table>

2. 内铆钉式连接器

通过专用铆钉工具把连续油管与连接器铆在一起。连接器下端是标准的连续油管螺纹，通过它与下端的工作管柱相连。结构如图 3-2-2 所示，性能参数见表 3-2-2。

特点：①结构简单，与连续油管外径相同；②组装简单；③可传递较大扭矩。

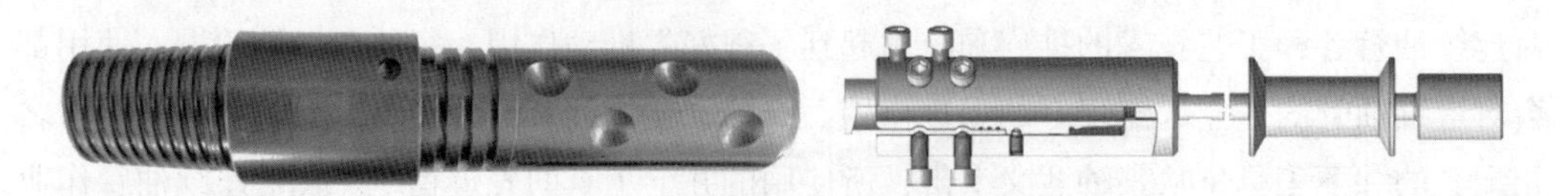

图 3-2-2 内铆钉式连接器及专用工具

表 3-2-2 内铆钉式连接器性能参数

连续油管外径 /in	工具外径 /in	最小内径 /in	上下接头螺纹规格
1.500	1.500	0.669	1.00in AMMT
1.750	1.750	0.669	
1.750	1.750	0.748	1½ in AMMT
2.000	2.000	0.748	
2.375	2.375	1.000	

3. Roll-on（环压）式连接器

通过专用的环压工具将环压式连接器连接在连续油管的末端，将连续油管转换成一个螺纹接头，用于连接其他工具配件等。环压式连接器性能参数见表 3-2-3，使用时需要把连续油管下端内圆打磨光滑，保证密封圈对连续油管的密封性。

特点：①能承受较大的负荷；②密封性能好；③组装简单。

表 3-2-3 环压式连接器性能参数

连续油管外径 /in	工具外径 /in	最小内径 /in	接头螺纹规格
1.250	1.687	0.75	1.00in AMMT
1.500	2.000		
1.750	2.125	1.00	1½ in AMMT
2.000	2.750		

用环压工具能够保证连续油管和环压式连接器很容易组装在一起，它有两个与之相配的轮子，一个用于连续油管与环压连接器相连时，使连续油管贴合在连接器的环形沟槽上；另配有一个轮子用于割断连续油管。结构如图 3-2-3 所示。

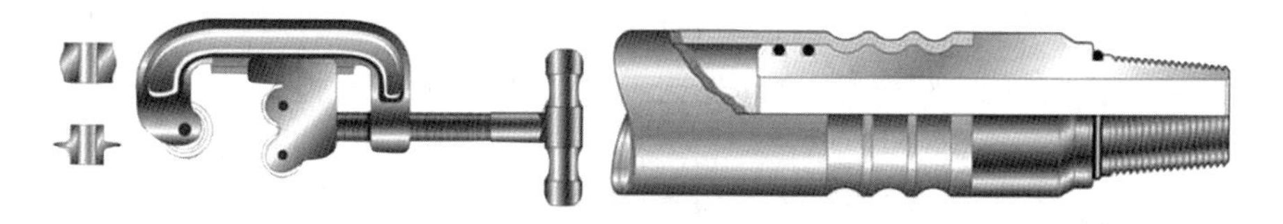

图 3-2-3 环压工具及压后接头示意图

（二）外连接器

1. 外卡瓦式连接器

外卡瓦式连接器通过卡瓦咬合与连续油管连接起来。连接器下端螺纹与工作管柱相连。该接头利用一组搭扣卡瓦，通过楔进管壁抓紧连续油管，因此，拉力越大抓得越紧，卡瓦不能旋转。卡瓦下端与下接头上端相互咬合可以传递较大扭矩，结构如图 3-2-4 所示。扭矩式外卡瓦连接器适用于钻井、磨铣、井下扩眼、打捞等作业，性能参数见表 3-2-4。

特点：①结构简单、保证大通径；②上下接头间的螺纹是从上往下旋紧，确保连接器在试拉后螺纹不会松动；③能够传递大扭矩。

使用时需要把连续油管下端外圆打磨光滑，保证密封圈对连续油管的密封性。

图 3-2-4　扭矩式外卡瓦连接器示意图

表 3-2-4　外卡瓦式连接器性能参数

连续油管外径 /in	工具外径 /in	最小内径 /in	接头螺纹规格
1.250	1.687	0.75	1.00in AMMT
1.250	1.750	0.75	
1.500	2.125	1.00	1½ in AMMT
1.500	2.250	1.00	
1.750	2.375	1.00	
1.750	2.875	1.50	2⅜ in PAC
2.000	2.875	1.50	
2.375	3.125	1.50	2⅞ in PAC
2.875	3.625	1.50	

2. 铆钉式连接器

铆钉式连接器是一种通过专用铆钉工具把连续油管与连接器铆在一起。连接器下端是标准的连续油管螺纹，通过它与下端的工作管柱相连，结构如图 3-2-5 所示，性能参数见表 3-2-5。

特点：①内孔压力密封；②连接和卸下非常简单容易；③可传递较大扭矩；④使用时需要把连续油管下端外圆打磨光滑，保证密封圈对连续油管的密封性。

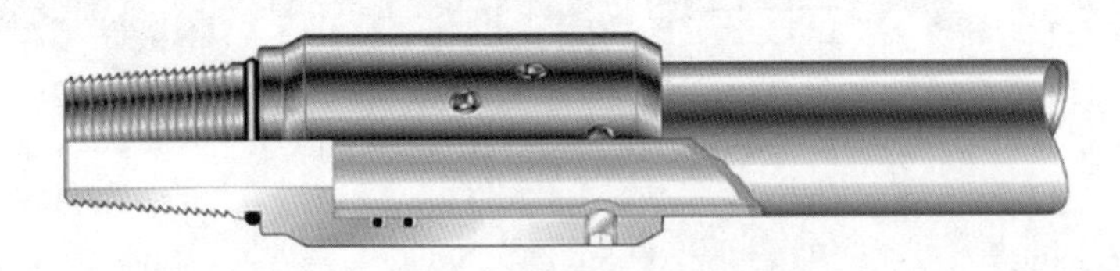

图 3-2-5　铆钉式连接器

表 3-2-5　铆钉式连接器性能参数

连续油管外径 /in	工具外径 /in	最小内径 /in	上下接头螺纹规格
1.250	1.687	0.687	1.00in AMMT
1.500	2.000	0.687	
1.750	2.125	1.000	1½ in AMMT
2.000	2.750	1.000	

二 试拉（压）工具

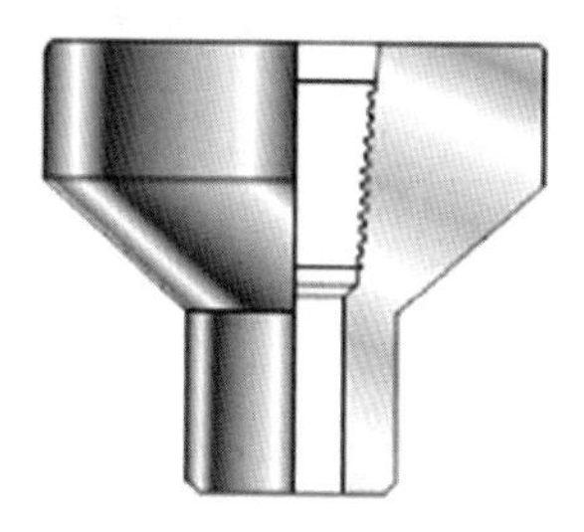

图 3-2-6　试拉 / 压盘示意图

试拉（压）工具是测试连接器的一个附件，结构如图 3-2-6 所示。当连接器与连续油管安装好后，把拉盘与连接器连接，固定拉盘，上提连续油管，可以测试连接器的强度；通水后，关闭盘下的高压阀门，对连续油管和连接器进行试压，测试地面管汇管线、连续油管、连接等承压部件的耐压和密封情况。当测试成功后用工具串换下拉盘，然后下放工具串入井中。试拉 / 压盘性能参数见表 3-2-6。

表 3-2-6　试拉 / 压盘性能参数

连续油管规格 /in	工具外径 /in	最小内径 /in	接头螺纹规格
1.000	5	0.75	1.00in AMMT
1.250	5	0.75	1¼ in AMMT
1.500	5	1.00	1½ in AMMT
2.375	6	1.50	2⅜ in PAC
2.875	8	1.50	2⅞ in PAC
2.875	8	2	3½ in PAC

三 马达头总成

马达头总成是由双瓣单流阀、丢手接头和双向循环阀三个单元组成的工具组件，是保障马达安全工作的必备工具组合。其结构如图 3-2-7 所示，性能参数见表 3-2-7。

特点：①结构紧凑，总长比三个单元单独组合总长短 30%；②可承受较大扭矩；③减少常用工具连接，易于维护。

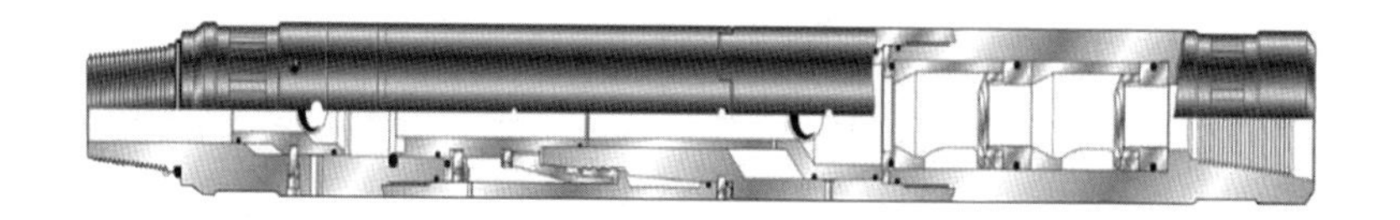

图 3-2-7　马达头结构示意图

表 3-2-7　马达头性能参数

<table>
<tr><th>工具外径 /in</th><th>最小内径 /in</th><th>上下接头螺纹规格</th></tr>
<tr><td>1.687</td><td rowspan="3">0.406</td><td rowspan="2">1.00in AMMT</td></tr>
<tr><td>1.750</td></tr>
<tr><td>2.125</td><td rowspan="3">1½ in AMMT</td></tr>
<tr><td>2.250</td><td rowspan="2">0.687</td></tr>
<tr><td>2.375</td></tr>
</table>

续表

工具外径 /in	最小内径 /in	上下接头螺纹规格
2.875	0.750	$2\frac{3}{8}$ in PAC
3.125		$2\frac{7}{8}$ in PAC

（一）双瓣单流阀

双瓣单流阀是连续油管标准工具串重要的组成部分，用于阻止在管柱下入或回收时的井底压力上窜，达到保护井口设备的目的。两级挡板阀相互独立，橡胶材质的密封环保证井底压力低时的挡板阀密封，当压力高时，橡胶压缩，这时金属与金属密封，承受高压力。其结构如图 3–2–8 所示，性能参数见表 3–2–8。

挡板能阻止井底压力上窜，同时在作业时需要投球或短棒时，它允许钢球或其他短棒从上往下通过。

特点：①两级独立密封系统，密封性能更可靠；②插入式密封阀体，便于维护；③大内孔允许钢球等工具通过。

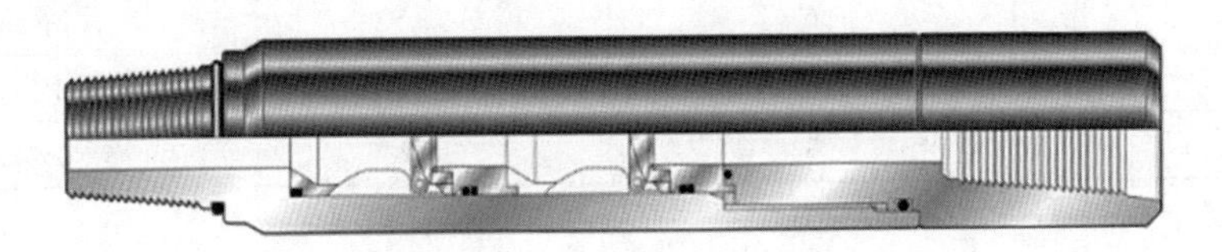

图 3–2–8 双瓣单流阀结构示意图

表 3–2–8 双瓣单流阀性能指标

工具外径 /in	最小内径 /in	上下接头螺纹规格
1.687	0.687	1.00in AMMT
1.750	0.687	
2.125	0.687	$1\frac{1}{2}$ in AMMT
2.250	1.031	
2.375	1.031	
2.875	1.375	$2\frac{3}{8}$ in PAC
3.125	1.375	

（二）丢手接头

1. 液压丢手接头

液压丢手接头是作业管柱中的重要组成部分，可以通过在管柱中投放一定规格的钢球使管柱工具串在预定位置实现丢手，与下端工具脱离，实现不动管柱而将管柱安全丢手和回收。上下接头交叉嵌入式设计可以传递扭矩。

液压丢手接头主要由丢手上下两部分组成，上部主要是丢手上接头带球座部分，与管柱相连；下部是丢手下接头带卡瓦锚定部分，与冲砂阀、马达等工具连接。从连续油管中投球，钢球最后停在液压丢手中的球座上形成密封活塞面，通过地面打压，活塞下行剪断液压丢手中的剪切销钉，卡瓦套下行，由于卡瓦的特殊设计使得丢手上接头可以从卡瓦中脱离出来，可以通过调整剪切销钉的数量来调整丢手压力。丢手上接头、球座和钢球在丢手后被回收，留下一个标准的“GS”形内打捞颈以便于下一步的打捞作业。其结构如图 3-2-9 所示，性能参数见表 3-2-9。

特点：①能够传递大扭矩；②内置回收颈回收方便；③结构简单，易于保养维护；④棘爪设计避免意外丢手。

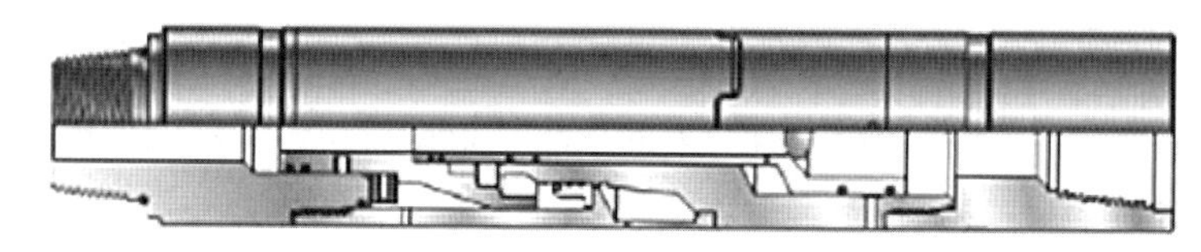

图 3-2-9　液压丢手结构示意图

表 3-2-9　液压丢手性能参数

<table>
<tr><th>工具外径 /in</th><th>最小内径 /in</th><th>丢手钢球规格 /in</th><th>能通过最大钢球规格 /in</th><th>打捞颈规格</th><th>上下接头螺纹规格</th></tr>
<tr><td>1.687</td><td rowspan="2">0.468</td><td rowspan="3">0.625</td><td rowspan="3">0.4375</td><td rowspan="4">2.00GS</td><td rowspan="2">1.00in AMMT</td></tr>
<tr><td>1.750</td></tr>
<tr><td>2.125</td><td>0.531</td><td rowspan="3">$1\frac{1}{2}$ in AMMT</td></tr>
<tr><td>2.250</td><td rowspan="2">0.782</td><td rowspan="2">1.1875</td><td rowspan="2">0.75</td></tr>
<tr><td>2.375</td><td>2.50GS</td></tr>
<tr><td>2.875</td><td>0.875</td><td>1.3125</td><td>1.1875</td><td rowspan="2">3.00GS</td><td rowspan="2">$2\frac{3}{8}$ in PAC</td></tr>
<tr><td>3.125</td><td>1.0625</td><td>1.125</td><td>1.00</td></tr>
</table>

2. 机械式丢手接头

机械式丢手接头设计用于当下方工具遇卡时，在预先设定的拉力下实现丢手分开，起出上半部分，再换强度更高的打捞工具把下端部分打捞出来。在遇卡的情况下通过上提，剪断剪切销钉，实现丢手。上提丢手力可以通过调节剪切销钉的数量来控制。上下接头交叉嵌入式设计可以传递扭矩。其结构如图 3-2-10 所示，性能参数见表 3-2-10。

特点：①剪切力可预先调整；②可任意调整丢手位置；③内置“GS”形打捞颈便于回收；④密封性能可靠；⑤能够传递扭矩。

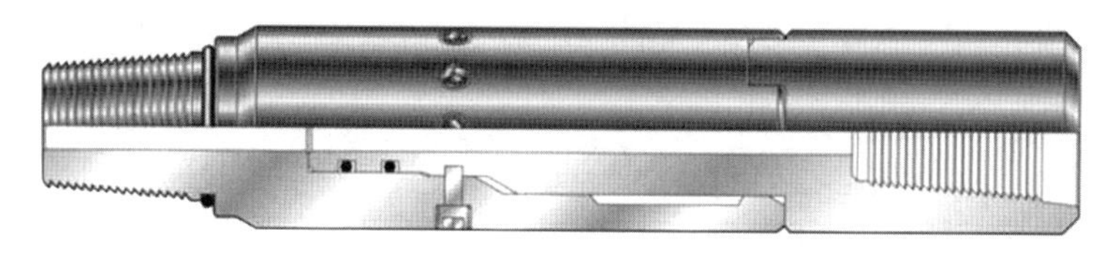

图 3-2-10　机械式丢手接头示意图

表 3-2-10　机械式丢手性能参数

<table>
<tr><th>工具外径 /in</th><th>最小内径 /in</th><th>打捞颈规格</th><th>上下接头螺纹规格</th></tr>
<tr><td>1.687</td><td rowspan="2">0.500</td><td rowspan="3">2.00GS</td><td rowspan="2">1.00in AMMT</td></tr>
<tr><td>1.750</td></tr>
<tr><td>2.125</td><td rowspan="3">0.750</td><td rowspan="3">1½ in AMMT</td></tr>
<tr><td>2.250</td><td rowspan="2">2.50GS</td></tr>
<tr><td>2.375</td></tr>
<tr><td>2.875</td><td rowspan="2">1.250</td><td rowspan="2">3.00GS</td><td rowspan="2">2⅜ in PAC</td></tr>
<tr><td>3.125</td></tr>
</table>

3. 超压丢手接头

超压丢手接头是通过管柱打压剪断销钉，使丢手接头能够在井中任何预定位置将工具或工具组丢手。在入井前确定释放剪切力的大小，根据剪切力确定安装剪切销钉的数量。其结构如图 3-2-11 所示，性能参数见表 3-2-11。

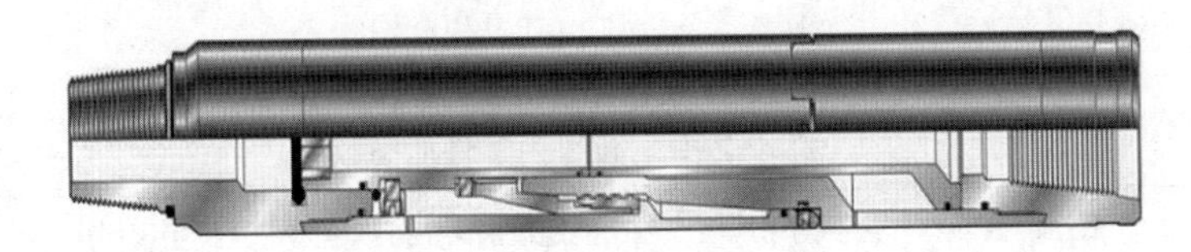

图 3-2-11　超压丢手接头示意图

表 3-2-11　超压丢手接头性能参数

<table>
<tr><th>工具外径 /in</th><th>最小内径 /in</th><th>打捞颈规格</th><th>上下接头螺纹规格</th></tr>
<tr><td>1.687</td><td rowspan="3">0.468</td><td rowspan="4">2.00GS</td><td rowspan="2">1.00in AMMT</td></tr>
<tr><td>1.750</td></tr>
<tr><td>2.125</td><td rowspan="3">1½ in AMMT</td></tr>
<tr><td>2.250</td><td rowspan="2">0.782</td></tr>
<tr><td>2.375</td><td>2.50GS</td></tr>
<tr><td>2.875</td><td>0.875</td><td>3.00GS</td><td>2⅜ in PAC</td></tr>
</table>

为了实现丢手接头释放丢手，连续油管必须能够承受高压。如果操作要求中需要有循环通道，在下入的管柱中应加上顺序阀。

（三）双向循环阀

双向循环阀设计用于井下工具遇卡且工具底部无循环通道时，通过投球推动芯轴剪切销钉，建立循环通道。其结构如图 3-2-12 所示，性能参数见表 3-2-12。

特点：①结构简单、安装容易，可靠性高；②可通过改变剪切销钉的数量调整剪切压力。

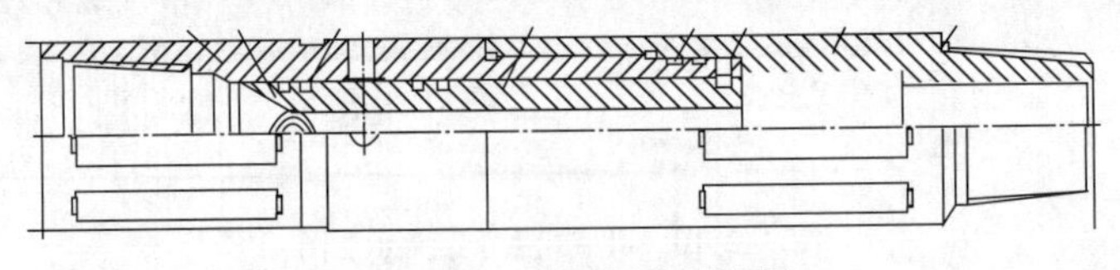

图 3-2-12　双向循环阀示意图

表 3-2-12　双向循环阀性能参数

工具外径 /in	最小内径 /in	打捞颈规格	上下接头螺纹规格
1.687	0.500	2.00GS	1.00in AMMT
1.750			
2.125	0.750		1½ in AMMT
2.250		2.50GS	
2.375			
2.875	1.250	3.00GS	2⅜ in PAC
3.125			

四　专用扣型

因连续油管作业多在套管或油管内作业，所使用工具外径较小。在较小外径下既要保证工具连接强度，又要保持较好的内通径，因此研发了几种连续油管井下工具专用扣型，主要为：AMMT 扣、PAC 扣。

（一）AMMT 扣

AMMT 扣为 American Mining Macaroni Tubing 的缩写，最早用于美国军方。AMMT 扣每英寸 6 牙，常用扣型尺寸为 1in 和1½ in。AMMT 扣规格和型号分别见图 3-2-13 和表 3-2-13。

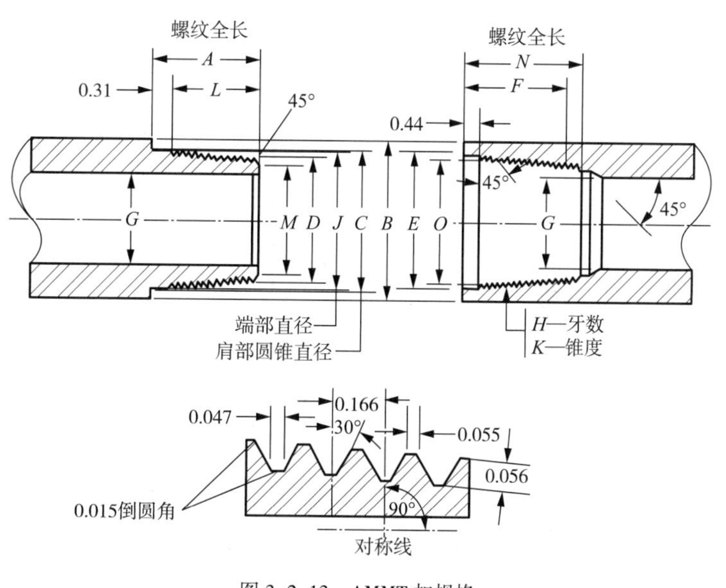

图 3-2-13　AMMT 扣规格

表 3-2-13　AMMT 扣型号

尺寸 / in	A	B	C	D	E	F	G	H（TPI）	J	K（TPF）	L	M	N	O	推荐上扣扭矩 /（N·m）
1	1½	1 9/16	1.281	1.093	1.301	1½	¾	6	1.233	1½	1⅛	61/64	2	1.183	557
1¼	2	1¾	1.496	1.218	1.489	2	¾	6	1.421	1½	1⅝	1 3/32	2½	1.371	896
1½	2	2	1.688	1.418	1.688	2	1	6	1.621	1½	1⅝	1 9/32	2½	1.570	1303

（二）PAC 扣

PAC 扣为 Pacific Asia Connection 的缩写。PAC 扣一般用于小井眼钻进、井筒修复、打捞等作业，抗拉强度较高，比较容易对扣，常用于连续油管重型作业工具中，常用扣型尺寸为2⅜ in，如图 3-2-14 所示。PAC 扣规格和型号分别见图 3-2-15 和表 3-2-14。

图 3-2-14　2⅜ in PAC 扣实物图

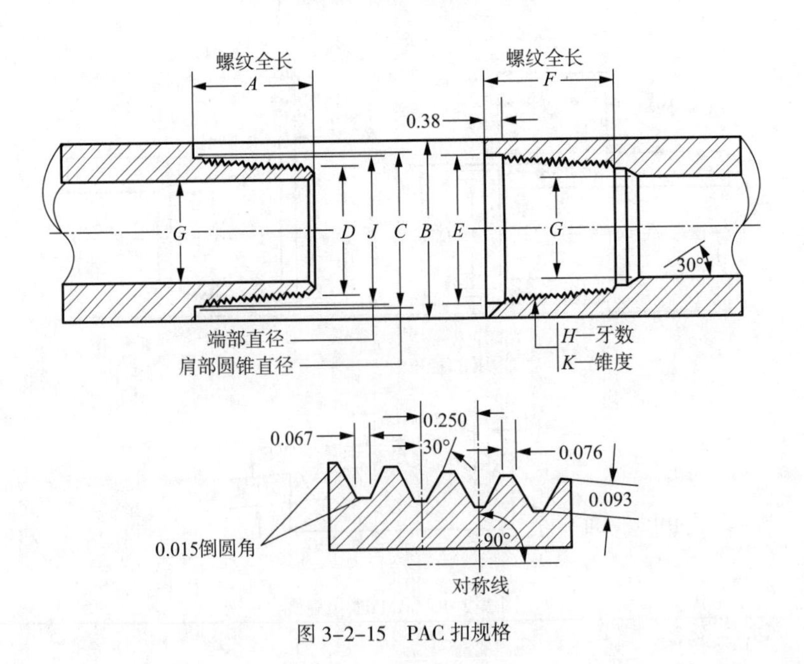

图 3-2-15　PAC 扣规格

表 3-2-14　PAC 扣型号

尺寸 /in	A	B	C	D	E	F	G	H（TPI）	J	K（TPF）	推荐上扣扭矩 /（N·m）
$2\frac{3}{8}$	$2\frac{3}{8}$	$2\frac{7}{8}$	$2\frac{23}{64}$	$2\frac{1}{16}$	$2\frac{27}{64}$	$2\frac{1}{2}$	$1\frac{3}{8}$	4	$2\frac{5}{16}$	$1\frac{1}{2}$	3000
$2\frac{7}{8}$	$2\frac{3}{8}$	$3\frac{1}{8}$	$2\frac{17}{32}$	$2\frac{15}{64}$	$2\frac{19}{32}$	$2\frac{1}{2}$	$1\frac{1}{2}$	4	$2\frac{41}{64}$	$1\frac{1}{2}$	4019
$3\frac{1}{2}$	$3\frac{1}{4}$	$3\frac{3}{4}$	$3\frac{3}{64}$	$2\frac{41}{64}$	$3\frac{7}{64}$	$3\frac{3}{8}$	2	4	3	$1\frac{1}{2}$	5065

思考题

1. 简述连续油管制造流程。

2. 外径 2in，壁厚大于 0.175in 的连续油管应用多大尺寸的通径球？

3. 影响连续油管疲劳寿命的主要因素及提高连续油管使用寿命的方法有哪些？

4. 列举连续油管通用井下工具及连接注意事项。

扫一扫
获取更多资源

第四章

常用施工工艺

连续油管俗称“万能作业机”，匹配不同井下工具可应用于油气田修井、完井、测井、钻井等作业。目前，国内常用于冲砂、清蜡、气举、酸化、射孔、压裂、钻塞、测井、打捞、完井等施工。

第一节　冲砂洗井

在水平井开发过程中，地层出砂和压裂砂沉积是两种常见井筒积砂现象，积砂掩埋产层将造成油气产量下降。因此，冲砂洗井将井筒内积砂携带出地面恢复油气井的正常生产是最常见的修井工艺。水平井筒沉砂速度快、携砂难度大，尤其是气井井筒在不压井的条件下带压冲砂洗井，增加了水平井冲砂洗井的难度。常规设备和螺纹连接管柱很难满足水平井带压冲砂洗井的要求，应用连续油管技术的水平井冲砂虽然能够很好地适应带压作业，冲砂时能够在水平井筒内拖动冲洗，但是连续油管流动通道小、排量低。因此，如何提高连续油管水平井冲砂洗井效率一直成为工程中关注的问题，研究砂粒在井筒内的运移规律、悬浮砂粒能力强的低摩阻洗井液、喷射工具等因素对连续油管冲砂洗井效率的影响十分必要。

一　水平井冲砂洗井砂粒运移状态

水平井冲砂洗井返出含砂液需要经过三个井段（或三个洗井区），即水平段、斜井段和直井段。在不同井段，含砂液和砂粒的流动以及砂粒的沉降规律不同。认清砂粒在井筒中的运移状态，尤其是水平井段砂粒的运移状态，能够很好地指导水平井冲砂洗井。

洗井时砂粒在井筒中受到重力、液体黏滞阻力、洗井液作用在砂粒上的拖曳力（或牵引力）共同作用，在不同井段作用在砂粒上的这些力对砂粒的运移影响各不相同。在这些力作用下，砂粒如果沿井筒轴向方向随洗井液移动，将被迁移出井筒；如果砂粒被迁移到井筒壁面停滞并驻留在井筒内，砂粒将不被迁移出井筒。由此可以看出，砂粒在井筒中的运移状态与砂粒的密度、粒径，洗井液的密度、黏度、流速及井筒的轨迹等因素密切相关。

（一）直井段

竖直井段的砂粒受到的力在井筒轴线方向上，受到的重力方向与洗井液作用的黏滞阻力和液流的拖曳力方向相反。如果砂粒在洗井液中所受重力与黏滞阻力平衡（图 4–1–1），则砂粒以悬浮状态存在于洗井液中，并随洗井液返出井筒；如果砂粒在洗井液中的重力大于黏滞阻力，砂粒将在洗井液中以一定的速度沉降，当砂粒的沉降速度小于或等于洗井液的上返流速时，砂粒将随洗井液返出井筒。所以，在竖直井段，砂粒的运移不仅取决于砂粒的直径和密度，也受到洗井液性能和上返速度的影响。

（二）斜井段

斜井段砂粒受到的重力可以分解成沿井筒的轴向分力与径向分力。如果砂粒重力的径向分力与径向的黏滞阻力平衡，砂粒在井筒中沿径向没有运动，砂粒将以悬浮状态存在，此时，如果重力的轴向分力产生的沉降速度小于洗井液的流动速度，砂粒将随洗井液返出。然而，由于砂粒在径向方向沉降的路径很短，砂粒在运移过程中将会沉积在井筒壁上形成砂床。冲砂作业的过程中，如果洗井液流速较低，则砂床上的颗粒处于静止状态，很难随洗井液返出井筒，如图 4-1-2（a）所示；当洗井液流速较大时，砂粒在井筒径向方向可能处于完全悬浮状态随洗井液返出井筒，如图 4-1-2（b）所示。由此可知，由于连续油管内径小，冲砂洗井排量有限，有效冲洗斜井段的积砂需要洗井液具有强的黏滞阻力，但是这样往往带来很大的流动摩阻。所以，研制合适性能的洗井液对于连续油管冲砂洗井意义重大。

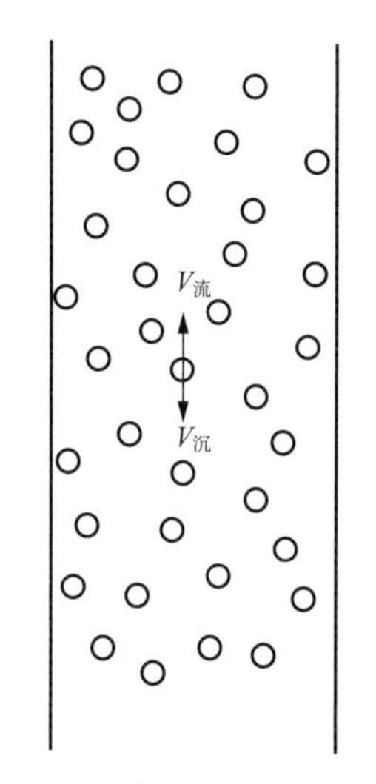

图 4-1-1　直井段砂粒运移状态

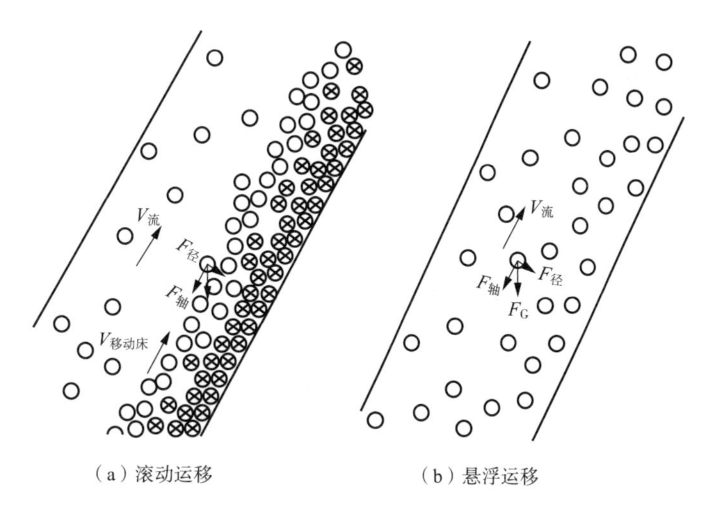

图 4-1-2　斜井段砂粒运移状态

（三）水平井段

在水平段，砂粒重力方向与洗井液拖曳力方向垂直，其合速度方向指向井眼下侧，因而极易在井壁下侧形成沉积砂床。冲砂洗井时，在洗井液作用下，砂床表面砂粒开始滑动，由于砂床表面粗糙不平，砂粒主要以翻滚、跃移的形式运移，床面以下的砂粒还是保持静止不动，如图 4-1-3（a）所示；当冲砂液的流速达到一定程度时，床面以下的砂粒会在拖曳力的作用下以及各层砂粒之间进行动量交换开始运动，随着冲砂液流动带来的拖曳力的不断加强，运动开始不断往下部的深层发展，最终形成积砂床的成层运动，如图 4-1-3（b）所示；当洗井液流速足够高时，砂粒各层之间同时发生质量交换和动量交换，水平段砂粒就可能进入悬浮冲洗运移状态，如图 4-1-3（c）所示。由此可知，水平井冲砂洗井主要依靠大排量和足够的流速运移砂粒。然而，连续油管冲砂洗井很难提供足够的排量。因此，研究合适的喷射工具，如径向喷嘴工具、环流喷嘴工具、旋转环流喷嘴工具，在小排量下可以有效地将沉积在井筒壁面上的砂粒翻转起来，随管流方向运移返出井筒，近年来一种负压冲砂工具在水平井中的应用受到关注。冲砂洗井工具将在本章后续详细描述。

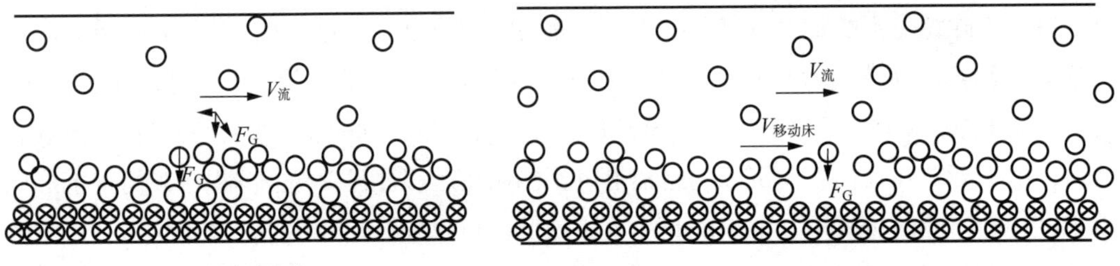

（a）滚动运移　　　　（b）运移床

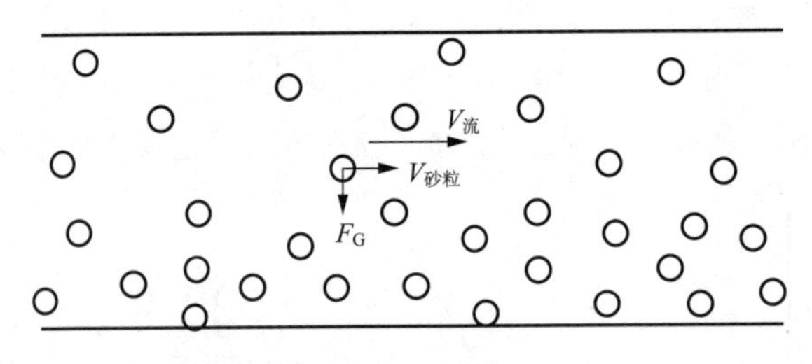

（c）悬浮运移

图 4-1-3　水平段砂粒运移状态

二　连续油管冲砂洗井液

如上文所述，冲砂洗井液是影响连续油管水平井冲砂洗井效果的关键因素之一。要求冲砂洗井液具有足够的黏度以获得良好的携砂性能；同时要求冲砂洗井液具有很好的润滑性，较低的摩阻，以获得更大的排量，提高冲砂洗井效果。另外，冲砂洗井液应不伤害储层，经济、环保。

目前连续油管冲砂洗井液常用的有清水、线性胶、低密度泡沫液等，主要性能见表 4-1-1。

表 4-1-1　不同冲砂洗井液性能对比

冲砂介质	动力黏度 /（10^{-3} Pa · s）	密度 /（kg/m^3）	流型	摩阻	携砂能力	对地层伤害
清水（20℃）	1.005	998.2	牛顿流	大	差	严重
线性胶	1~10	1000~1400	非牛顿流（不完全）	较小	好	有一定伤害
低密度泡沫液	4.5~11	500~800	非牛顿流	较小	较好	有一定伤害

（一）清水

采用清水冲砂洗井易对产层造成伤害，且清水的携砂能力较差。所以，连续油管水平井冲砂洗井很少采用清水作为冲砂介质。但清水具备透明度高的特性，在井筒中流体介质要求透光性较高的情况下，冲砂液多采用清水，如连续油管井下电视探测时，选用清水洗井最为合适。

（二）线性胶

连续油管水平井冲砂洗井作业对冲砂液提出了更高的要求。首先，要求冲砂液体具备较好的携砂能力，足以将水平段的积砂带出地面；同时，连续油管管径的限制产生较大的压降，则要求冲砂液体具备良好的降阻性能。目前在页岩气井连续油管水平井冲砂中，应用较为成熟的冲砂液体是线性胶。线性胶具备较好的携砂、减阻双重特性，在页岩气开发中，冲砂洗井用的线性胶与页岩气压裂用的线性胶性能基本相同，且现场制备方便。

（三）低密度泡沫液

对于采用清水介质不能建立冲砂循环，以致不能恢复正常生产的油气井来说，采用低密度泡沫液的意义更加深远。

储层压力随着开采过程逐渐降低，进行冲砂作业时，冲砂液可能进入地层，使得井筒中上返的井筒工作流体流量降低，影响冲砂效果，甚至导致冲砂作业失败。

泡沫液是水和发泡剂混合，再经压风机混合气体，激活发泡剂产生大量泡沫。泡沫液含水率低、密度低，可以有效缓解冲砂作业过程中向地层的侵入，适应常压、水敏地层冲砂洗井；泡沫液黏度大，具有良好的携带固体颗粒的能力，冲砂效率更高。

三 连续油管冲砂工具

井筒砂在水平井中容易沉积形成砂床，对于水平井工程作业和生产产生很大的影响，在水平井中沉积的砂床仅仅依靠大排量难以冲洗，可采用专门的冲砂工具，改变液流冲击方向，搅动沉积的砂床，然后在管流的作用下携带砂粒返出井筒。

（一）单管冲砂工具

这里所述单管是相对同心管而言。目前，普遍应用的连续油管都是单管，连续油管配套喷砂工具能够提高水平井冲砂洗井效率，洗井彻底。

1. 固定喷头

固定喷头是目前连续油管水平井冲砂常用的工具，主要用于常规的水平井冲砂作业。固定喷头工作时无旋转，结构简单。为适应不同的水平井积砂，研究了各种不同结构形式的固定喷头，不同之处在于喷射孔的数量、喷射孔布置的形式各不相同，主要包括单孔、多孔向上、多孔水平、多孔向下、多孔复合、单斜孔（笔尖式）等形式的喷头，具体结构如图 4-1-4 所示。

其中，采用向上开孔喷头作业，可有效防止在冲砂过程中液柱压力及泵压造成的地层漏失，同时向上的喷嘴可有效带动砂粒上返，解决地层压力不足难以将砂粒带出地面的问题。

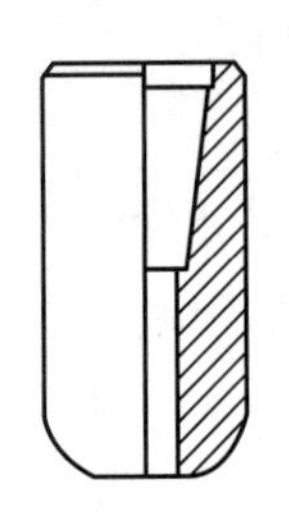

(a)单孔喷头

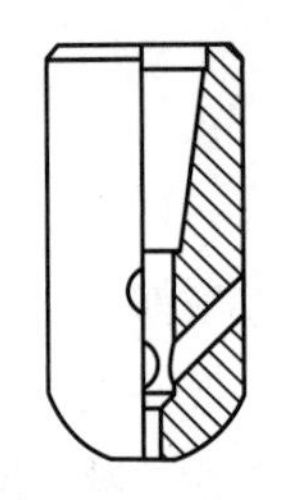

(b)多孔向上喷头

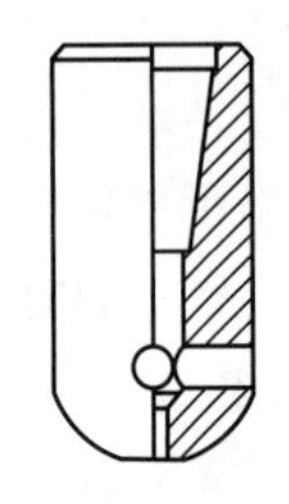

(c)多孔水平喷头

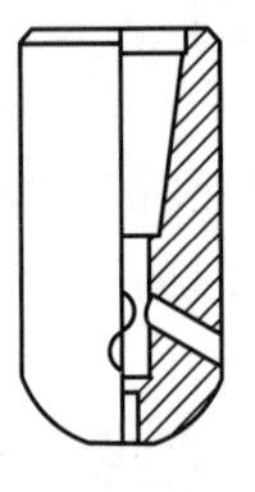

(d)多孔向下喷头

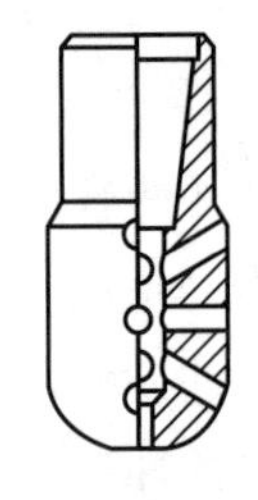

(e)多孔复合喷头

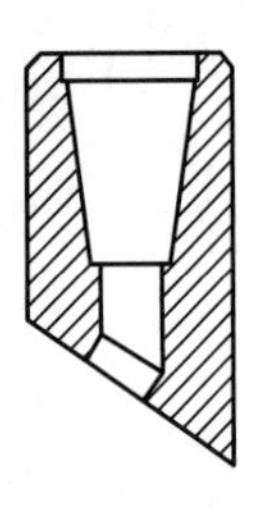

(f)单斜孔喷头

图 4–1–4　固定喷头结构示意图

2. 射流喷头

射流喷头也是固定喷头，与常规固定喷头的最大区别就是喷头开孔处安装有可调节喷嘴，尤其适用于负压地层的冲砂洗井作业。射流喷头结构中没有旋转运动部件，并在喷头上安装多个固定方位的喷嘴。冲砂作业时，工具不旋转，井筒中产生的高压射流，可在管柱的拖动下移动，达到清洗井眼的目的。

与常规喷头相比较，射流喷头基于水力喷射原理，将压力能转换为速度能，可以在较低的泵排量下获得较高的射流速度，冲洗井筒壁面积砂。这种射流喷头更适合于连续油管水平井冲砂洗井。

射流喷头具体结构形状如图 4–1–5 所示，采用四喷嘴结构：一个前向直喷嘴，主要作用是扰动工具前端砂桥；三个倾斜向上喷嘴，呈 120° 均匀分布并且与轴向形成一定的夹角，起到向后输送砂粒的作用。

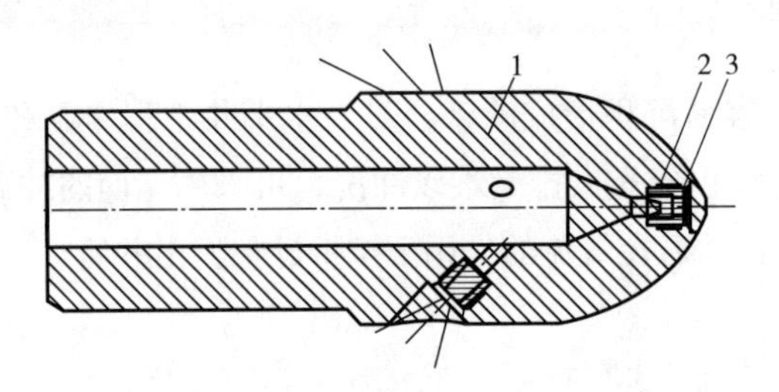

图 4–1–5　射流喷头结构示意图

1—工具本体；2—喷嘴；3—喷嘴压帽

3. 旋转喷头

旋转喷头是在高压射流作用下，喷头绕工具轴线产生旋转。旋转喷头不仅可以高速射流冲洗井壁，旋转产生的脉动对于固结的砂床也有更好的搅动效果，破坏沉积在孔壁上的泥饼，能够扰动管外的滤料、有效清除管壁上的锈垢，高效清理水平井井筒。但是，旋转喷头在井下工作时，喷头容易发生砂卡而无法正常旋转工作。

旋转喷头由连接接头、壳体、旋转轴、喷头、喷嘴等主要部件组成，以一定的角度在喷头上布置多个喷嘴，喷射过程中喷嘴射流冲击反力作用在旋转喷头上产生旋转扭矩，使旋转喷头绕自身轴向旋转，结构如图 4–1–6 所示。旋转喷头前喷嘴一般 1~3 个，侧向或后向喷嘴一般 2~4 个。前喷嘴主要用来冲击破碎水平井底部胶结的砂床；侧向喷嘴主要驱动旋转喷头旋转，并在井筒环空内产生旋流场，增加砂粒紊流强度，减缓砂粒下沉速度；后向喷嘴产生向后的射流，冲洗砂床以避免其在井筒内残留，大幅提高驱扫效率。

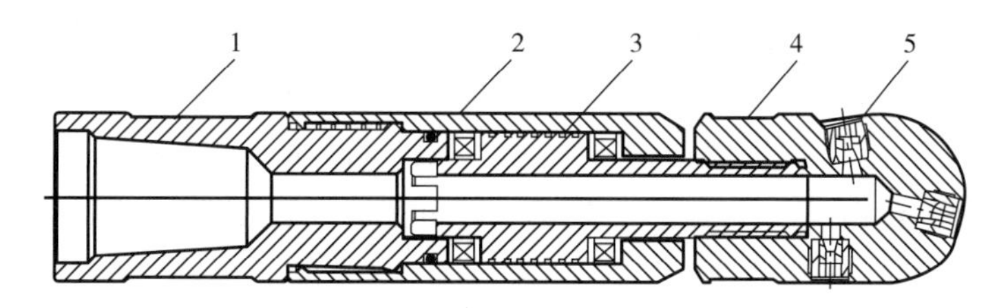

图 4-1-6　旋转喷头结构示意图

1—连接接头；2—壳体；3—旋转轴；4—喷头；5—喷嘴

旋转喷头主要有以下特点：①喷射速度高，喷头可 360° 旋转，旋转速度可以根据实际需要进行调整；②对井筒壁面积砂扰动大，清洗效率高。

（二）同心管射流泵

射流泵与同心连续油管配合，实现对井筒内积砂的清洗作业。射流泵最主要的特点在于：一是工具自身可建立内部循环通道，循环不经过油套环空；二是具有冲砂、搅砂、负压抽砂功能；三是冲砂功能可根据井筒沉砂情况选择性开关；四是既可反循环冲砂，也可正循环冲砂。本工具尤其适用于低压、高渗而不能建立起循环的水平井冲砂洗井。

射流泵的主要工作元件是喷嘴、喉管（又称混合室）、扩散管和搅砂喷嘴等。高压冲砂液通过同心连续油管环形空间泵入井下射流泵后，冲砂液被分为两路。其中，少部分高压冲砂液由搅砂喷嘴喷出，冲击井底，搅动沉砂后上返到射流泵吸入口；大部分高压冲砂液由喷嘴高速喷出。由于液流速度高，使液柱周围压力降低形成负压区。在井底压力与负压区之间的压差作用下，砂粒被吸入内管，之后通过同心连续油管的内管上返。由于内管截面积较小，较高的携砂液流速可快速将砂粒带至地面，随着工具的连续起下，完成整个油井沉砂段的清洗。反循环式射流泵工作原理如图 4-1-7 所示。

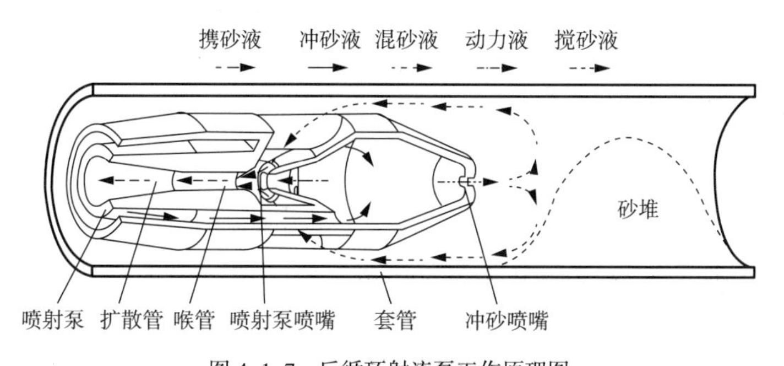

图 4-1-7　反循环射流泵工作原理图

四　连续油管冲砂工艺

连续油管冲砂工艺理论上有正冲砂和反冲砂两种方式。反冲砂携带的砂子上返至连续油管滚筒时，易沉降造成堵塞；正冲砂相对安全且冲砂效率更高。因此，连续油管冲砂较多选用正冲砂方式。

连续油管正冲砂方式根据所选用冲砂工具的不同，可划分为单管冲砂洗井工艺、同心管射流泵冲砂洗井工艺。单管冲砂洗井工艺可分为单管固定喷头冲砂洗井工艺、单管旋转喷头冲砂洗井工艺。对于井筒积砂较少且地层无漏失的井筒，通常采用单管固定喷头冲砂；对于井筒积砂较多且存在固结的积砂，通常采用单管旋转喷头冲砂；同心管射流泵冲砂洗井多用于负压、易漏失地层。

（一）单管固定喷头冲砂洗井工艺

在连续油管的端部安装固定喷头，洗井液通过连续油管泵入井内，喷头作用产生的高速流体搅动砂粒，环空上返流体将井内砂粒带至地面，随着连续油管的不断下入，砂面逐渐降低并延伸至水平井筒，最终完成冲砂洗井作业。

1. 管串结构

冲砂洗井管柱结构为（自上而下）：连续油管连接器 + 双瓣单流阀 +（射流）喷头。

2. 施工中经常遇到的问题

①连续油管与套管的环形空间较大，环空流速较低，导致砂粒无法彻底带出；

②水平井砂粒堆积较多时，仅依靠喷嘴射流冲砂难以完全搅动沉积的砂粒，不能彻底将井筒清理干净。

3. 施工关键步骤

（1）工艺设计

连续油管冲砂洗井工艺设计需考虑的因素较多，在此重点介绍冲砂液及喷嘴类型的选择。冲砂液的选择主要考虑地层压力系数的影响，冲砂液的相对密度应不大于地层压力系数，若为常压地层则选用较常用的线性胶，若为负压地层则选用低密度泡沫液，主要目的是防止压漏地层；其次，要充分考虑井下沉积砂粒或其他颗粒物的类型，合理选择冲砂液的黏度。喷嘴的选择基于沉砂的形态考虑，若压裂砂堵需冲洗炮眼，则建议选用多孔复合喷嘴；若井筒内出现砂桥，则建议选用单孔喷嘴、多孔水平喷嘴；若沉砂堵塞井筒，则建议选用多孔向下喷嘴。

（2）探砂面

探砂面是冲砂洗井的关键步骤，也是初步了解沉砂形态的一种手段，对后期作业参数控制、冲砂效果评价至关重要。具体作业期间，要求作业前预判砂面深度，下钻探砂面加压不超过 10kN，防止工具堵塞或卡钻。在下至预测砂面前 100m 控制下管速度在 5~10m/min，防止下管速度过快损坏工具，探至砂面后在地面做好标记。

（3）冲砂洗井

探至砂面后，则进行冲砂洗井作业。冲砂作业是否成功的几个关键控制因素包括冲洗排量控制、冲砂制度的合理选择、地面返砂监测。冲砂排量的确定主要由喷嘴的尺寸确定，一般在工具入井前做好地面的压降测试，根据压降确定合理的冲砂排量；冲砂制度目前较常用的是分段冲洗，具体做法每向下冲洗 50m，上提连续油管 50m 循环出砂粒，再继续重复冲洗；地面返砂监测是判断返砂效果、确定冲砂进度的重要依据，目前较常用的监测方法有返液口取样监测、除砂器取样监测等。

（二）单管旋转喷头冲砂洗井工艺

在连续油管的端部安装旋转喷头，洗井液通过旋转喷头后产生旋转，对井壁上固结物、井筒内砂桥进行连续冲刷，旋转的工具与高压水流同时搅动砂粒，全面清理井筒；砂粒随着连续油管的下入连续沿环空上返，砂面逐渐降低，最终完成冲砂洗井作业。

1. 管串结构

冲砂洗井管柱结构为（自上而下）：连续油管连接器 + 双活瓣单流阀 + 扶正器 + 旋转喷头。

2. 施工中经常遇到的问题

①在杂质较多的井筒清洗作业中，易将旋转头卡死。

②冲砂过程中，旋转射流喷头持续转动，且易与井壁接触产生碰撞，造成工具损坏，甚至套管损伤。

3. 施工关键步骤

①地面测试旋转射流管串在入井前首先应进行地面测试，其主要目的是通过地面泵注液体带动旋转头旋转，获得选用喷嘴的施工压降，确定喷嘴选型是否合适，同时判断喷射头是否完好。

②冲砂洗井采用旋转射流工具进行冲砂，可能遇到的最大隐患是清洗工具的旋转头被井筒中较大砂粒卡住，降低洗净效率，甚至可能造成工具落井。因此，在井下含砂较多且砂粒直径较大时，旋转射流冲砂洗井作业更需要注意施工参数的控制。如冲砂管柱的下放要尽量缓慢（保持在 1m/min）；采用分段清洗作业方式，每段清洗完成后保持排量清洗井筒，返出口无大块杂质返出后，再进行下段清洗。

（三）同心连续油管射流泵冲砂洗井工艺

地面泵车泵入冲砂液，冲砂液经同心连续油管环空到达井底射流泵，射流泵前喷嘴射流搅动水平井筒内的积砂或砂桥，后端喷嘴射流冲洗工具周围的积砂，避免砂卡工具，射流泵喉管区域在内喷嘴的作用下形成高速低压区，抽吸前后喷嘴搅动的砂粒，并与洗井液混合，经扩压管升压输送含砂液，从同心连续油管的内管举升至地面。通过同心连续油管的逐渐下放入井和上提，可完成整个水平井段的清洗。

同心连续油管射流泵组合冲砂洗井优势突出。同心连续油管射流泵作为独立的洗井管柱，洗井液和冲洗混合的含砂液在同心连续油管内完成循环，洗井液对井筒和地层影响小；负压冲砂洗井方式，避免了作业过程中的工具和管柱卡阻；管柱系统中没有活动部件，减少了工具的卡阻，提高了作业安全性；同心连续油管内通道尺寸较小，洗井液返速较高，携砂能力强。

1. 井下管柱

井下管柱由射流泵、单流阀和同心连续油管组成，管柱结构为（自上而下）：同心连续油管 + 双活瓣单流阀 + 丢手接头 + 射流泵。

2. 施工中经常遇到的问题

①同心连续油管内管通道面积较小，在施工过程中必须保持地面泵送系统的持续供液，否则，上返的砂粒易将同心管内管堵塞。

②仅能实现对井筒细砂的清洗。为了减小射流泵喉道的磨损，射流泵抽吸区配套筛管，避免粗颗粒砂进入射流泵，因此，对井筒内体积较大的颗粒无法进行清洗。

3. 施工关键点

（1）冲砂液的处理

冲砂液的质量，尤其是冲砂液的固体杂质含量，是影响地面设备和井下射流泵使用的一个重要因素。所以现场使用时，对冲砂液提出了几点要求：①需要对冲砂液进行物理和化学处理，除去洗井液中的天然气、固体杂质等物质；②泵入的冲砂液要求在进入泵之前进一步过滤，防止液体中含有的杂质进入泵体；同时冲砂返出液若需循环使用，需要对返出液进行沉降、过滤处理。

（2）泵注设备的配备

地面的泵车组要保持持续供液，防止管柱内携带的砂粒回落引起返液通道堵塞，在现场施工中建议泵注设备一用一备。

（3）冲砂数据的监测

在整个冲砂作业中，准确的数据监测是必不可少的，监测和记录的项目包括冲砂液和返出液的排量、注入压力、环空压力、砂的浓度、同心管的下入速度等。

第二节　热油清蜡

连续油管热油清蜡，是指连续油管在油气井生产管柱内建立液体循环的通道，通过循环加热不断地将热油所携带的热量传递到生产管柱内堵塞结蜡段从而解除管柱堵塞的工艺。按照设计量热洗至一定程度后，使井内温度达到蜡的熔点，蜡就逐渐熔化剥离扩散，流速在紊流状态下，并随同热洗介质把蜡携带出井筒，边循环边加深连续油管，最终解除油气井生产管柱内的堵塞。

一　石油蜡

1. 蜡沉积物的组成

蜡沉积物主要是：石蜡（C_{16}~C_{35}），由正构烷烃组成，主要是片状结晶；地蜡

（C_{36}–C_{64}），主要是针状结晶；微晶蜡（C_{64}~C_{75}），这部分蜡往往在地蜡中，与地蜡化为一类，因此地蜡有的地方也叫微晶蜡。此外还有胶质、沥青质、泥沙及少量的水和油。蜡沉积物中石蜡占 40%~60%。

2. 结蜡机理

在地层的温度和压力下，原油中的蜡通常溶在原油中。随着油从井筒上升，系统的压力下降，气体从原油中逸出，并发生膨胀、吸热，导致原油温度降低，同时由于气体会把原油中的轻组分带出一部分，使原油的溶蜡能力降低，石蜡结晶就从原油中析出，造成油管（套管）结蜡。油井的结蜡问题不仅直接关系着采油的效率与质量，还会使油井负荷增大，降低杆管使用寿命。

3. 油井结蜡的过程

①当温度降至析蜡点以下时，蜡以结晶形式从原油中析出。

②温度、压力继续降低，气体析出，结晶析出的蜡聚集长大形成蜡晶体。

③蜡晶体沉积于管道和设备等的表面上。

④原油对蜡的溶解度随温度的降低而减小，当温度降低到原油对蜡的溶解度小于原油的含蜡量的某一值时，原油中溶解的蜡便开始析出，蜡开始析出时的温度称为蜡的初始结晶温度或析蜡点。

4. 影响结蜡的因素

原油的性质及含蜡量；原油中的胶质、沥青质；压力和溶解气油比；原油中的水和机械杂质；液流速度、管壁粗糙度及表面性质。

5. 石蜡特性

（1）理化特性

石蜡通常是白色、无味的蜡状固体，在 47~64℃熔化，密度约 0.9g/cm^3，溶于汽油、二硫化碳、二甲苯、乙醚、苯、氯仿、四氯化碳、石脑油等一类非极性溶剂，不溶于水和甲醇等极性溶剂。电阻率为 1013~1017Ω·m，比热容为 2.14~2.9J/（g·K），熔化热为 200~220J/g。

（2）熔点

石蜡是烃类的混合物，因此它并不像纯化合物那样具有严格的熔点。所谓石蜡的熔点，是指在规定的条件下，冷却熔化了的石蜡试样，当冷却曲线上第一次出现停滞期的温度。各种蜡制品都对石蜡要求有良好的耐温性能，即在特定温度不熔化或软化变形。按照使用条件、使用的地区和季节以及使用环境的差异，要求商品石蜡具有一系列不同的熔点。

影响石蜡熔点的主要因素是所选用原料馏分的轻重，从较重馏分脱出的石蜡熔点较高。此外，含油量对石蜡的熔点也有很大的影响，石蜡中含油越多，则其熔点就越低。

二 热油清蜡

热油清蜡是在地面加热油后，通过在井筒中循环加热其中的原油，提高原油温度，使蜡再次熔化在其中，并随之流出，从而达到清蜡的目的。

1. 正循环热洗

热洗液，由连续油管注入，从连续油管和生产油管（套管）环空返回。

2. 反循环热洗

热洗液，从连续油管和生产油管（套管）注入，由连续油管返回。当沉砂管柱管径较细，连续油管之间的环形空气段较窄时使用。由于连续油管滚筒非常弯曲，容易在连续油管中下沉，因此这种方法很少使用。

3. 热洗介质

同层原油，热洗温度高，与蜡的相溶性好，热容低，蜡能均匀溶解在介质中，热洗效率高，洗后对油层无伤害，产能恢复快。

三 工艺技术

①在清蜡过程中，介质的温度应逐步提高，开始时温度不宜太高，以免油管上部熔化的蜡块流到下部，堵塞介质循环通道而造成清蜡失败。另外，还应防止介质漏入油层造成堵塞。

②热洗车逐步将热洗原油温度提高至 110℃。

③热洗管线时，检查热洗液量，检查流程压力洗前、洗中、洗后的变化，检查热洗车锅炉排出温度、排量和输液泵压力变化。

④热洗井筒时，检查输液泵泵压，锅炉排出温度、排量、热洗液量、抽油机或电潜泵负载变化，取样检验，查看返出热洗液中含蜡情况，直至无蜡为止。

⑤开始准备阶段时切忌大排量，容易造成蜡堵；高温熔蜡阶段时，切忌排量过低，此时流速若太慢，熔化的蜡可能重新沉积造成井筒或管线堵塞。

四 施工工艺

①缓慢下工具串至防喷管下端，计数器清零，计算油管补差（H= 油补距 – 井口四通平面到清蜡闸板上部的距离）。

②热油清蜡工具串外径与生产管串或钻具内径之间须大于 4mm 间隙，否则连续油管不能过变径位置。

③热洗车开泵循环并逐步将热洗介质温度提高至 110℃。起下过程不能停泵，若要停泵必须将工具起至清蜡闸门以上。

④保持热洗介质的循环，同时下入连续油管热洗，遇阻加压不超过 20kN，然后定点循环热洗，试下连续油管，到再遇阻部位循环热洗，按照这种方法逐步加深，充分循环。

⑤每热洗 10m，上起连续油管一次观察指重表有无粘卡迹象（根据指重表吨位显示判断），若有粘卡，上起连续油管重新热洗该井段，热洗过程中，经常上下活动连续油管观察指重表变化。

⑥当连续油管洗过石蜡凝结段时，继续下放热洗，视连续油管下入难易程度控制下放速度，但最大热洗下放速度不得超过 5m/min。

⑦热洗至管脚处或预定深度，充分用热洗介质循环。

⑧准确计量进口、出口液量，温度。

⑨结蜡自喷井热洗至油井恢复自喷后，继续下洗 100~200m，充分洗净油管壁上结蜡。

⑩利用清水将油管内的热洗介质顶替完，有条件时用氮气将连续油管内壁吹扫干净。

第三节　气举排液

目前，用于排液的工艺方法主要有水力抽子抽汲排液、油管泵排液、螺杆泵排液、电潜泵排液、射流泵排液、气举排液等工艺技术。气举排液理论是以井口高压注入气体，利用气体的体积、气体的膨胀能及快速逸散等特性，在较短的时间内达到排空井筒液体的目的，注入气有氮气、空气或天然气等，由于氮气属于惰性气体，来源广泛，在常温下很难与其他物质发生化学反应，不会因天然气混合，发生爆炸，具有施工安全、工艺简单、排液速度快、可控制排液深度等特点。所以在井下作业排液施工中常用注氮气排液技术，特别适用于含天然气井的排液。

连续油管注氮气气举排液工艺技术是利用连续油管与液氮泵（罐）或现场制氮设备相配合，形成快速返排工艺技术的整套配合，将连续油管从油管（套管）内下入井内静液面以下，从连续油管注入氮气，氮气被压缩，并从井内连续油管底部排出，沿油管（套管）和连续油管的环空上升，当氮气的注入压力大于环空静液柱压力时（若为油管，这时油管和套管大环空处于关闭状态），环空内的液体开始向上流动排出井口，随着环空液柱压力梯度降低，氮气体积膨胀，增大了流体的流速。其膨胀速度会随着环空液体里氮气向井口的上升而变得越来越大，从而促进了段塞流的形成，进而克服了摩阻和静液压力，使液体快速地从井口排出，并从流体中释放出氮气，从而完成整个气举排液的过程。

一　气举方式

（一）连续注入法

利用连续油管气举排液的主要目的是以低于地层压力的注入压力将井内的液体排出。

因此有效的方法是在施工过程中以慢速下放连续油管，同时以较低排量连续注入氮气。这种方法的优点是不需要很高的注入压力，同时可以控制地层产液量，不至于使油管内压力突降造成地层出砂或地层垮塌。根据经验：连续油管下入速度一般应控制在 12~18m/min，氮气排量一般应控制在 5~7m^3/min。

（二）定点注入法

此种工艺施工易于控制，操作简单。连续油管设备按施工设计要求将连续油管下入预定的排液深度，然后启动注氮设备将设计深度以上的液体举出地面。

二 施工工艺

在环空或油管中注入氮气，强行占据井筒中的一部分空间，将井筒内流体通过循环通道排出，排空井内流体或使井内流体液面降低，以达到减少回压使储集层产出（诱喷）的目的。

为保证施工安全，气举排液工艺施工前要进行设计计算，确定最大排液深度，以控制压力和排量。最大排液掏空深度按下式计算，即

$$H_{空}=100P_{外}r/\rho_{钻} \qquad (4\text{-}3\text{-}1)$$

式中 $H_{空}$——最大排液掏空深度，m；

$P_{外}$——油层套管允许最大抗外挤压力，MPa；

$\rho_{钻}$——钻井时套管外泥浆密度，g/cm^3；

r——套管目前安全系数（$r\leqslant1$）。

三 液氮气举

液氮气举利用连续油管和液氮泵车把液氮注入井筒内，使液氮汽化，利用气体的体积、气体的膨胀能及快速逸散等特性，在较短的时间内排空井筒液体。液氮气举排液特别适用于含气井排液。氮气属惰性气体，常温下不与其他物质发生化学反应而爆炸，在压力 0.1MPa 以下、温度 -195.8℃时转变为液态，1m^3 液氮可汽化成 696.5m^3 氮气，使用成本低，便于运输，通常用液氮泵车运输。

（一）氮气体积系数计算：

$$B=\frac{V_s}{V}=\frac{PT_sZ_s}{P_sTZ} \qquad (4\text{-}3\text{-}2)$$

式中 B——氮气体积系数；

V_s——标准状态下氮气体积，m^3；

V——施工氮气体积，m^3；

P——施工压力，MPa；

T_s——标准状态下温度，℃；

Z_s——标准状态下氮气压缩因子；

P_s——标准状态下氮气压力，MPa；

T——施工井筒平均温度，℃；

Z——施工状态下氮气压缩因子。

（二）排出体积计算：

$$V_{排} = H \times (V_{套内} - Q_{排}) \quad (4\text{-}3\text{-}3)$$

式中 $V_{排}$——排出体积，m^3；

H——掏空深度，m；

$V_{套内}$——套管内容积，m^3；

$Q_{排}$——油管排液量，m^3。

（三）氮气用量计算：

$$Q_{氮气} = B \times V_{排} \quad (4\text{-}3\text{-}4)$$

$$Q_{液氮} = Q_{氮气} / 690 \quad (4\text{-}3\text{-}5)$$

式中 $Q_{氮气}$——施工时所用氮气体积，m^3；

$Q_{液氮}$——施工时所用液氮体积，m^3。

四 膜制氮气举

（一）制氮设备

目前油田作业现场，通用的制氮设备为膜分离制氮设备，从空气中分离的氮气，纯度范围在95%~99.9%，达到要求的氮气经增压泵增压后，从连续油管进入井内。按产气量的大小氮气设备可分为600Nm³/h、900Nm³/h、1200Nm³/h三种。

制氮设备主要组成部分：底盘车、柴油机、空气压缩机、膜分离制氮部分、增压气泵。

（二）膜制氮工艺膜分离原理

中空膜分离制氮膜组是一个圆筒状的中空纤维膜束，每束包含了上百万根中空纤维，以提供最大限度的分离面积，每根纤维直径几十微米，就像人的头发丝一样细。压缩空气由纤维束的一端进入，气体分子在压力作用下，首先在膜的高压侧接触，然后是吸附、溶解、扩散、脱溶、逸出。每种气体的渗透速率不同，氧、二氧化碳、水蒸气等的渗透速率快，由高压内侧纤维壁向低压外侧渗出，从膜组件一侧的开口排出；渗透速率小的氮气被富集在高压内侧，由膜组件的另一端排出，从而实现氧氮分离（图 4–3–1）。

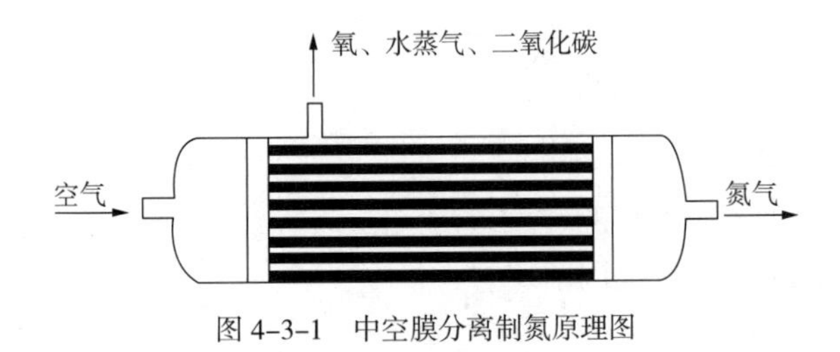

图 4–3–1　中空膜分离制氮原理图

（三）气举工艺

将连续油管下到井内油管液面以下一定深度后，再利用膜制氮设备将纯度大于 90% 的氮气注入连续油管中，采用正举法。连续油管内的氮气受到环空内液体的压力而被压缩，其压力增加值与连续油管下入深度有关。当管内压力大于环空压力时，氮气从连续油管出口排出，与环空内液体混合，利用氮气的体积和其减压后的膨胀性占据井筒中的空间，环空内液面上升，从而达到排替井内液体的目的。当连续油管以上液体大致排净后，继续下连续油管，并采用同样方法以快速排出井筒内液体。该工艺一般适用于较深的井和水平井。

五　主要施工工序

①施工前根据施工设计做好各项准备工作，包括设备的附属配件、井口配件、各种连接管线等。

②现场统一指挥，施工车辆设备进入施工现场，连接好各种设备管线，检查井口闸门是否灵活好用。

③连续油管设备摆放好，放踏板、落千斤脚，将注入头吊至地面连接液压管线，同时安装好井口防喷器，做好地面准备。

④制氮设备做好地面调试，高压供气管线与连续油管滚筒进气口连接好。

⑤将注入头坐于井口防喷器上，用支脚、拉链固定好，将连续油管通过鹅颈下入注入头内。

⑥按试压规程要求地面管线、连续油管、防喷器及防喷盒试压合格。打开井口阀门，下入连续油管。

⑦按施工设计要求，确定好注气方式和注气时间及连续油管下入速度、下入深度等参数后，操作人员操作设备开始施工。控制好气举的排量和泵注压力。

⑧下入连续油管按时间要求注入氮气，气举过程中要密切观察放喷口返排情况。

⑨施工结束后，起出连续油管，关闭井口闸门，按顺序拆卸井口部件和管线，车辆设备离开施工现场。

第四节　酸化

连续油管酸化技术是解决套管内壁及近井筒地带污染的有效手段。污染的形成可能发生在钻井、完井阶段或生产阶段，如：在钻水平井过程中，井筒近井地带泥浆浸泡时间长，部分泥浆渗入储层裂缝，造成储层与井筒连通通道堵塞。在油气井生产过程中，油气从地层携带多种矿物质进入套管，在套管内壁产生垢化，致使套管上的射孔孔眼或筛管孔眼被堵塞。因此，井筒酸化已经成为油气井解堵、疏通地层孔隙的必要手段。酸化的目的不同，酸化作用机理和作业工艺也不尽相同。

拖动酸化是随着连续油管技术的发展而形成的一种新的布酸、注酸方式，能够更加灵活地适应不同地层、不同岩性对酸化的要求，尤其适用于水平井酸化。

一　酸化方式

井筒酸化通常有三种方式。

①酸洗。套管井筒结垢、固结地层颗粒，或筛管阻塞等影响生产，可以通过酸洗的方式进行井筒清洗。其特点是采用溶解、冲刷的方式除垢，酸液的用量少、施工压力低同时能够快速将酸液返排出井筒，有效防止对地层造成二次污染。

②基质酸化是在低于地层岩石破裂压力条件下，将酸液注入地层孔隙空间，使之沿径向渗入油气层，溶解孔隙中的细小颗粒、胶结物等以扩大孔隙空间、提高地层渗透率的一种增产措施。其特点是酸液大部分沿径向流压入地层，以化学溶蚀的形式解决近井地带因污染而造成的渗透率下降的问题。

③压裂酸化是在足以压开地层形成裂缝或张开地层原有裂缝的压力条件下，对油气层进行挤酸的一种工艺。其特点是施工泵压较高，单层/段酸用量较大，适用于需要深层酸化的油气井。

二　拖动布酸

连续油管管柱配套不同的井下布酸工具将酸液以不同的方式、不同的排量注入井筒，满足各种地层条件酸化布酸的要求。连续油管拖动布酸方式主要有以下几种：

（一）笼统布酸

连续油管下入预定深度，然后向连续油管内以设计排量注酸，同时以匀速提升连续油管，达到酸化井段酸液均匀分布的效果。笼统布酸仅有少量酸液与污垢进行反应，是一种最不经济的注酸方法，通常当水平井段较短时，为了施工方便可考虑使用这种方式进行布酸。该工艺不受完井方式限制，施工简单。

（二）水平井注酸

连续油管水平井注酸主要用于套管射孔完井的油气水平井。目前常用的方式有两种：

①连续油管输送膨胀跨式封隔器至预定坐封位置，坐封封隔器后通过连续油管向目的层注酸。

②连续油管输送井下工具至最底部酸化处理井段以下 10m，然后上提连续油管管柱至酸化目标层注入酸液；继续上提连续油管管柱，在上提过程注入设计量的暂堵剂，到达下一酸化井段时进行注酸，交替注酸与暂堵剂完成所有井段的酸化作业。连续油管水平井布酸施工方便、分流效果好、容易实现定位酸化，能很好地改善井眼处的渗透率，减少井眼处因钻井液和泥浆侵入造成的伤害。受套管摩阻影响，连续油管有时不能下入目标位置，再有，连续油管直径小，限制了注酸排量，影响了连续油管水平井注酸的进一步应用。

（三）水力喷射布酸

长裸眼水平井段实施有效的增产措施通常比较困难，尤其是需要活性酸深入低渗透性碳酸盐岩储层的油气井。如果活性酸导流不当，会很快消耗在非目的层，导致吸液点扩大，不能产生有效的溶蚀裂缝或孔洞，该条件下通常采用连续油管水力喷射选择性布酸。可分为以下两种方式：

①水平井旋转喷射分流酸化。高压酸液通过连续油管在喷射工具旋转作用下以均匀的伞状高速射流射向井筒内壁，促使酸液通过各个射孔孔眼或砾石间隙进入酸化目的层。

②水平井动力液喷射酸化压裂。基于伯努利原理，射流诱导井筒内流体进入地层酸化，这种作业用连续油管技术比较方便。例如，某井采用连续油管喷射酸化压裂，首先，连续油管把喷射工具送至目的层，泵酸液经连续油管进入喷射工具，高压作用下产生高速射流，并在地层中切割一个孔道，高速射流负压区诱导套管环空气体（CO_2 或 N_2）进入孔道后升压，气体与酸液在高速流作用下混合产生大量泡沫，实现高强度的挤酸。

（四）拖动酸化管柱

连续油管拖动酸化须根据完井情况与储层需求进行布酸工艺的优选以及井下工具的选型，实现经济高效的酸化解堵作业。如：水平段较短且酸化井段渗透率相差不大的井，通常下入光油管进行全井筒均匀布酸酸化；套管内壁结垢以及近井筒地层裂缝堵塞的生产井，通常采用连续油管喷射酸化。常用连续油管喷射酸化管柱结构：连续油管 + 连续油管连接器 + 单流阀 + 液压丢手器 + 接箍定位器 + 过滤器 + 喷射工具。其中，喷射工具有固定式与旋转式两类，酸化喷射工具通常根据近井筒地层污染程度、井筒条件及完井工艺等实际井况进行优选。

1. 固定式喷射工具

固定式喷射工具如图 4-4-1 所示，主要由本体、喷嘴、预紧旋塞等部件组成，具有结构简单、可快速更换喷嘴、维修保养费用低等特点。固定式喷射工具形成高速束状水流的冲击作用，破坏并剥离吸附在孔壁上的泥饼、污垢等污染物，具有对筛管、炮眼清洁彻底，酸化均匀，节约药剂成本等优点。

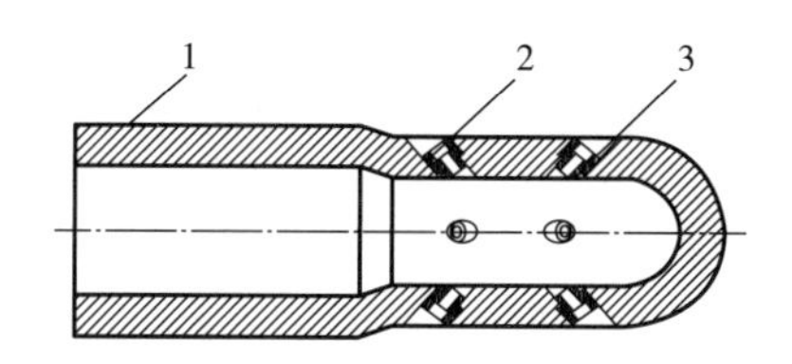

图 4-4-1　固定式喷射工具

1—喷射工具本体；2—喷嘴；3—预紧旋塞

2. 旋转式喷射工具

旋转式喷射工具如图 4-4-2 所示，主要由上接头、止推轴承、中心转轴、轴承外筒、旋转头、喷嘴总成等组成，喷嘴切向布置在旋转头上，在喷嘴喷射出高速射流的反作用力下，旋转头可在 360° 范围内旋转。高压液体形成冲刷管壁的喷射流在储层形成酸液溶蚀、压力挤入、冲击波扰动三重作用，达到对井筒及近井地带充分改造的目的。连续油管喷射酸化工艺能够改善液体分流效果，十分适合砾石充填完井的水平井。对割缝筛管或者套管射孔完井的水平井，可以有效加大酸化深度，提高酸化效果。

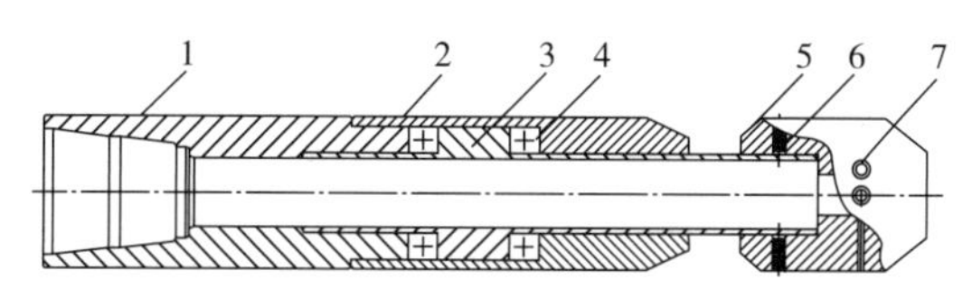

图 4-4-2　旋转式喷射工具

1—上接头；2—轴承外筒；3—中心转轴；4—止推轴承；5—旋转头；6—预紧螺钉；7—喷嘴总成

（五）参数设计

1. 酸化半径

为充分解除油气井近井地带污染，提高措施有效率，需要保证足够的处理体积。首先需要明确射孔深度以及相应的酸化深度，然后依据油气层厚度按椭圆截面计算酸液用量。

2. 酸化液量

酸化储层有效液量：

$$Q = \pi abh\Phi \tag{4-4-1}$$

式中　Q——酸化储层有效液量，m^3；

a——椭圆长轴半径，m；

b——椭圆短轴半径，m；

h——射开水平段长度，m；

Φ——地层孔隙度，%。

针对储层、原油物性，依据室内实验及现场试验效果，确定酸液浓度。综合考虑酸化效果与经济性，一般设计酸液总量在酸化储层有效液量的基础上增加 30% 余量。

3. 施工排量

水平井多段酸化作业过程中连续油管过酸总液量大、浸泡时间长，酸液对连续油管使用寿命有较大影响。从作业经济性以及施工过程安全性综合考虑，要求连续油管酸化作业过程泵注压力不高于连续油管额定工作压力的 50%。然后依据选用连续油管内径、酸液体系、井身结构计算确定施工排量。

4. 连续油管拖动速度

连续油管拖动速度是酸化强度控制的关键因素之一，对连续油管拖动速度进行优化设计，可以提高作业效率，降低腐蚀风险。根据酸液在连续油管内与井筒中体积不变的条件，推算连续油管布酸拖动速度：

$$V = \frac{4q \times 10^3}{\pi d^2} \tag{4-4-2}$$

式中 V——连续油管拖动速度，m/min；

q——施工排量，L/min；

d——套管内径，mm。

三 酸液腐蚀与防治

连续油管酸化过程中因连续油管与酸液长时间接触会有腐蚀现象。在高温带压条件下连续油管管材对酸性液体比较敏感，易引起点蚀刺漏甚至断裂。通过对 Schlumberger 公司 10 年间连续油管失效数据进行统计，得出前 5 年间疲劳失效占 34%，腐蚀、磨损等引起的连续油管含缺陷失效占 22%；后 5 年间疲劳失效占 25%，腐蚀、磨损等引起的连续油管含缺陷失效占 30%。国内塔里木、长庆、川庆、涪陵等油气田使用的连续油管最终失效大部分表现为管内压力泄漏，早期泄漏的主要原因就是腐蚀。对于现场连续油管腐蚀防止问题，先应明确腐蚀机理与失效形式，然后方可采取针对性措施进行预防。

（一）酸液腐蚀

1. 酸化酸液

连续油管拖动酸化常用酸液主要有盐酸、氢氟酸、土酸、乙酸、甲酸、有机酸以及近几年发展起来的各种缓速酸体系等。

盐酸的使用浓度一般为 5%~15%，其特点为解离度高、溶解能力强、成本低、反应生成的氯化钙与氯化镁全溶于残酸且不产生沉淀，但盐酸对连续油管及井下工具有很强的腐蚀性。氢氟酸一般使用浓度在 3%~15%。其特点是解离度较小，能溶蚀泥质岩石，反应速度较慢，腐蚀性相对较弱；但有氟化钙、氟化镁沉淀生成物，不能单独进行酸化。土酸是指浓度为 3% 的氢氟酸与浓度为 12% 的盐酸的混合物。甲酸、乙酸特点是解离度很小，溶解能力弱，反应速度与盐酸相比慢几倍到几十倍，对金属几乎不腐蚀但价格贵。一般甲酸使用浓度不大于 10%，乙酸使用浓度不大于 15%。氨基磺酸通常使用浓度在 20% 左右。

2. 腐蚀形式

在高温或环境介质的作用下，金属材料和介质元素的原子发生化学或电化学反应而引起的损伤称为腐蚀，腐蚀现象大致可分为均匀腐蚀和局部腐蚀。连续油管在酸化作业过程中主要表现为局部腐蚀，局部腐蚀是连续油管早期失效的主要原因，包括穿孔腐蚀、缝隙腐蚀、晶间腐蚀和应力腐蚀等。

（1）常规腐蚀

常规腐蚀主要表现为连续油管的壁厚均匀变薄，腐蚀损害较小。通过使用缓蚀剂、减少在酸液中浸泡时间或管壁加厚等措施可以有效降低腐蚀产生的危害。

（2）点蚀

比常规腐蚀要严重得多，它会导致连续油管管壁局部变薄，甚至穿孔。高温条件下，酸性腐蚀性介质均容易引起点蚀的发生，点蚀坑内容易形成小阳极 – 大阴极的自腐蚀微电池，导致连续油管局部腐蚀更加严重。同时，点蚀所引起的应力集中会导致连续油管的疲劳破坏加剧，而且不容易被检测到。

（3）应力腐蚀

应力腐蚀是指在酸性环境中与应力作用导致的连续油管腐蚀，应力腐蚀将加快连续油管的腐蚀速率，造成连续油管的强度大大降低，同时，腐蚀所产生的氢原子聚集在管材晶界面降低材料的韧性，极易导致连续油管发生氢脆开裂。连续油管的材质、机械损伤、局部压力和暴露时间等均会对腐蚀过程造成影响。

（4）弯曲腐蚀疲劳

连续油管在交变应力和腐蚀介质共同作用下容易发生弯曲腐蚀疲劳。腐蚀疲劳过程是一个力学 – 电化学过程，即连续油管在交变应力作用下，改变了表面结构的均匀性，破坏了原有结晶结构，从而产生了电化学不均匀性，在电化学和应力的综合作用下，产生了微裂纹，交变应力继续作用致使裂纹不断扩展，最终导致管材断裂失效。

（二）腐蚀防止

1. 连续油管钢级选择

高强度的管材对酸性液体特别敏感，容易发生断裂。试验证明，经过调质处理的管材抗硫化物应力腐蚀开裂性能比回火处理的管材有明显提高，这是因为调质处理的管材内部具有稳定的回火马氏体组织，在应力低于屈服极限的条件下，其抗硫化物能力较强。综合酸化作业对连续油管的强度要求和酸性腐蚀等因素考虑，在常规连续油管酸化作业中常选用 HS80、HS90 的连续油管进行施工作业。

2. 酸用量优化

连续油管酸化作业精准确定酸液用量难度较大，一般应在考虑生产剖面和伤害程度的基础上，选择相对较小的注酸强度；如酸液用量较大，泵注时间长，酸液的选择除了应满足配伍、有效解堵等基本要求以外，还应考虑长时间泵注和返排过程中对管柱的腐蚀问题，必须选择长效、高效酸化缓蚀剂。若采用连续油管等小管径的管柱注液时，酸液体系中还应考虑加入降阻剂，以减小摩阻，提高注酸排量。根据国内外水平井酸化经验，选择注液强度范围为 0.3~0.5m^3/m。

3. 替酸方式优化

将连续油管下到水平井段的趾部，向井内注入酸液，同时控制井口排量排液，并按照设计速度拖动连续油管。通过调节连续油管的拖动速度和酸液流经连续油管的注入速度，控制储层的吸收率。为了提升分流效率，连续油管可与其他分流技术复合应用，常用的做法有两种：一种是连续油管沿井筒在处理区段交替注入酸液和暂堵剂，从而均匀地处理整个水平段；另一种是注入酸液的同时伴注液氮。

4. 添加缓蚀剂

酸化、压裂作业过程中，连续油管均需要不同程度地与酸液接触，连续油管在高温、高压、高应力条件下受酸液腐蚀产生的影响也有所不同，但均存在一定的危害。使用酸化缓蚀剂能够在一定程度上解决连续油管酸液腐蚀问题，理论上缓蚀剂作用机理主要有成膜机理、吸附机理和电化学机理。

按化学组分类型，可以将酸化缓蚀剂分为无机和有机两种类型，无机酸化缓蚀剂如含砷、锑、铋的无机化合物，通常无机酸化缓蚀剂与金属发生反应，它的作用方式可以认为是在金属表面生成一层金属盐的保护膜；有机酸化缓蚀剂主要是含氮、氧、硫、磷等有机化合物，如曼尼希碱、咪唑啉类、吡啶类、脂肪胺、酰胺类，此外还有喹啉类、季铵盐类、松香衍生物等酸化有机缓蚀剂，有机缓蚀剂缓蚀机理是通过物理或化学吸附作用在金属表面生成吸附膜，覆盖在金属表面阻止了金属进一步与腐蚀介质发生反应。

第五节　传输射孔

连续油管传输射孔作业主要点火方式为压力起爆射孔。压力起爆方式采用连续油管内加压或环空加压的方式点火，分级起爆射孔沟通井筒及地层，通过延迟起爆方式，下一趟管柱可完成多级射孔。连续油管传输压力起爆射孔技术在页岩气、煤层气等非常规油气水平井中应用十分广泛。连续油管传输压力起爆射孔技术，可用环空加压与连续油管管内加压进行两级射孔，两级射孔起爆时间可根据实际需求动态调整。采用隔板延时多级起爆射孔技术可以完成两级以上多级射孔，延时起爆装置的延时时间在地面提前设定，工具入井后不能更改，灵活性差，出现复杂情况时易导致误射孔。

一　起爆装置

一趟管柱完成两级射孔的连续油管传输射孔管串：连续油管 + 连续油管连接器 + 双瓣单流阀 + 压力开孔爆器 + 射孔枪 + 丝堵 + 筛管 + 压力起爆器 + 射孔枪 + 枪尾。一趟管柱完成两级以上射孔时，需要用隔板延时起爆装置，以三级射孔为例，连续油管传输压力起爆多级射孔工具串结构为：连续油管 + 连续油管连接器 + 丢手工具 + 丝堵 + 射孔枪 + 延时起爆装置 + 射孔枪 + 延时起爆装置 + 射孔枪 + 压力起爆装置 + 开孔枪尾。

上述连续油管传输射孔技术的关键工具为压力起爆射孔装置，国内各油气田使用的起爆装置主要有压力起爆装置、压力开孔起爆装置、压力延时起爆装置三种。

（一）压力起爆装置

压力起爆装置广泛应用于直井、大斜度井、水平井的油管传输射孔作业。压力起爆装置可用于单级射孔，也能与开孔压力起爆装置配合使用进行两簇分级射孔。压力起爆装置如图 4–5–1 所示，主要由上接头、预紧销钉、挡板、下接头、活塞套、剪切销钉、击针塞、起爆器、螺塞等部件组成。射孔管柱输送到设计位置时，井口对油管内或环空加压，当施加压力到达设计值时，承压销钉被剪断，压力起爆装置击发起爆，引爆传爆管、导爆索和射孔弹。环空加压起爆时，压力是通过筛管传递到击针塞上的。

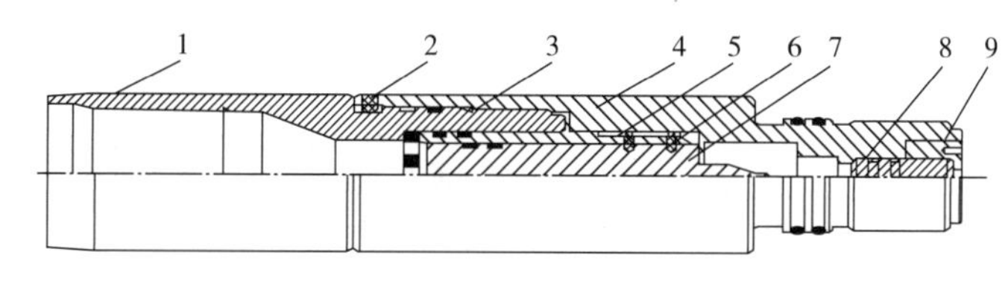

图 4–5–1　压力起爆装置

1—上接头；2—预紧销钉；3—挡板；4—下接头；5—活塞套；6—剪切销钉；7—击针塞；8—起爆器；9—螺塞

（二）压力开孔起爆装置

压力开孔起爆装置一般适用于投棒不能正常降落的大斜度、侧钻补孔井和水平井，也与压力起爆装置联合使用。压力开孔起爆装置结构如图 4–5–2 所示，主要由上接头、挡板、击针塞、活塞套、剪切销钉、下接头、起爆器、螺塞等部件组成。当加压射孔枪起爆后，同时打开起爆器孔道，油管与套管环空连通，可进行井筒循环洗井或压井作业。

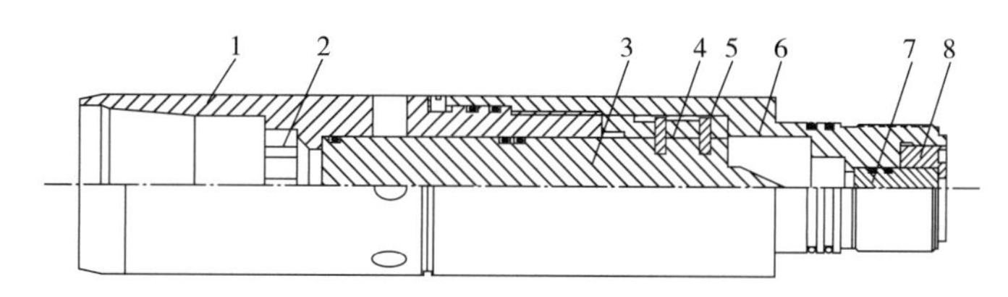

图 4–5–2　压力开孔起爆装置

1—上接头；2—挡板；3—击针塞；4—活塞套；5—剪切销钉；6—下接头；7—起爆器；8—螺塞

井口对油管加压，当外加压力达到起爆器承压销钉设计值时，承压销钉被剪断，压力开孔起爆装置击发起爆，引爆传爆管、导爆索和射孔弹。承压销钉被剪断的同时，开孔起爆器击针塞下行，打开旁通孔道形成回油通道，使油管和套管连通。

（三）压力延时起爆装置

1. 液压延时起爆装置

延时起爆技术可以建立负压进行起爆射孔，容易准确判断射孔枪是否正常引爆，在常规油管传输起爆作业中应用广泛。液压延时起爆装置如图 4-5-3 所示，主要由外壳、溢油枪、延时阀、油缸、活塞、芯杆、限位杆、限位筒、撞击活塞、起爆器、起爆器变径螺纹接头等部件组成。该技术是液压延时技术和射孔起爆技术的结合，弥补了在延时阶段使用火工品的缺陷。

连管内加压到起爆装置的延时机构启动设计值时，管内压力通过液压传递通道作用在芯杆下端，推动芯杆形成销钉剪切力，剪断剪切销钉。芯杆在液压作用下继续上移，同时推动活塞、拉动限位杆向上滑动。延时液压油在活塞的挤压下，从油缸通过延时阀缓慢进入溢油枪实现延时功能。限位杆带动限位筒向上滑动到设计位置，释放钢球解锁撞击活塞。撞击活塞在管内液压作用下向下滑动撞击起爆器顶部，引爆起爆器产生爆轰波最终引爆射孔枪。

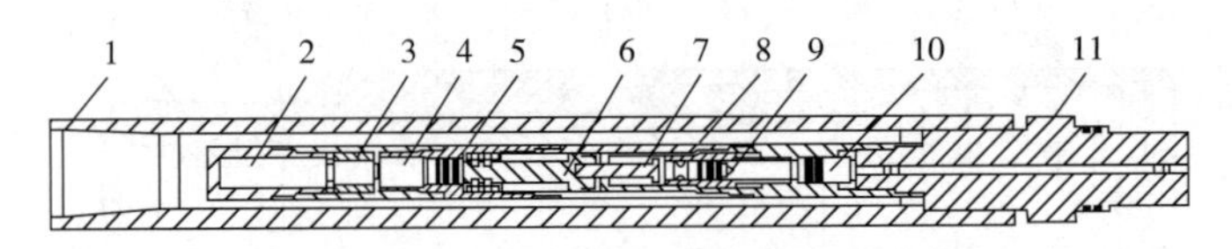

图 4-5-3　液压延时起爆装置

1—外壳；2—溢油枪；3—延时阀；4—油缸；5—活塞；6—芯杆；7—限位杆；
8—限位筒；9—撞击活塞；10—起爆器；11—起爆器变径螺纹接头

2. 隔板延时起爆装置

部分井要求下一趟管柱完成 2 级以上的多级射孔，常用的连续油管传输射孔技术无法满足该种工况要求。隔板延时起爆技术可以实现多簇延时分级射孔。隔板延时起爆装置如图 4-5-4 所示，主要由延时壳体、延时起爆管、隔板传爆装置、传爆壳体等部分组成。该技术最关键部件是隔板传爆装置，该部件不但能将爆轰传递至其延时起爆管，还能起到密封分隔作用。与常规连续油管压力起爆射孔技术一次下井二次加压完成两级射孔作业工艺相比，能够大幅节约作业时间并减少连续油管起下次数。

隔板延时起爆装置用于连续油管分簇射孔作业时，安装在两级射孔枪之间。作业时井口加压引爆压力起爆装置及第一级射孔枪，第一级射孔枪顶部导爆索、传爆管引爆隔板传爆装置，输出冲击波传爆延时起爆管，进入延时阶段。延时期间，可完成上提管柱等预定操作，等待至延时结束，延时起爆管传爆下一级射孔枪完成分级射孔。

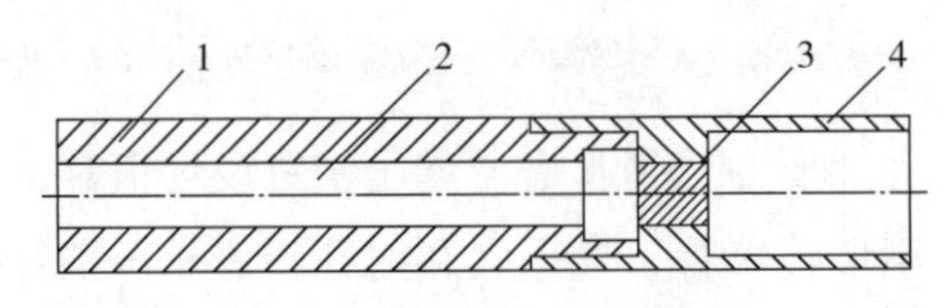

图 4-5-4　隔板延时起爆装置

1—延时壳体；2—延时起爆管；3—隔板传爆装置；4—传爆壳体

二 压力起爆射孔工艺设计与操作

（一）射孔工艺设计

1. 起爆器的选择

连续油管传输射孔工具进行分级射孔，常用的起爆装置主要有压力起爆装置、压力开孔起爆装置、液压延时起爆装置、隔板延时起爆装置。这四种起爆装置各有优缺点，实际使用过程中，需要结合实际井况和起爆装置特点进行优选。

①压力起爆装置。该装置用于单级射孔或与开孔压力起爆装置组合使用完成两级射孔作业。用于单级射孔时通常采用管内加压激发起爆器进行射孔；用于两级射孔时上部需连接筛管，采用环空加压激发起爆器进行射孔。

②压力开孔起爆装置。该装置通常与压力起爆装置组合使用进行两级射孔。

③液压延时起爆装置。该装置一般用于单级射孔，适用于需要进行负压射孔的油气井，在激发液压延时起爆装置后通过延时功能为地面进行泄压以及井口装置开关等工序预留操作时间。

④隔板延时起爆装置。该装置可应用于单趟管柱需要进行三级及以上分级射孔的油气水平井，是连续油管传输完成多级射孔的关键工具，延时时间可根据需求进行设定。

2. 起爆压力值设计

起爆压力值设计是地面控制与安全射孔的重要参数。连续油管传输两级射孔在设计时必须综合考虑井深、目的层温度，以及安全附加压力等因素，确保施工安全。起爆压力值最终表现为井口压力操作值的设计，关键步骤为：

已知井况参数：井垂直深度 H（m）；井液密度 ρ（g/cm^3）；井温 T（℃）；单颗剪切销钉在常温下的剪切值 $P_0 \pm 5\%$（MPa）。

①井的静液柱压力：$P_s = \rho \times g \times H$

②单颗剪切销钉的实际值。

根据“温度－剪切销钉材料强度降低百分数”曲线，如图 4-5-5（以川南航天能源科技有限公司射孔起爆器剪切销钉为例）所示，查出在井温 T 下，剪切销钉材料强度降低百分数为：Δ%。

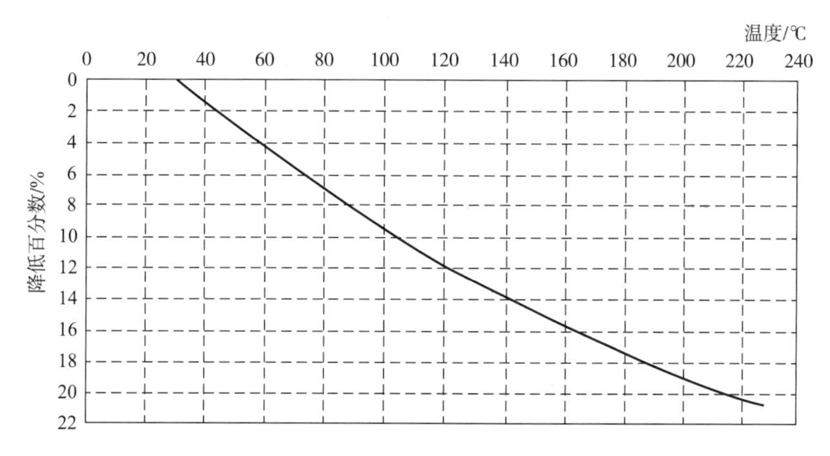

图 4-5-5　剪切销钉材料强度降低百分数与温度的关系

单颗剪切销钉的最小值：$P_{0\min}=P_0(1-5\%)\times(1-\Delta\%)$

单颗剪切销钉的最大值：$P_{0\max}=P_0(1+5\%)\times(1-\Delta\%)$

③设定附加安全压力。

附加安全压力需要结合井深、连续油管强度参数、井口可操作压力范围等值综合确定，通常情况附件安全压力不低于 10MPa。

④剪切销钉数量：$n=(P_s+P_s)/P_{0\min}$，按照“向上取整法”对 n 进行取整，剪切销钉数量为：N。例如：n=13.23，取整后 N=14 颗。

⑤井口操作压力。

井口操作压力最小值：$P_{\min}=P_{0\min}\times N-P_s$

井口操作压力最大值：$P_{\max}=P_{0\max}\times N-P_s$

（二）连续油管输送射孔工具

连续油管输送射孔工具一般分为射孔准备与射孔工具传输两个阶段。射孔准备主要是连续油管下模拟管柱通井洗井，确定井筒无异物以及连续油管射孔工具串能够下到预定位置不出现自锁；射孔工具传输是分阶段以不同的速度将射孔工具输送至预定位置。

1. 射孔准备

连续油管通井工具串：连续油管 + 连续油管连接器 + 双瓣单流阀 + 液压丢手 + 压力开孔起爆器 + 射孔枪（未装弹）+ 丝堵 + 筛管 + 压力起爆器 + 射孔枪（未装弹）+ 枪尾。为了确保射孔工具串能够顺利下入预定位置，采取以下措施：

为防止连续油管作业过程发生遇卡造成严重的井下事故，一方面在管串中连接液压丢手装置，一旦发生遇卡事故，能够启动丢手装置将连续油管与丢手装置以下工具脱开，为下步开展处理措施提供条件；另一方面严格检验射孔枪质量，按照标准抽取射孔枪进行地面打靶测试，测量射孔后枪体膨胀量全部在 5mm 以内则判定为该批次射孔枪合格。

2. 射孔工具传输

为了避免误射孔，要尽量保证连续油管在输送工具时的速度均匀与稳定，控制连续油管内外压力的波动幅度。连续油管及射孔工具串通过防喷器和压裂井口时，速度不超过 5m/min，试下 50m 观察设备运转情况。进入井斜 30° 井深后，速度控制在 10m/min 以内，同时密切关注井口压力，保持出口畅通，保持连续油管内外压差不超过 10MPa。连续油管每下放 500m 进行一次上提下放测试，且遇阻阻力不超过 20kN。

（三）射孔作业程序

连续油管传输压力起爆射孔的工具串和操作参数设计完毕后，必须严格按照规定作业程序进行作业，射孔作业主要程序如下：

①连续油管车连接液压管线，连接井口法兰，功能测试。

②注入头与防喷器功能测试；连续油管连接器分 70kN、140kN、210kN 拉力测试与 15MPa、30MPa、45MPa 三级压力测试，测试压力不低于起爆器起爆压力。

③连接射孔枪串作为模拟通井工具：连续油管 + 连续油管连接器 + 双瓣单流阀 + 液压丢手 + 压力开孔起爆器 + 射孔枪（未装弹）+ 丝堵 + 筛管 + 压力起爆器 + 射孔枪（未装弹）+ 枪尾。

④防喷管整体分级 15MPa、30MPa、45MPa 试压。

⑤防喷管泄压至比井口压力高 1~2MPa，开主阀下射孔工具串。

⑥按照要求分阶段以设计速度下射孔工具串至目标位置。

⑦根据井况确定是否需要洗井，洗井结束后按照起射孔管柱要求起连续油管。

⑧射孔工具起至井口，关井，拆除模拟枪。连接射孔工具串：连续油管 + 连续油管连接器 + 双瓣单流阀 + 压力开孔起爆器 + 射孔枪 + 丝堵 + 筛管 + 压力起爆器 + 射孔枪 + 枪尾。

⑨按照步骤④ ~ ⑥下射孔工具至射孔位置。

⑩根据井况对连续油管内加背压，分别从环空与连续油管内加压至设计值，完成射孔操作。

⑪ 以设计速度起出连续油管及工具。

⑫ 上提连续油管至井口，检查射孔枪，拆卸设备。

三 关键技术

连续油管传输射孔起爆器的起爆值，以及延时起爆器的延时时间，均需要在管柱入井之前进行计算分析，也是工程设计的理论基础。同时需要采用一系列关键技术，确保安全高效射孔作业。如：根据应用井井深、井口压力、射孔级数等参数确定最优射孔操作值，是现场作业成功的关键；射孔定位是确保将射孔工具串按照要求输送至预定位置的关键技术，连续油管保护是实现安全高效射孔作业的必要措施；连续油管延伸技术是提高连续油管在水平井中输送距离的主要手段。

（一）射孔设计

常用连续油管射孔优化设计的算法及模型、部分工程参数的确定主要是以施工经验为基础，对多个参数进行综合分析。总体来说，射孔设计主要包括地质与工程两方面。

工程方面，需要结合井深、井眼轨迹、井筒液体密度、井口压力、井筒温度、射孔级数等因素综合考虑，确定是环空加压起爆，还是油管加压起爆，抑或是综合采用两种起爆方式，进一步明确工具串的组成，确定射孔起爆压力等施工操作参数。设计中要同时兼顾井下工具安全、施工操作方便等要求。

（二）射孔定位

将射孔工具准确定位于设计射孔位置，是射孔施工过程的关键。虽然入井连续油管固有长度不会改变，但它在井眼中实际长度却因螺旋弯曲而缩短，造成在井筒中的分布深度比连续油管入井长度短。同时计数器因连续油管的震动，深度计量也产生一定量的误差，两种误差重叠后可能产生较大的定位偏差。

为了克服现有的连续油管作业机深度计量不准确的难题，现场射孔作业常用校核手段有连续油管机械式接箍定位器校深、无线接箍定位器校深。连续油管探底校深是通过连续油管下探射孔位置以下已知的深度（包括人工井底、桥塞等）来校核计数器深度，再通过上提连续油管到射孔位置。这种方法适用于射孔位置距离连续油管下探位置不远的情况，在连续油管拖动距离较短时，计数器误差极小。

（三）连续油管保护

连续油管射孔在井筒产生的瞬时高压以及震动，可能会给连续油管造成挤毁、断裂等损伤，导致射孔管柱遇卡或落井，造成射孔作业失败、形成井控风险。因此在射孔时采取一定的预控措施可有效保护连续油管。

①降低射孔时连续油管拉应力。环空加压射孔要求先将连续油管及井下工具下入至射孔位置以下，然后上提射孔管柱至射孔位置，连续油管处于拉伸状态，抗外挤强度降低，可根据拉力测试数据，射孔前将连续油管射孔管柱悬重释放至中点，减小连续油管轴向拉力，降低连续油管射孔造成连续油管损坏风险。

②降低连续油管射孔时内外压差。射孔过程产生的瞬时高压与震动是造成连续油管损伤的主要原因，故可在射孔前对连续油管内加压作为管内平衡压力，然后进行环空加压射孔操作。

（四）连续油管输送延伸

连续油管在水平段中下入深度受限，是连续油管传输射孔技术水平井应用的主要影响因素之一。连续油管水平井输送延伸技术的应用能在一定程度上提高连续油管水平井下入深度，主要有以下方面：

①连续油管水力振荡器。在连续油管射孔管串上增加水力振荡器，可以降低连续油管与套管关闭之间的摩擦力，提高连续油管水平井下入深度。

②连续油管校直。连续油管长时间缠绕在连续油管滚筒上，形成弯曲塑性变形，在井筒中加剧了连续油管螺旋屈曲形态，导致连续油管摩擦阻力剧增，轴向力传递更小，延伸距离更短。采用连续油管校直延伸装置，能够降低进入井筒的连续油管弯曲程度，提高连续油管水平井下入深度。

③减阻液。减阻液通过在套管内壁与连续油管外壁形成一层弹性分子薄膜，形成润滑作用减低摩阻，提高连续油管水平井下入深度。目前主要应用的减阻液有减阻水与金属减摩剂。

④连续油管射孔工艺控制。井筒液体内混入气体会增大连续油管与套管之间的摩阻，通过循环洗井、地面返排液控制等方式可有效降低井筒气体侵入量，降低摩阻提高连续油管水平井下入深度。

第六节　拖动压裂

连续油管带底封拖动压裂技术集合了连续油管技术、水力喷射、分段压裂等技术特点，可以实现水力喷射射孔和压裂联作，无须另行射孔，在压裂过程中，可以使用工具隔离井筒分段对目的层进行施工，起一趟钻具可以进行多段压裂，减少起下钻作业次数，缩短了作业周期。该技术在国内外油田应用广泛，提高了油气田的开采效率。本节对连续油管喷砂射孔环空压裂井下工具串的关键工具开展了优化设计，对关键工艺的施工参数优选方法进行了分析，同时提出了喷砂射孔磨粒对连续油管冲蚀磨损的预防措施。

一 喷砂射孔管柱

（一）管柱结构

连续油管喷砂射孔环空压裂井下工具管串需具备射孔、封隔等多种功能。该技术在应用过程中存在遇卡、砂堵风险，工具串的设计需考虑安全作业与出现复杂情况时可快速处理等问题。常用连续油管喷砂射孔环空压裂井下工具管柱结构为：连续油管 + 连续油管连接器 + 丢手 / 脱开（器）+ 扶正器 + 喷砂射孔器 + 平衡阀 + 封隔器 + 锚定装置 + 接箍定位器 + 引鞋，如图 4-6-1 所示。

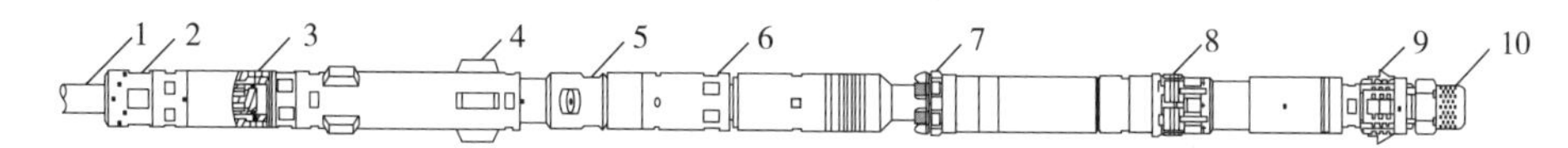

图 4-6-1 连续油管喷砂射孔环空压裂井下管柱结构图

1—连续油管；2—连续油管连接器；3—丢手 / 脱开（器）；4—扶正器；5—喷砂射孔器；6—平衡阀；7—封隔器；8—锚定装置；9—接箍定位器；10—引鞋

加砂压裂全过程井下工具串均在井筒内，压裂液从喷砂射孔器射孔孔道进入地层。在压裂过程中连续油管管内始终保持以 50~100L/min 的小排量向井筒注液，确保连续油管与环空处于连通状态。井底压力可以通过连续油管进行实时监测，可以及时发现井底压力的快速增加，并且能够根据压力曲线变化分析判断是否出现砂堵。

确定出现砂堵时，立即停止环空注液并关闭环空井口阀门，加大连续油管管内压裂液的排量。如井口环空压力与连续油管注液泵压同步上升，则表明是地层砂堵；如连续油管泵压上升较快而井口环空压力上升较慢，则表明是井筒出现砂堵。

井筒砂堵时，上提连续油管管柱解封封隔器，开启平衡阀，进行冲砂洗井处理井筒砂堵；地层出现砂堵时，从环空向井筒加压至 70MPa，然后快速开启环空阀门，进行重复加压与泄压，必要时可注入酸液或胶液配合解堵。

（二）关键工具

1. 喷砂射孔器

喷砂射孔器是连续油管喷砂射孔环空压裂工具管串中的关键工具，其结构如图 4-6-2 所示，主要由喷射器本体、喷嘴、阀板、球及回流装置等组成。

喷射器本体外侧按一定相位角装有多个喷嘴，喷嘴大小和喷射射流特性是喷射器最关

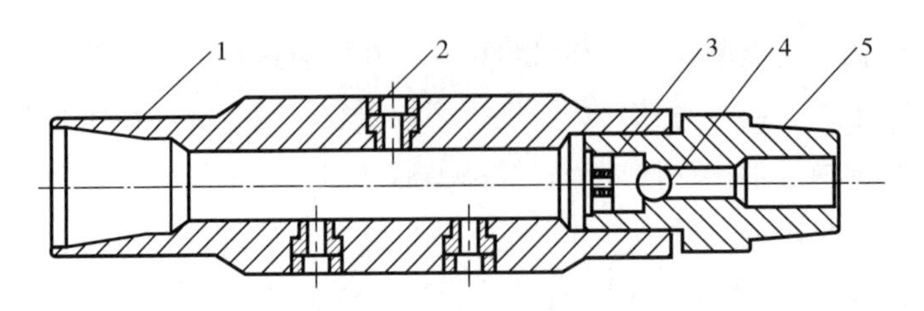

图 4-6-2　喷砂射孔器结构图

1—喷射器本体；2—喷嘴；3—阀板；4—球；5—回流装置

键的技术。喷射器回流装置是一种单流阀功能装置，由阀球、阀座、阀罩、接头组成，水力喷射和压裂时，阀球与阀座形成密封，不允许流体通过喷射工具管内进入环空。反洗时，环空流体可通过回流装置进入工具和连续油管返到地面。喷射工具工作时喷嘴磨损严重，喷射返流也会对喷射工具本体形成冲刷，损伤本体表面。因此，喷射器喷嘴与本体的耐冲蚀性及其材料和表面工艺的设计成了喷射器的又一个关键技术，喷嘴采用专门设计和制造，有较强的抗冲蚀性，通常采用碳化钨（WC）硬质合金材料制成。

2. 多级喷砂射孔器

对于长距离水平井喷砂射孔环空压裂作业要求一趟管柱完成几组到几十组射孔压裂作业，以减少起下连续油管次数，提高施工效率。但是，喷嘴过砂总量较大，喷嘴可能发生冲蚀损坏，喷嘴内径增大，液体出口速度减小，导致喷砂射孔效率降低或失效，无法完成射孔作业。一旦发生喷嘴冲蚀失效，需要取出井下工具串更换新的喷砂射孔器继续作业，严重降低施工效率。因此，研究了一种多级喷砂射孔器。

多级喷砂射孔器如图 4-6-3 所示，主要由喷射器本体、分级球座、喷嘴、下接头等部分组成。喷射器本体上按照一定相位角布置多个喷嘴，每三个喷射孔为一组，共分三组，每组为一级。初始状态各喷嘴均处于关闭状态，喷射时通过投入不同直径的钢球可以逐级打开喷嘴，当第一级钢球投入射孔器中封堵第一级球座时，在压力作用下，第一级球座下移至喷射器底面，第一组喷嘴打开，开始喷射作业；当第一组喷嘴冲蚀失效后，投入第二级钢球进入射孔器封堵第二级球座，在压力作用下，第二级球座下移至第一级球座上部，打开第二组喷嘴，同时封堵第一组喷嘴，依次完成第三组喷嘴打开，实现分级喷射，使得一趟管柱完成更多组射孔压裂。

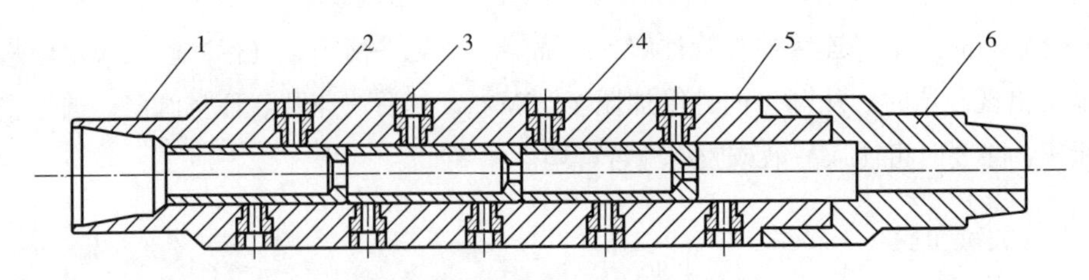

图 4-6-3　多级喷砂射孔器结构图

1—喷射器本体；2—喷射器喷嘴；3—第三级密封球座；4—第二级密封球座；5—第一级密封球座；6—下接头

3. 封隔器

在分层分段压裂过程中，为了避免压裂液进入已压开地层，需要封隔器封隔已压开层段，一趟管柱多层多段喷射压裂，要求封隔器在井下多次坐封起封。因此，封隔器的设计需要考虑封隔器的密封能力、合理的坐封解封方式、坐封解封的可靠性、封隔器胶筒抗疲劳及抗老化性、防砂卡等。具体设计思想如下。

①封隔器由橡胶材料和金属结构组合而成。在保证密封可靠的前提下，设计足够的膨胀比例，既可满足密封能力，又可解决封隔器半径过大、易卡钻的问题。

②解封速度快且解封完全，避免胶筒摩擦损伤。

③上提与下放管柱完成换轨动作，释放卡瓦组件锚定套管，继续向封隔器施加机械力确保封隔器密封严密。

④上提解封封隔器。上提管柱时解封封隔器，避免卡钻。

常规可重复坐封封隔器（如：Y211 型封隔器）。坐封时需要较大的机械压力，且经常出现因砂卡导致解封困难的问题。因此，需对 Y211 型封隔器在现有基础上进行结构优化，如图 4-6-4 所示，主要有以下两个方面：

①防砂功能改进。针对 Y211 型封隔器在压裂过程中极易出现砂卡的现象，对其机械换位部件的防砂机构进行了改进，换位机构被密闭在一个密封腔内，避免压裂支撑剂等杂物进入换位机构，保证封隔器能够顺利坐封与解封。

②降低封隔器机械坐封力。常规 Y211 型封隔器通常需要 80~100kN 的坐封力才能完全坐封；然而，连续油管作业时不能建立这么大的机械坐封力。因此，与连续油管配合使用的封隔器需要进行降低机械坐封力的改进。设计封隔器时，采用机械与液压联合坐封方式，即机械坐封力用于预坐封，液压力加强坐封。为了进一步降低预坐封所需要的机械力，通过降低胶筒硬度与局部厚度等措施，达到减小胶筒预坐封力的目的。改进后的封隔器只需施加 5~10kN 的机械压力就能实现预坐封，然后在封隔器上下形成压差，进一步加强封隔器密封效果。

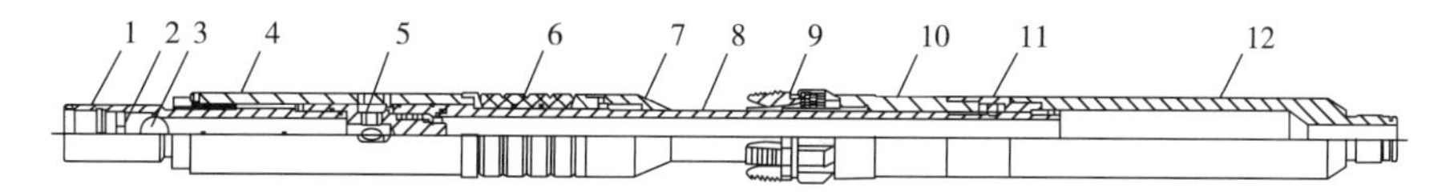

图 4-6-4　可重复坐封封隔器结构图

1—上接头；2—挡板；3—钢球；4—平衡阀；5—密封组件；6—胶筒；7—卡瓦滑道；8—中心管；9—卡瓦；10—卡瓦套筒；11—组合连接头；12—下接头

4. 压力平衡阀

压力平衡阀可在封隔器解封时，释放封隔器胶筒上、下压差，也可在封隔器坐封及作业时，进行油套环空的反循环冲砂洗井。

压力平衡阀结构如图 4-6-5 所示。压力平衡阀下接头与封隔器中心管相连接，封隔器在下压坐封时，压力平衡阀密封头插入下接头内孔，实现封隔器胶筒上、下作业层间的封隔。某层作业完成需解封封隔器时，上提连续油管，平衡阀上接头带动密封头从下接头密封内孔拔出，使封隔器胶筒上、下层压差快速释放，达到平衡，胶筒弹性恢复，安全快速解封。该压力平衡阀外径 85mm，内径 36mm，连接螺纹规格 60.33mm（2in）EUE。

在正常的喷砂射孔与压裂过程中需要多次进行封隔器的坐封与解封，同时压力平衡阀密封头需多次在下接头密封内孔内进行插拔，易导致密封部位的密封失效，影响封隔器坐封与解封。因此，需要对下接头密封内孔进行耐磨处理，将O形圈密封形式改为V形密封，保证密封头在下接头密封内孔中密封效果良好，确保封隔器长时间承受高压差，并在井筒中安全快速地完成坐封与解封动作。

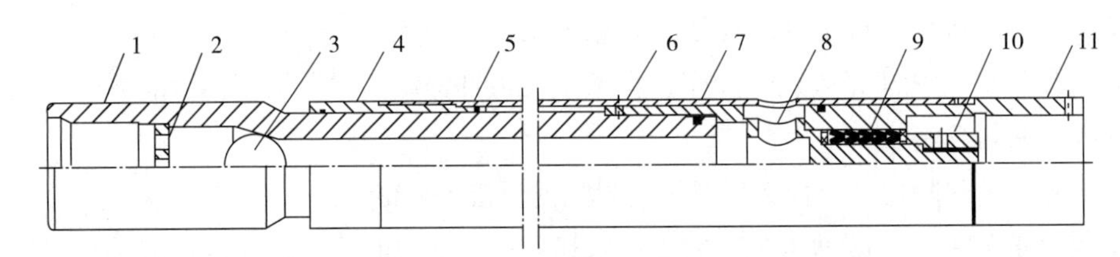

图4–6–5　压力平衡阀结构示意图

1—上接头；2—挡板；3—钢球；4—连接套；5—外壳；6—固定螺钉；7—O形圈；8—密封头；9—V形密封总成；10—调节套；11—下接头

二　喷砂射孔技术

（一）喷嘴选择

喷嘴是水力喷砂射孔发生装置的执行元件。喷嘴的作用是通过喷嘴内孔横截面的收缩，将高压水的压力能量聚集并转化为动能，以获得最大的射流冲击力，作用在套管壁或井底岩石上进行切割或破碎。喷嘴的几何形状及参数是建立射流的主要指标，是影响射流切割或破碎的主要因素，水射流喷嘴的形式通常有流线形喷嘴、圆锥形喷嘴、圆锥圆柱形喷嘴等，流线形喷嘴具有较高的流量系数，能量损失小，但是加工困难，工程中常用圆锥圆柱形喷嘴，其结构如图4–6–6所示。

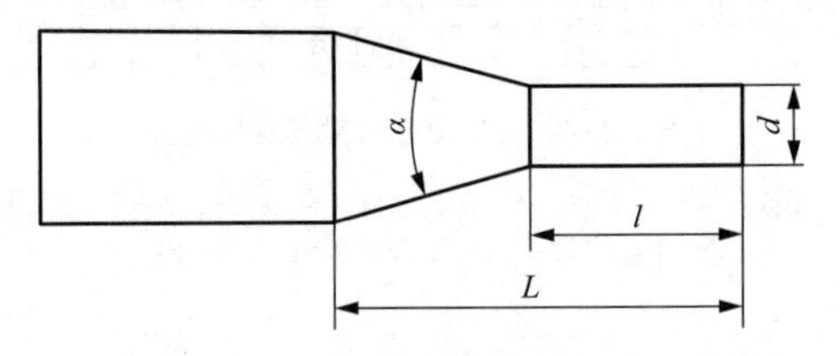

图4–6–6　圆锥圆柱形喷嘴结构示意图

（二）喷射结构参数设计

影响喷嘴射流水力性能的主要结构参数有喷嘴的收缩角 α、喷嘴长度 L、出口直径 d 和出口圆柱段长度 l。由于喷嘴长度 L 与出口圆柱段长度 l 和收缩角 α 相关，因此，取出口长度 l 和收缩角 α 为变化量。Leach及Walker和Voitsekhovsky从产生最大冲击压力的角度出发对淹没条件下的喷嘴射流性能进行了研究，结论表明，出口圆柱段长度 l 为喷嘴直径的

3~4 倍时效果最好；Barker 等人研究了喷嘴结构尺寸对淹没水射流喷嘴切割性能的影响，得出圆柱段最佳长度为喷嘴直径 0.5 倍的结论。二者结论相差很大，由此可以看出，实验条件对研究结论影响很大。为了得到喷嘴结构参数对喷嘴水力性能的影响，结合连续油管在套管中的喷砂射孔工艺条件建立边界条件，采用流体有限元法进行了研究；分析了喷嘴出口圆柱段长度和不同收缩角对喷射出口速度的影响，如图 4-6-7 所示。

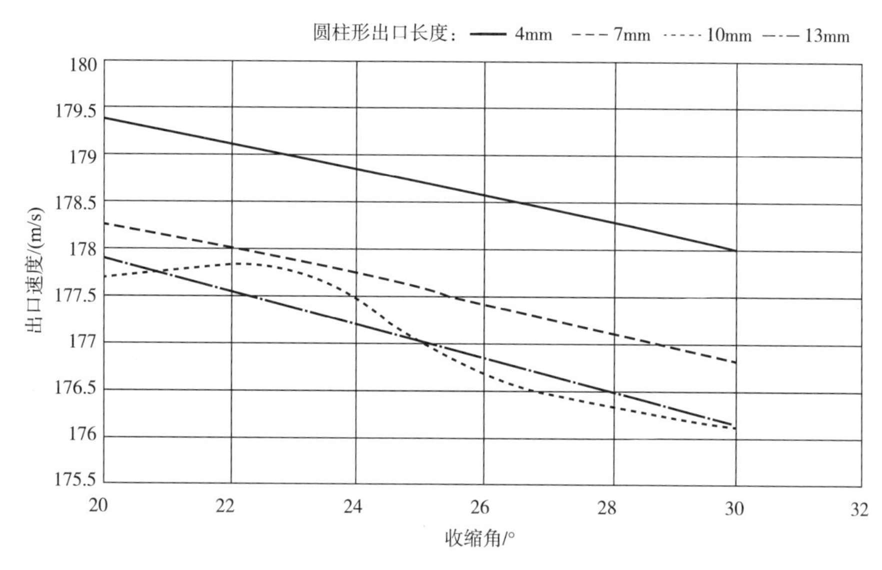

图 4-6-7　出口速度随出口圆柱段长度 l 和收缩角 α 的变化曲线

从计算结果可以看出，随着喷嘴收缩角的增大，喷嘴长度减小，出口速度有所降低；当收缩角一定时，出口速度随着出口段长度的缩短有所增大，说明圆柱段缩短可以减小射流的输运耗能，提高射流的冲击效果；另外，当出口段长度大于 10mm 时，出口长度对出口速度的影响较小。在未形成射孔孔道的喷射初期，喷嘴圆柱段长度为 4mm、缩角为 27°时最优；当射孔达到一定深度（淹没射流状态），收缩角和出口段长度分别为 20°、4mm 时，喷嘴的出口速度最大，产生的冲击压力最大。

（三）喷嘴与套管壁面的间距对射孔效率的影响

研究表明，喷嘴与套管壁面之间的距离对喷射速度的影响较大，间距越大，从喷嘴出来的流体最大速度增加越大，2mm 时为 140m/s、4mm 时为 165m/s、6mm 时为 175m/s、8mm 时为 175m/s，如图 4-6-8 所示。随间距的加大，流体最大速度减缓。换一种研究思路，即为了获得良好的喷射性能，喷嘴与套管壁面的距离对喷嘴结构参数有较大的影响。研究结论认为，当喷嘴出口与套管内壁距离一定时，缩短喷嘴的出口长度可以提高射流速度，在满足喷射器外形尺寸的前提下，降低收缩角可以提高喷嘴性能。在磨料颗粒对喷射的影响的研究中，进一步讨论了喷嘴与套管壁面的间距，得到了最佳喷嘴间距为 5~6mm 的结论。

研究喷嘴与套管壁面的间距，对于喷砂射孔器的设计和井下工具串的设计有很好的指

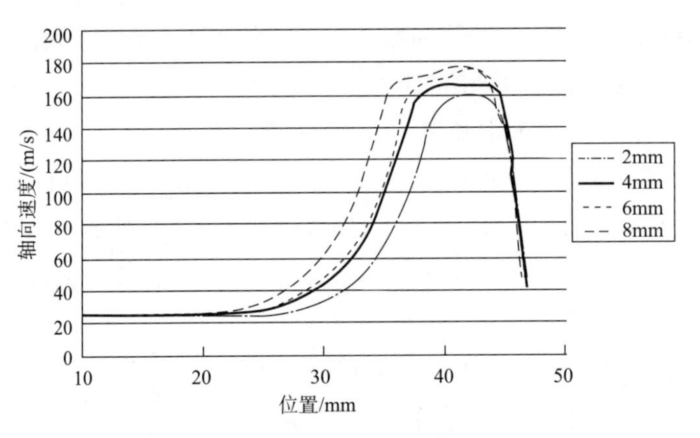

图 4-6-8　喷嘴中心轴线上的轴向速度分布

导意义。喷砂射孔器井下工具串的设计通常配套扶正器，能有效控制喷嘴与套管壁之间的距离，尤其是水平井筒中多喷嘴结构喷射器，这一点更加重要。

水力喷砂射孔切割物料所需要的射流速度实际上存在一个临界喷射速度，即达到临界喷射速度后，物料开始破坏，这一点可以采用岩石强度准则解释，该临界值也可以由试验获得。前人进行了水力喷砂射孔喷射钢级为 P110、壁厚为 9.17mm 的套管的试验，研究结论表明，喷射速度为 165m/s 时才能击穿套管，该速度即为此套管的临界速度。上述流体有限元方法研究得到的射流速度结果与这个试验数值吻合，由此表明，计算中设定的参数与实际相符，计算结果可信。

（四）多喷嘴射孔器对喷射效率的影响

为了满足水平井多段压裂作业，并提高压裂效果，在连续油管水平井喷射压裂中各段采用多级多孔喷砂射孔器射孔，每级三组，每组三个喷嘴。一般认为多喷嘴射孔器的喷嘴数和布置方式影响射孔效果；为了寻求多喷嘴喷射性能，研究仍然采用流体有限元方法模拟，建立了喷射器横截面上对称布置两喷嘴和三喷嘴模型，计算得到不同压力降对应的喷嘴内流场，压力降与喷嘴平均流速关系曲线如图 4-6-9 所示。

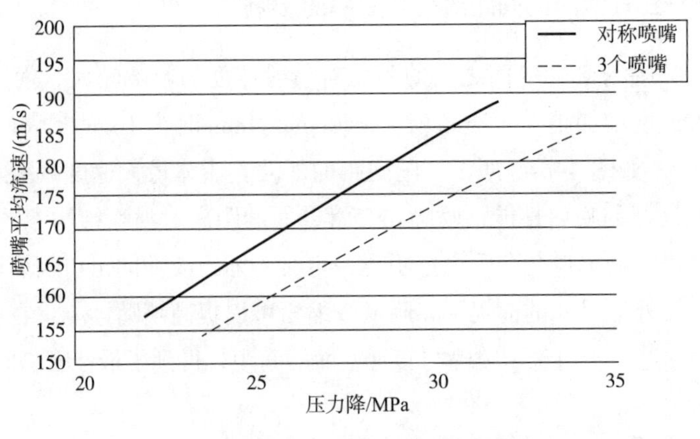

图 4-6-9　喷嘴平均流速与压力降的关系曲线

比较不同喷嘴布置结构下的计算结果可看出，要达到相同的射流流速，沿周向均匀布置 3 个喷嘴所需的压力降相比对称布置 2 个喷嘴所需的压力降较大，当射流平均速度为 180m/s 时，沿周向布置 3 个喷嘴和 2 个喷嘴的压力降分别为 32.4MPa 和 28.8MPa。在连续油管喷砂射孔压裂工程设计中，为了实现多喷嘴射孔，在有限排量下，可以通过调节喷嘴直径，得到合理的喷嘴压降。

（五）磨料颗粒对射孔效率的影响

喷射液是液体与磨料颗粒的混合物，在液体中混入一定浓度的磨料颗粒可以大幅度提高水力喷射切割效率。常见的磨料颗粒有陶粒砂、石英砂和金刚砂。石英砂是一种天然砂粒，对地层污染小，来源广泛、成本低，但硬度和强度较低；陶粒砂是用矿石烧结加工而成，可以人为制造成不同的硬度和粒度，但成本较高；金刚砂也由人工加工而成，有较好的韧性，但是容易被氧化，对地层造成污染。因此，工程中通常选择石英砂作为喷射液中的磨料颗粒。在水力喷砂射孔中，液体的作用是传递能量，通常可以是清水或专门配制的具有较好减阻性能的液体。

磨料颗粒与液体都作用于套管切割和破岩，磨料颗粒在射流流动场中受到惯性力、重力、压差力和黏滞阻力等作用力，当喷射液在喷嘴中速度突然增加产生加速运动时，磨料颗粒还受到 Basset 力和附加质量力，这些力影响着磨料颗粒在液体中的运动。研究表明，在这些力的作用下，自喷嘴出口至套管壁的行程中，在喷嘴轴线方向上的磨料颗粒速度相比液体流速大许多。磨粒射流射孔的效果与磨粒速度有很大关系，磨料颗粒速度越大，射孔速度越快，这一研究结论也证明了在液体中混入一定浓度的磨料颗粒可以大幅度提高水力喷射切割效率。在磨料颗粒速度计算中进一步研究了喷嘴出口与套管壁间距对磨料速度的影响，得到磨料颗粒在距离喷嘴出口 5~6mm 处速度最大的结论，因此喷嘴出口与套管壁之间的最佳间距为 5~6mm。

磨料颗粒的密度和粒径对喷射切割效率也有一定的影响，一般磨料颗粒直径取喷嘴直径的 1/6 为最佳，推荐选用 40~70 目陶粒或 20~40 目石英砂。

三 作业程序与要求

（一）主要施工工序

①连续油管通井。采用连续油管下通井规通井。

②连续油管替基液。通井完成后，泵注基液经连续油管注入井筒，灌满全井筒。

③连续油管连接喷砂射孔压裂井下工具组合。

④井下工具定位。下连续油管喷砂射孔压裂工具串至短套管位置以下，然后上提连续油管，以 3~5m/min 的速度回拖工具串进行定位。

⑤测试回压。工具串定位后，泵注基液经连续油管以稳定 0.6m^3/min 的排量注入井筒，测试并记录井口不同尺寸油嘴（8~12mm）控制时对应的回压值。

⑥坐封封隔器。工具串定位后，上提工具串，然后立即下放完成换轨操作，工具串进入坐封状态，下放管柱施加 50~80kN 的下压力，完成锚定和坐封。

⑦封隔器验封。从环空打压，对封隔器进行验封，封隔器封隔可靠。

⑧喷砂射孔。经连续油管低排量泵注入基液循环，控制油嘴回压，建立 $0.6m^3/min$ 稳定排量后，再经连续油管泵注喷射液进行喷砂射孔。

⑨环空加砂压裂。从环空泵注压裂基液，先小排量试挤，稳定排量，再逐步提高排量开始第一层段的正式加砂压裂，实时监测连续油管井底压力和井口悬重的变化。

⑩解封上提管柱。完成第一层段压裂后，上提连续油管解封封隔器，将工具串拖动至下一层段，重复④ ~ ⑨操作步骤进行第二层段压裂，直至完成所有层段的射孔与压裂。

（二）施工要求

①在施工压力相对较高的区域，配备 70MPa 套管头，采用厚壁套管，从根本上解决压裂施工限压问题。

②应尽量靠近水平段设置 2~3 根定位用短套管，便于射孔时的深度定位。

③施工井口配置。要求井口上下法兰无硬台阶，满足工具上提下放通过要求。

④现场配备酸液储备，以防地层无法顺利压开时使用。

⑤放喷管汇。在施工压力较高的情况下，回压控制的难度加大，针阀起着非常重要的作用。现场流程需同时满足连续油管正循环、反循环的要求。放喷管线出口通过针阀和油嘴控制，至少具备 2 条控制管线、1 条常开管线，要求能够精准、迅速地将回压控制在指定范围内。

⑥混砂车。要求混砂均匀，自动密度控制、计量准确，要能适应小砂比喷射液的配制，射孔时需要建立稳定排量后方可泵注喷射液。

⑦平衡泵车。现场施工中，时常因平衡泵车无法持续在高压下以 200L/min 排量工作，带来施工延误、工具遇卡等风险，需要配套能够在 60MPa 压力条件下平稳供液排量为 80~100L/min 的小型柱塞泵。

四 冲蚀与预防

在喷砂射孔与压裂过程中，自连续油管高速注入的携砂液会对连续油管壁面造成冲蚀磨损，最终导致连续油管失效。压裂过程中地面连续油管承受压差非常高，一旦因冲蚀破坏导致连续油管刺漏、断裂，将会形成严重的安全隐患。

（一）冲蚀磨损形式

连续油管在喷砂射孔压裂过程中的冲蚀磨损表现形式主要是由凹坑发展到裂纹、皱褶和断裂。压裂作业过程中的冲蚀磨损主要表现在管内壁与管外表面冲蚀两个方面：管内壁冲蚀主要发生在喷砂射孔阶段，是由于射孔用磨粒对滚筒上连续油管以及水平段连续油管螺旋段的冲蚀磨损；连续油管外壁冲蚀主要是由于地面携砂压裂液在注入环空时对压裂井口处的连续油管进行垂直冲刷。

（二）携砂液注入口冲蚀与预防

高速压裂携砂液会对连续油管外壁产生冲蚀磨损，经过理论研究及模拟计算分析，加砂压裂过程中，对连续油管造成冲蚀磨损最严重的位置是地面压裂井口携砂液注入处。携砂液与连续油管在该位置形成垂直冲击，然后液体转向，沿连续油管轴向向井底流动，此过程会造成较大的能量损失；因此，需要在地面压裂井口携砂液注入处安装连续油管防冲蚀保护套，防止携砂液冲刷连续油管。

连续油管防冲蚀保护套设计要求：①能够有效保护连续油管在携砂液注入口处被冲蚀损坏；②不影响压裂施工排量需求；③结构简单，且不改变原有井口装置结构，安装更换简单；④不影响井下工具串的下入与井筒的起出。

（三）喷射液冲蚀性能与参数控制

1. 磨料颗粒粒径对连续油管冲蚀的影响

喷射液在连续油管内高速流动，其中磨料颗粒的强度、硬度、形状等对连续油管的冲蚀有很大的影响。冯定等人研究了磨料颗粒粒径对冲蚀速率的影响，如图 4–6–10 所示，得到了最小冲蚀速率粒径的范围为 400~600μm；粒径过小或过大，最大冲蚀速率都会增大；当粒径大于 1000μm 时，最大冲蚀速率急剧增大。这一结论的原因可能是粒径过小，颗粒数增加，颗粒冲蚀概率增加，粒径过大，颗粒冲击力增大。所以，推荐颗粒的最佳直径为喷嘴直径的 1/6 。

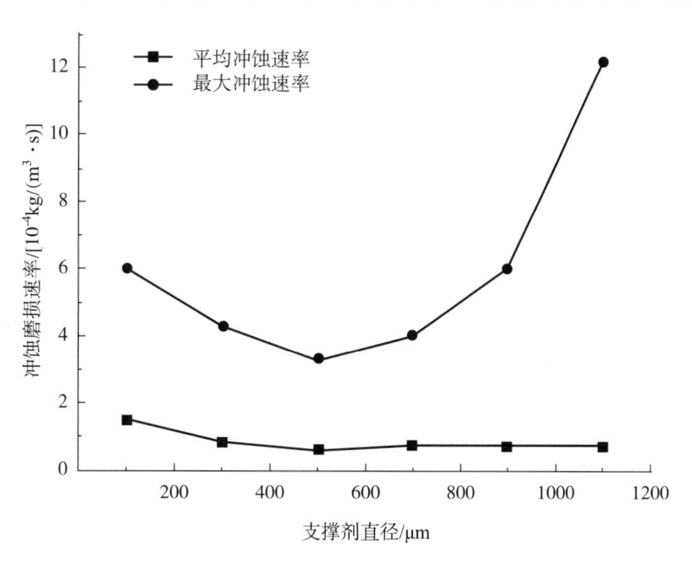

图 4–6–10　支撑剂直径对冲蚀速率的影响

2. 磨料颗粒浓度对连续油管冲蚀的影响

喷射液中磨料颗粒浓度对连续油管冲蚀有明显的影响，磨料颗粒浓度越大，最大冲蚀速率越大。冯定等人的研究同样证明了这一点，如图 4–6–11 所示。为了避免连续油管因冲蚀造成早期失效，推荐喷射液磨料颗粒浓度为 6%~8%。

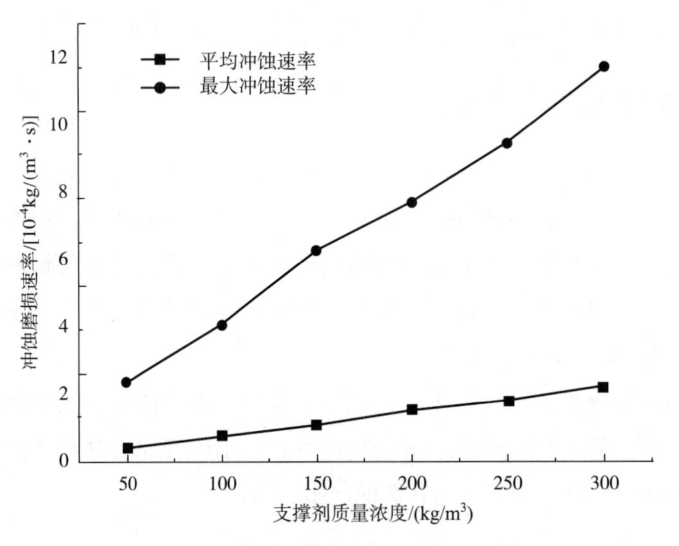

图 4-6-11　支撑剂质量浓度对冲蚀速率的影响

3. 喷砂射孔排量对连续油管冲蚀的影响

前面讨论了射孔流速对射孔效率的影响，喷砂射孔排量对连续油管内流动压力损耗也有很大的影响；实际上，压力损耗间接反映了对连续油管的摩擦损耗，即冲蚀，尤其是在连续油管弯曲段，冲蚀表现更加严重。冯定等人也对此做了研究，如图 4-6-12 所示。

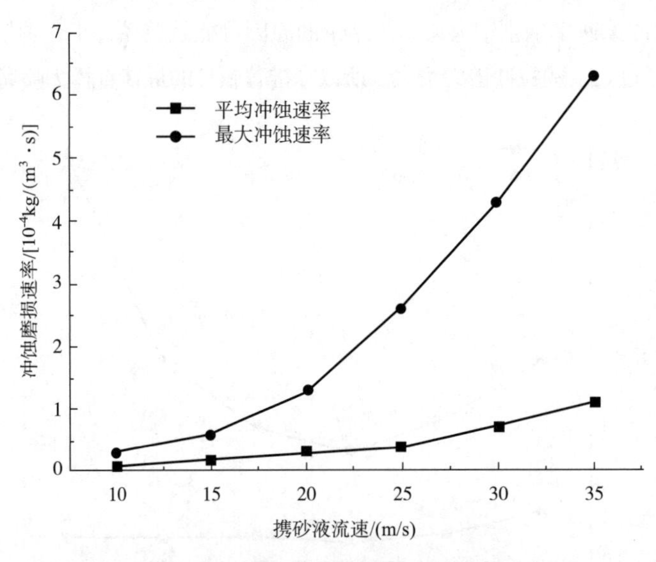

图 4-6-12　携砂液流量对冲蚀速率的影响

第七节　钻磨桥塞

水平井分段射孔、压裂打开产层是页岩气开发完井的主要方式之一。通常采用泵送桥塞电缆传输多级射孔联作，逐级分段压裂。这种完井工艺能够很好地满足页岩气“大规模缝网压裂、整体体积改造”开发的需要，但是需要在压裂完成后钻通水平井筒中全部桥塞，连通所有打开层段。然而，水平井钻桥塞面临不压井带压作业、水平井段长、分段桥塞多、桥塞坐封状态复杂、钻屑上返困难、阻塞钻磨工具等问题，工程难度和作业风险大。为此，连续油管作业技术成了水平井钻磨桥塞的最佳选择。

长水平段钻磨桥塞能否实现高效，涉及的影响因素很多，如桥塞的结构及可钻性、形成的钻屑大小、磨鞋、井下动力、连续油管作业稳定性、管柱延伸能力与钻压控制、钻磨液、循环上返钻屑、储层保护、井控和地面设备、流程等。

一 桥塞

桥塞是页岩气水平井分段压裂的关键工具，单井使用量多（15~30支）、承压要求高（30~70MPa）。国内外桥塞生产厂家达数十家，形成了多种规格、型号、类型的桥塞，按结构和材质类型划分，使用率较高的有金属机械桥塞、复合桥塞、大通径桥塞、可溶桥塞等几类，其结构、零部件材质、性能参数存在一定的差异，实际钻磨过程表现出的可钻性也不一致。其中，易钻复合桥塞较常规桥塞具有易钻铣、主体材料密度小、易返排等特点，满足连续管快速钻磨需求，已广泛应用于国内页岩气田开发中。

（一）复合桥塞

1. 复合桥塞结构

易钻复合桥塞结构如图4-7-1所示，主要由密封系统、锚定系统、丢手机构等部件组成。密封系统由胶筒、上下锥体和防突隔环组成。上下锥体在释放工具作用下剪断销钉，压缩胶筒形成密封。隔环的作用是压缩时首先胀开紧贴套管壁，在上下两个防突隔环中间形成一定的空间，使得胶筒压缩时在空间内均匀胀大，阻止胶筒压缩时出现“肩部突出”撕裂现象。锚定系统由上下卡瓦、挡环等组成。上下卡瓦的作用是将复合材料桥塞支撑在套管上，并限制其纵向移动，用于保持其密封性。挡环上的倒齿与中心管的倒齿互相啮合，坐封后永久固定于坐封状态。桥塞的坐封丢手机构，其主要部件是剪切销钉，用于坐封工具和桥塞的连接，完成坐封后被剪断，使坐封工具和桥塞脱开，丢手。

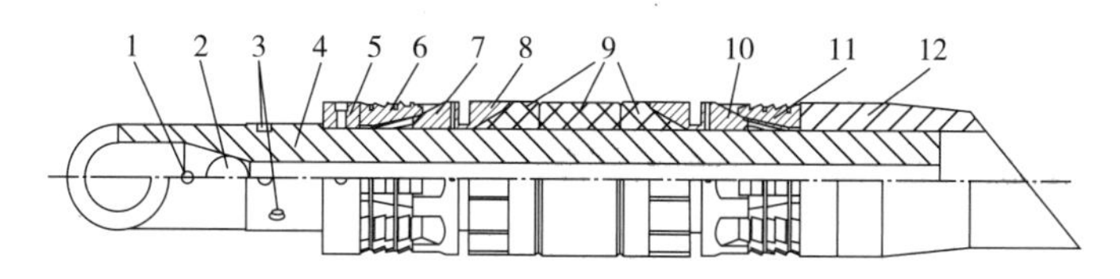

图4-7-1 复合桥塞结构示意图

1—挡销；2—压裂球；3—销钉孔；4—中心管；5—挡环；6—上卡瓦；7—上锥体；8—防突隔环；9—胶筒；10—下锥体；11—下卡瓦；12—引鞋

桥塞工作时，中心管与外套件的相对运动，压缩胶筒和上下卡瓦，胶筒胀开贴紧套管壁，达到封隔上下层的目的，上下卡瓦在锥体上裂开紧紧啮合套管，当胶筒、卡瓦与套管配合紧密不可压缩达到设计值时，剪断释放销钉，坐封工具与桥塞脱开，完成丢手。桥塞中心管与上锥体内锁环设有倒齿机构，坐封后自锁形成啮合锁紧，桥塞始终处于坐封状态。桥塞卡瓦钻除后，剩余部分会落到下一级桥塞上。因此，桥塞的底部需要设计成能与下一级桥塞相互啮合的形状，以防止剩余部分随钻头（磨鞋）旋转而无法磨铣。

2. 复合材料

要求使用方便、成本低廉。目前国内页岩气井井底的工作环境要求桥塞能耐 150℃高温，并且能耐油、气、水介质的长期浸泡。根据桥塞在坐封、射孔和压裂时所受的各种机械作用，分析作业工况对材料的力学性能要求。以江汉复合材料桥塞为例，复合桥塞锥体、芯轴等大尺寸零件采用玻璃纤维强化环氧树脂，缠绕成型，卡瓦部分采用高强铸铁机加工成型，热处理强化齿面硬度，保证齿能嵌入套管中形成稳定的锚定。在所有段压裂完毕后，必须将桥塞钻磨掉，因此，桥塞必须容易钻磨。

复合材料桥塞是一次性使用的工具，井下条件对其耐温级别（150℃）、耐压级别（70MPa）、化学性能要求较高，加工工程中复合材料的选用至关重要。锥体、芯轴、引鞋等大尺寸零件采用纤维强化环氧树脂，缠绕成型。卡瓦部分根据桥塞使用时的井筒条件可分为两种：一种采用轻质铸铁机加工成型，另一种采用纤维强化改性的酚醛树脂，模压成型。采用缠绕成型制作工艺，材料抗压强度达到 280MPa，抗拉强度 1350MPa，弹性模量 7000MPa，可钻性好，采用一般钻头即可快速钻除。

为验证其可钻性，分别测试了牙轮钻头和金刚石刮刀（PDC）钻头对复合材料的可钻性。根据试验结果，PDC 钻头钻除复合材料卡瓦基体的速度比牙轮钻头钻除的速度要快，钻速为 1.50~1.52m/h。对比岩心钻探的岩石可钻性分级标准，复合材料可钻性相当于二级至三级软岩石，可钻性强。

（二）可溶桥塞

1. 工具原理与作用

以“SSC- 江汉工具”可溶桥塞结构为例，其主要由芯轴、筒状卡瓦、胶筒、锥体、引鞋、锁环等零部件组成（图 4-7-2）。使用时，调节螺杆上端经适配器与坐封工具芯轴连接，坐封工具外筒端面抵至桥塞台肩端面，采用电缆 / 油管将桥塞送至设计坐封位置，经过 CCL/ 机械接箍定位器确定位置后，采用液压或火药桥塞坐封工具对可溶桥塞施加一定的推力，芯轴与外筒产生相对运动，使卡瓦沿锥体斜面向外扩张，实现锚定。紧接着胶筒变形扩展密封套管内腔。压裂完毕后，在放喷和生产过程中，桥塞逐渐溶解于返排液内，并随之排出。

可溶桥塞主要使用于水平井或垂直井的分段 / 层、压裂或其他临时性封堵作业，是页岩油 / 气开发中非常重要的产品。江汉可溶桥塞主体由水溶金属和水溶橡胶制成，在返排液环境中可快速溶解，免打捞、免钻磨，留下全通径的井筒用于生产和后期作业。

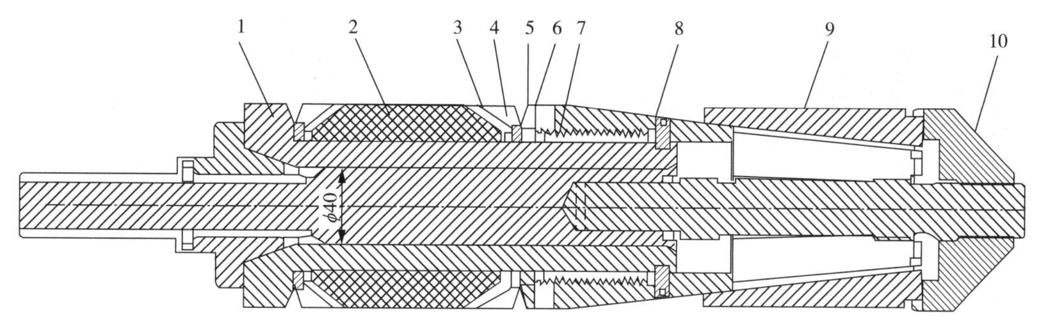

图 4-7-2　可溶桥塞结构示意图

1—芯轴；2—胶筒；3—内护腕；4—外护腕；5—锥体；6—扶正环；7—锁环；8—剪切销钉；9—筒状卡瓦；10—引鞋

2. 工具特点

①筒装卡瓦锚定牢固、对套管损伤小。

②能够适应 50~150℃井筒环境要求，溶解效率高。

③长度短、外径小，井筒通过性好，不易中途坐封。

④可采用火药 / 液压等多种送塞工具配套应用，坐封可靠。

⑤有效密封时间长，为压裂施工和异常情况处理预留充足时间。

3. 使用方法及步骤

①桥塞用于封堵作业时，工具下井前必须对井眼进行充分的通井、刮管和洗井处理，确保井眼的通畅。

②压裂完成后需进行放喷溶蚀，放喷溶蚀最优方案是井口采用 4~6mm 油嘴控制持续放喷溶解可溶桥塞，如地面条件或地层条件不允许，可采用间隔放喷，即每 6h 进行一次放喷，放喷量不低于一个井筒容积。

二　钻磨工具

钻磨桥塞是井筒与打开地层连通的最后一道施工工序，钻磨桥塞工具包括磨鞋、螺杆马达、震击器、马达头总成等工具，当连续油管在水平井中摩阻增大，不能施加足够的钻磨压力，甚至出现管柱锁死时，可以考虑配套水力振荡器等减阻工具。

（一）磨鞋类型与结构

磨鞋是影响钻磨成功性、钻磨效率和钻磨经济性最重要的工具，磨鞋的切削性能对钻磨作业有很大影响，主要表现为磨鞋进尺、钻磨速度以及形成的钻磨碎屑等。对于水平段长、桥塞数量多的钻磨施工，选择合适类型的磨鞋，可以提高钻磨进尺、减少起下钻次数、提高钻磨效率、控制碎屑大小、降低工具遇卡的风险。连续油管钻磨对磨鞋的钻压扭矩也有要求。连续油管钻磨桥塞的磨鞋主要有凹底磨鞋、多刃磨鞋等类型。如图 4-7-3、图 4-7-4、图 4-7-5 分别为凹底磨鞋、五刃型磨鞋和 PDC 钻头。

图 4–7–3　凹底磨鞋

图 4–7–4　五刃型磨鞋

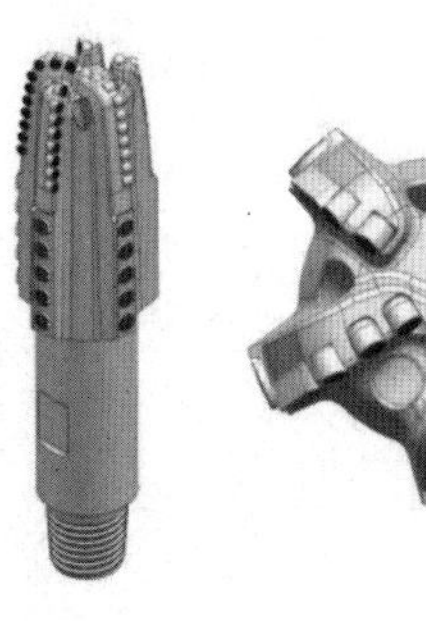

图 4–7–5　PDC 钻头

（二）螺杆马达

1. 螺杆马达结构与工作原理

螺杆马达是驱动磨鞋的动力钻具，连续油管钻磨桥塞与常规钻井用螺杆马达结构、原理基本相同。但是，由于连续油管的允许排量和承载能力受到限制，连续油管钻磨桥塞选用螺杆马达也受到一定的限制，在套管井通内连续油管钻磨桥塞时，螺杆马达直径、输出扭矩较常规钻井用螺杆马达小许多。

螺杆马达结构如图 4–7–6 所示，主要由传动轴总成、万向轴总成、马达总成、防掉总成和旁通阀总成五大部分组成。入井过程中为了避免螺杆马达转动，设置旁通阀，建立循环，启动螺杆马达时，加大泵注排量，旁通阀建立压差关闭环空通道，高压流体进入螺杆马达，驱动螺杆旋转；螺杆绕轴行星转动，带动万向轴转动，万向轴将螺杆行星转动转换为定轴转动；支撑节是组合轴承，承接螺杆与磨鞋，减小了传动轴与工具的磨损。

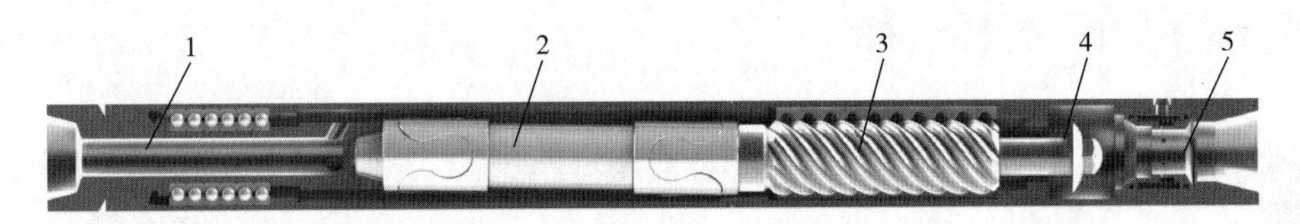

图 4–7–6　螺杆钻具结构图

1—传动轴总成；2—万向轴总成；3—马达总成；4—防掉总成；5—旁通阀总成

2. 螺杆马达输出特性

螺杆马达是一种容积式马达，其输出扭矩与驱动流体的压力成正比，假设不考虑其他摩阻消耗的扭矩，地面驱动螺杆马达的泵压与磨鞋扭矩成正比。正是这种输出特性，工程施工中可以依据泵压判断磨鞋扭矩，又如上节所述，磨鞋扭矩与钻压相关，因此，也可以依据泵压判断钻压。螺杆马达的输出转速与驱动流体的排量成正比，与输出扭矩无关，排量越大马达转速越高。但是，由于载荷作用，马达转速减小，此时驱动流体排量减小。

当磨鞋钻压过大，产生的扭矩可能大于螺杆马达输出扭矩时，螺杆马达处于制动状态，这也是常说的马达堵转。此时，驱动流体泵压不再上升，也无排量输出。

3. 钻磨桥塞用螺杆马达

（1）螺杆马达直径

为了减小井下钻磨工具发生卡阻的概率，应尽量避免工具与连续油管、工具与工具之间的直径差过大而形成台阶。水平井钻磨桥塞多数采用连续油管直径为 50.8mm（2in），配套螺杆马达直径为 73mm（2⅞ in）。

（2）输出扭矩满足钻磨所需扭矩

由磨鞋试验研究结论可知，凹底磨鞋钻磨桥塞时所需扭矩在 180~300N·m，PDC 钻头钻磨桥塞时所需扭矩达到 600N·m，五刃型磨鞋钻磨桥塞时所需扭矩介于二者之间。因此，选取螺杆马达额定输出扭矩应大于 600N·m。

（3）螺杆马达井筒环境适应性

螺杆马达应满足井筒温度、压力环境条件，适应钻磨液介质条件，具有较长的工作寿命，提高钻磨作业的可靠性。

当前，水平井钻磨桥塞用直径 73mm–SS150 型螺杆马达，主要技术参数见表 4–7–1。输出特性曲线如图 4–7–7 所示。

表 4-7-1　73mm-SS150 型螺杆马达主要技术参数

项目	参数
工作排量范围 /（L/min）	225~450
马达压降 /MPa	6
输出转速 /（r/min）	200~400
额定输出扭矩 /（N · m）	864

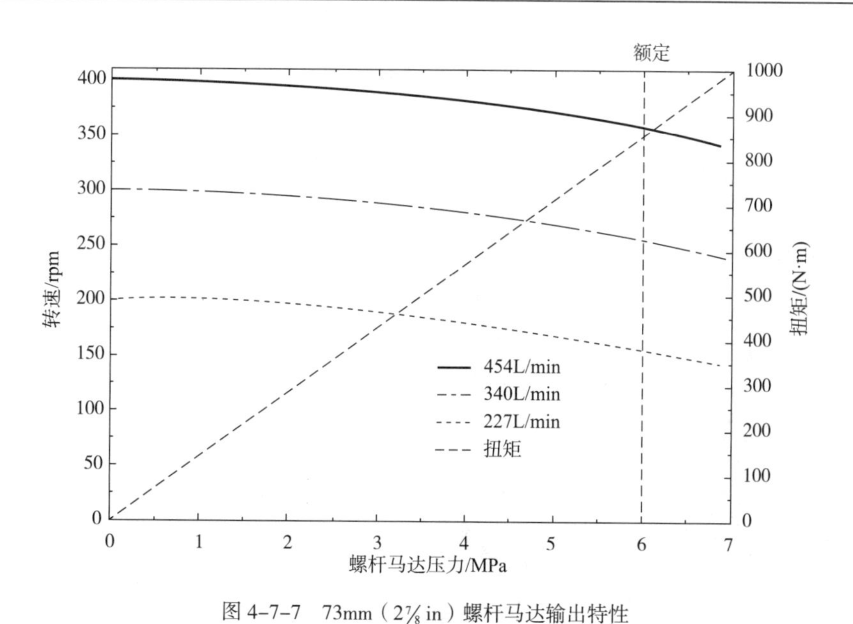

图 4–7–7　73mm（2⅞ in）螺杆马达输出特性

注：来自 NOV 公司螺杆马达说明书。

（三）水力振荡器

在长水平段水平井的钻塞作业中，连续油管钻磨管柱随着井深的增加受到的井筒摩擦阻力越来越大，当摩擦阻力完全平衡连续油管轴向力时，钻磨管柱将不再向前延伸，或者说磨鞋不能在桥塞上产生钻磨压力，随之出现管柱失稳锁死现象。这种现象出现，将不能继续钻磨桥塞。在工程实际中经常遇到此类现象。那么，如何降低钻磨管柱与井筒壁之间的摩擦阻力，工程中采用了减阻水、金属减摩剂、水力振荡器等多种减阻延伸技术。这里先着重讨论水力振荡器。

水力振荡器是一种在管内高压流体作用下使得水平井段钻磨管柱产生一定频率的振动，改变管柱与井筒壁之间的接触状态，管柱与井筒壁之间的接触由静止变为一定频率的振动，接触的摩擦系数也由静摩擦系数转换为动摩擦系数，从而降低钻磨管柱与井筒壁之间的摩擦阻力的设备。水力振荡器的这种行为可以解除管柱锁死，减小了管柱轴向压力，进一步延伸钻磨桥塞。

1. 水力振荡器的结构和原理

当前，石油工程中应用较多的是一种基于螺杆马达驱动原理的水力振荡器。其结构组成主要包括螺杆马达和压力脉动阀两部分，压力脉动阀由一个带孔的定子阀盘和一个连接在螺杆上的带孔的动阀盘（也称为振荡阀盘）组成，如图 4–7–8 所示。螺杆转动时，动阀盘相对定子阀盘运动，两个阀盘上的开孔交错，重合开孔的开度随动阀盘运动发生改变，如图 4–7–9 所示。高压液体通过两阀盘交错的重合开孔通道时产生节流压力降，开度不同，压力降也不同。压力降的改变，即高压液体作用在定子阀盘上的力发生改变，这种力的改变传递到管柱上，使得管柱运动。螺杆周期性转动，作用在管柱上的力也是周期性改变，由此在管柱上产生振动现象。如果螺杆马达是单头螺杆（1：2 马达），连接在螺杆上的动阀盘在直线上做往复运动，高压液体作用在定子阀盘上的力的方向在管柱轴线上，力的大小随两阀盘交错孔的开度的大小而变化。单头螺杆驱动水力振荡器的结构如图 4–7–10 所示。

图 4–7–8　水力振荡器的阀盘结构示意图

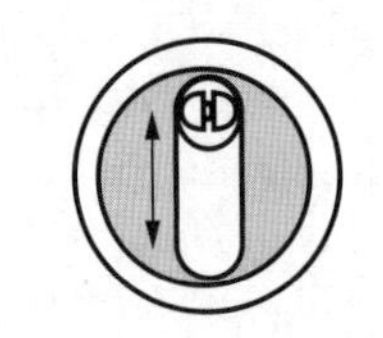

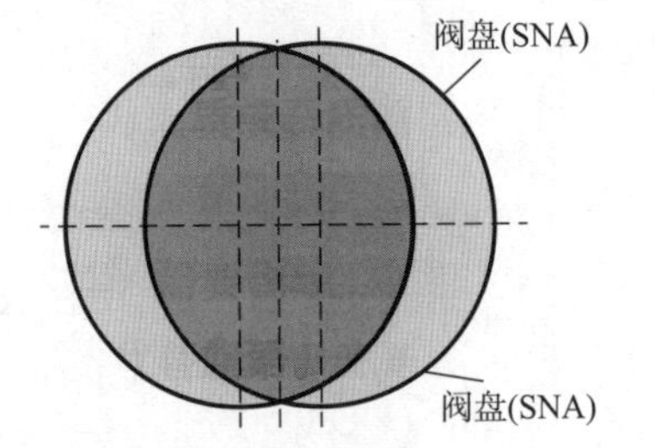

图 4–7–9　两个阀盘交错位

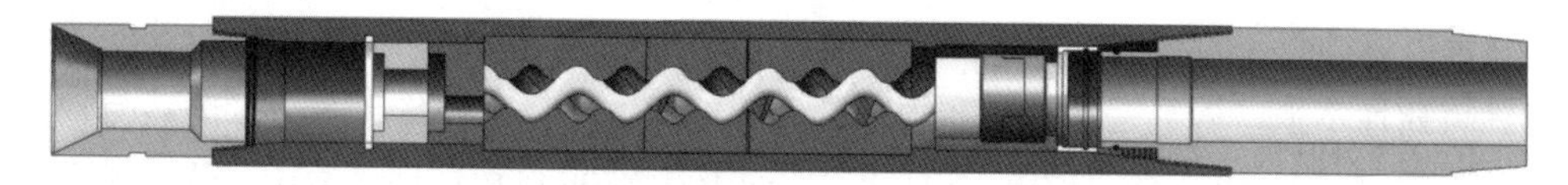

图 4-7-10　水力振荡器结构及公转运动方式示意图

在水力振荡器的上部连接一个轴向震击器如图 4-7-11 所示，水力振荡器产生的压力脉冲作用在震击器上，震击器产生轴向震击。二者联合使用振荡效果更好。

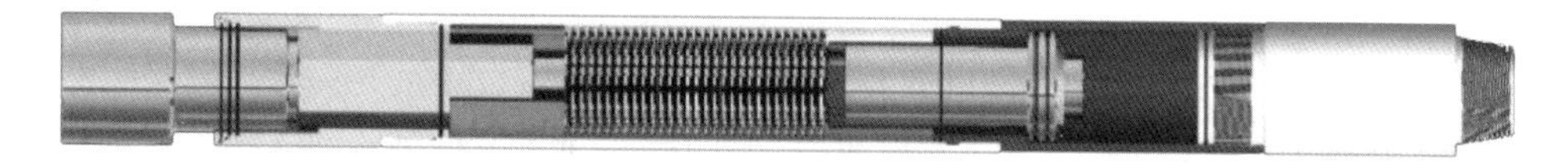

图 4-7-11　轴向震击器结构示意图

2. 水力振荡器性能参数

适用于连续油管作业管柱的水力振荡器主要有以下几种规格，如表 4-7-2 所示。这些规格参数为水力振荡器的选择提供了依据。连续油管钻磨桥塞时选用了公称外径为2⅞ in（HF）的水力振荡器。配套使用的轴向震击器的性能参数如表 4-7-3 所示。

表 4-7-2　水力振荡器的常用性能参数

公称外径 *DN*/mm	60（2⅜″）	73（2⅞″）	73（2⅞″ HF）	79（3⅛″）
总长 /mm	1828.8	1752.6	2133.6	2133.6
重量 /kg	40.82	45.36	45.36	56.70
推荐流量范围 /（$\times 10^{-3}m^3/s$）	2.52~5.04	2.52~5.04	2.52~8.83	2.52~8.8
额定工作温度 /℃	150	150	150	150
工作频率 /Hz	9@2.52l/s	15@2.52l/s	9@7.56l/s	9@7.56l/s
工作压力 /MPa	4.14~5.52	4.14~5.52	3.45~4.83	3.45~4.83
极限拉力 /kN	227	347	347	574
连接螺纹扣型	1½″ AMMT pin/box	2⅜″ PAC pin/box	2⅜″ PAC pin/box	2⅜″ REG pin/box

表 4-7-3　轴向震击器性能参数

公称外径 *OD*/mm	60（2⅜″）	73（2⅞″）	73（2⅞″ HF）	79（3⅛″）
总长 /mm	—	1371.6	1371.6	1371.6
重量 /kg	—	36.29	36.29	40.82
连接螺纹扣型	—	2⅜″ PAC pin/box	2⅜″ PAC pin/box	2⅜″ REG pin/box

目前，水力振荡器已经在连续油管水平井钻塞中得到广泛应用。由于每口井的情况不一样，可比性不强。若只是从管柱在水平段延伸深度增加量来评价，水力振荡器与轴向震击器联合使用，水平井段延伸深度增加量可达到 100~150m，仅使用水力振荡器，水平段延伸深度增加量只有 50~60m。

三 钻磨液

连续油管钻磨过程中，钻磨液既要有驱动螺杆钻具、钻头降温等功能，也要能够携带钻磨碎屑返排到地面。在页岩气水平井作业中，由于连续油管长度为 6000m 左右，如使用清水作为钻磨液，流体摩阻大，泵压高，不能很好地适应连续油管作业。因此，研制降阻性能好、携带钻磨碎屑能力强、绿色环保的钻磨液，对于提高钻磨效率、安全作业非常有意义。

（一）减阻水与胶液

减阻水（也称滑溜水）是在清水中加入高分子添加剂等形成的一种非牛顿流体，在高速紊流状态时可以大幅度降低流体在管道中的摩阻。目前，页岩气大规模高排量压裂主要采用盐酸 + 减阻水 + 胶液配方。这种配方的压裂液也是很好的钻磨液，既有很好的减阻性能，又能够有效保护已打开地层。

1. 减阻水

连续油管井下钻塞作业时，多采用减阻水（滑溜水）做工作液，减少沿程阻力损失，降低泵送流体所需压力。但由于滑溜水的黏度低，携带碎屑能力不强，还需按一定比例添加胶液适当调整黏度，以便将井内钻磨桥塞的钻屑携带至地面。

（1）基本性能

减阻水泛指对油气储层伤害低、黏度低、流体紊流摩阻低的工作液体。减阻水一般由降阻剂、杀菌剂、黏土稳定剂及助排剂等组成，与清水相比，可降低摩擦阻力 70%~80%。此外，减阻水还具有较强的防膨性能，黏度较低，一般在 10mPa·s 以下。

为降低作业成本、节约水源，常采用压裂循环返排液配制减阻水。

（2）性能参数

以涪陵页岩气田为例，现场采用的减阻水主要为 JR–J10、SRFR–1 减阻水。减阻水的性能参数主要包括密度、黏度、携砂性能、流变性能或降阻性能、溶胀性能、表面张力等，其基本性能参数见表 4–7–4。

表 4–7–4　JR–J10 和 SRFR–1 滑溜水基本性能参数

体系	黏度 /（mPa · s）	平均沉砂速度 /（cm/s）	降阻率 /%	溶解时间 /s	表面张力 /（mN/m）	流变性能
JR–J10	使用浓度 0.1%		排量 10m³/min	室温、搅拌速度 500r/min	助排剂浓度 0.10%	使用浓度 0.1%
	7.56	0.6	61.1	25	36.25	k'=0.0128 n'=0.8015

续表

体系	黏度 /（mPa·s）	平均沉砂速度 /（cm/s）	降阻率 /%	溶解时间 /s	表面张力 /（mN/m）	流变性能
SRFR−1	使用浓度 0.2%		排量 $10m^3/min$	室温、搅拌速度 500r/min	助排剂浓度 0.10%	使用浓度 0.1%
	7.65	3.06	62	20	37.36	k'=0.0053 n'=0.8514

注：k' 为稠度系数，n' 为流性指数。

2. 胶液

减阻水可以满足钻塞过程中驱动螺杆马达的要求，并能降低流体阻力。但是，减阻水黏度偏低，携带碎屑能力差，因此，将页岩气压裂液中的胶液也作为钻磨桥塞的钻磨液。

（1）基本特点

胶液一般由杀菌剂、抑菌剂、稠化剂、表面活性剂、破胶剂等组成，主要用于将钻磨桥塞后产生的钻屑携带至地面，避免沉积形成钻屑床，减小环空空间，造成连续油管钻磨管柱锁死、遇阻、遇卡等复杂情况。

（2）性能参数

以涪陵页岩气田为例，现场用胶液主要是 SRLG 体系，其基本性能参数见表 4−7−5。

表 4−7−5　SRLG 胶液体系基本性能参数

黏度 /（mPa·s）	表面张力 /（mN/m）	加不同剂量破胶剂时的黏度 /（mPa·s）		
		浓度 /（mg/L）	温度 /℃	
			30	80
24.9	36.3	250×10^{-6}	2.12	0.91
		500×10^{-6}	1.25	0.54
		810×10^{-6}	1.06	0.55

（二）金属减摩剂

连续油管下放进入井筒和钻磨桥塞时，井下摩阻往往使得管柱不能延伸、钻磨压力不够，导致不能钻通井下全部桥塞的问题。水力振荡器可以增加管柱的延伸，但也是有限的，使用金属减摩剂降低连续油管与井筒壁之间的摩擦系数是有效的方法之一，尤其对降低弯曲井筒段和变方位井筒的托压阻力效果更好。

1. 乳化矿物油体系金属减摩剂

金属减摩剂既要减小连续油管与井筒间的摩擦系数，又不能影响钻磨液的减阻性能和携带碎屑的性能，这就决定金属减摩剂的用量不能大。如果减摩剂能吸附在金属表面形成一层弹性分子薄膜起到润滑减阻的作用，就可以控制减摩剂用量。另外，现场废机油量大，如果选取废机油作为基础油配制金属减摩剂，成本更低，经济性更好。

由于钻磨液基本都是水基体系，研制油基金属减摩剂与钻磨液乳化的乳化剂成为研究的关键点之一。采用试验筛选的方法配制多种乳化剂乳化矿物油，初步筛选出 MF、ZR、MARD-2 三种乳化矿物油体系金属减摩剂。

2. 减摩剂性能比较

筛选三种乳化矿物油体系选用的金属减摩剂分别是水溶性乳化矿物油体系金属减摩剂和油溶性乳化矿物油体系金属减摩剂。为了正确评价三种乳化矿物油体系金属减摩剂的减摩效果，试验选取 EP-2 型极限压力润滑仪用于测量不同钻磨液的摩擦系数和润滑质量，评价金属减摩剂减摩效果。

（1）水溶性乳化剂矿物油体系

按不同浓度分别配制 MF、ZR 和 MARD-2 三种水溶性乳化剂乳化矿物油体系金属减摩剂，配制浓度范围 0~2%，测定不同浓度下金属减摩剂的摩擦系数，结果如图 4-7-12 所示。

图 4-7-12 中显示，3 种水溶性乳化矿物油体系金属减摩剂都有较为明显的降低摩擦阻力的作用，减摩剂浓度为零时，摩擦系数高达 0.34，减摩剂浓度增加到 1% 以后，摩擦系数降低到 0.1 以下，其中 MF 和 MARD-2 两种乳化矿物油体系金属减摩剂降低到 0.06 左右，效果非常明显。

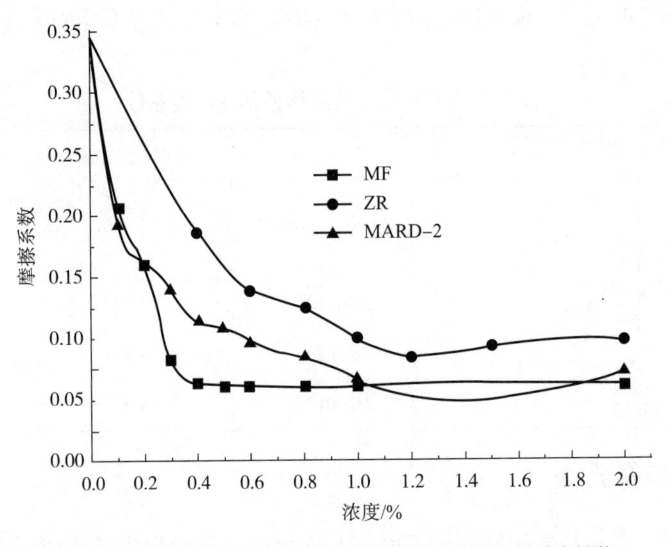

图 4-7-12　水溶性乳化剂乳化矿物油体系金属减摩剂减摩性能

（2）油溶性乳化矿物油体系

使用乳化效果较好的油溶性乳化剂 SP20，选取 ZR-02 与 MARD-2-02 两种矿物油体系进行乳化实验，配制成两种油溶性乳化剂乳化矿物油体系，进行减摩性能评价实验，结果如图 4-7-13 所示。

由图 4-7-13 可得：经油溶性乳化剂乳化的 ZR-02 和 MARD-2-02 两种矿物油体系金属减摩剂减摩效果相当，当浓度达到 0.1% 时，摩擦系数降到 0.06 左右，浓度增加，摩擦系数稳定。

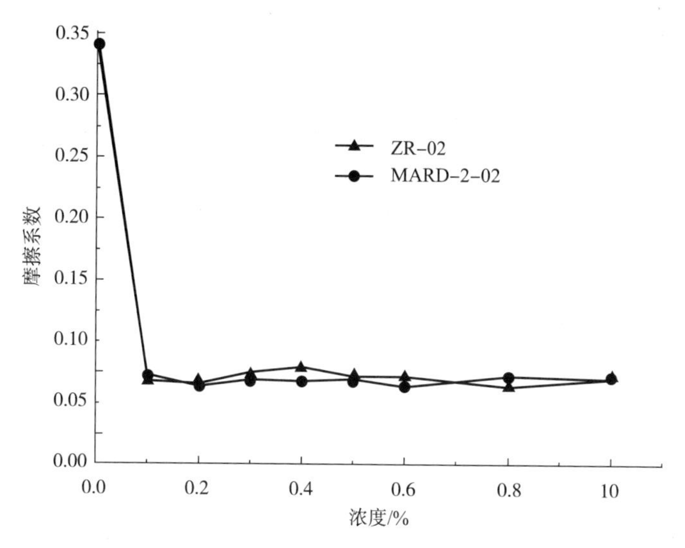

图 4-7-13　油溶性乳化剂乳化矿物油体系金属减摩剂减摩性能

与水溶性乳化剂乳化矿物油体系相比，油溶性乳化剂乳化矿物油体系效果更好。极低浓度下就能起到很好的减摩效果；考虑到产品经济效益，经现场多次试用，建议油溶性乳化剂乳化矿物油体系金属减摩剂使用浓度为 0.2%~0.5%。

四　钻磨工艺

（一）钻磨复合桥塞

1. 钻磨管柱结构

长水平段水平井连续油管钻磨桥塞管柱结构主要由连续油管、连接器、单流阀、震击器、液压丢手工具、水力振荡器、螺杆马达和磨鞋组成。其中，水力振荡器可以根据井况确定是否使用，如果钻磨效率低，或者判断管柱出现锁死不能钻磨，可以增加水力振荡器。常用管柱结构如图 4-7-14 所示。

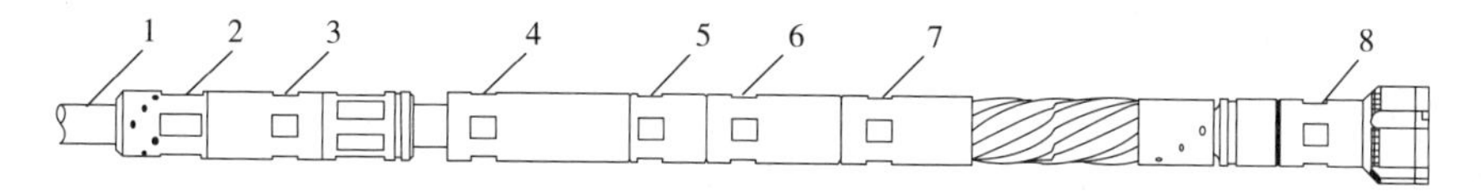

图 4-7-14　常用连续油管钻磨桥塞管柱结构示意图

1—连续油管；2—连接器；3—单流阀；4—震击器；5—液压丢手工具；6—水力振荡器；7—螺杆马达；8—磨鞋

①震击器：与常规作业管柱相比，连续油管抗拉强度小。另外，连续油管作业过程中应尽量避免管柱受压。因此，钻磨作业或起下管柱过程中，当井下工具遇卡时，避免用连续油管柱直接解卡，启动震击器解卡。震击器有单向震击器、双向震击器两大类。

②水力振荡器：水力振荡器是增加管柱延伸能力的专用工具，可以提高钻磨效率。

③螺杆马达：螺杆马达是钻塞液驱动的液力马达，是驱动磨鞋钻磨桥塞的专用工具。

④磨鞋：是磨铣桥塞的一种专用钻头。

2. 作业参数模拟

连续油管作业时容易出现管柱螺旋屈曲，导致钻磨不能顺利进行。连续油管作业施工设计，需要根据井身结构、井筒轨迹、地层参数、管柱结构等对管柱作业参数进行模拟，评价作业能力，避免施工过程中出现管柱螺旋屈曲、锁死，制定相应的作业措施，保障钻磨作业的顺利实施。

作业参数模拟是施工设计的必需环节，对此，我国很多高校、研究机构都进行了相关的研究，编制了专门的模拟软件，但是仍存在模拟模块不完整、实践检验不充分等问题。目前，我国各连续油管服务公司主要是购买国外软件进行参数模拟和作业控制。参数模拟主要包括管柱力学分析模块、流体分析模块、连续油管疲劳寿命评估模块、典型工程案例分析模块等。参数模拟输入条件主要包括井身结构、井眼轨迹、地层压力、地层流量、连续油管规格、作业参数等。连续油管规格参数包括连续油管钢级、直径、壁厚、长度，滚筒滚芯直径等；作业参数包括流体类型、密度、黏度、排量、井口压力、钻磨压力、转速、作业记录等。参数模拟输出主要包括连续油管受力状态、全井作业过程中是否发生屈曲或锁死、有效作业深度、可以施加的钻磨压力、钻磨液循环管路压降分布、泵压、允许作业排量、连续油管疲劳状态、剩余寿命等。

影响连续油管作业参数模拟的关键因素是连续油管与井筒之间的摩擦系数和钻磨液循环水力摩阻，国内外对此进行了大量研究。由于井筒条件复杂，很难确定一个或几个摩擦系数予以适应不同井筒和不同管柱的作业。经过 400 余次现场测试数据统计分析并进行不断的调整探索，推荐系数选取如下：

①上提连续油管作业时，摩擦系数比较稳定，上提摩擦系数为 0.18。

②下放连续油管和钻磨过程中连续油管与井筒之间的摩擦系数。

a. 井斜角大于 90°，下放摩擦系数取 0.30；

b. 井斜角小于 90°，下放摩擦系数取 0.27。

③桥塞数量少于 15 个，下放摩擦系数取 0.27。

④桥塞数量多于 15 个，下放摩擦系数取 0.30。

应用上述摩擦系数模拟作业参数，实际作业时连续油管自锁深度误差在 50m 以内。

3. 地面设备及流程

在连续油管钻磨桥塞过程中，钻磨液需要循环，为了维护钻磨液性能，需要及时将返出到地面的钻磨液中的碎屑除去，及时添加减阻剂和胶液或流型改进液等，因此需要配置除连续油管作业设备以外的地面设备及流程。

（1）设备及流程

以涪陵页岩气田为例，钻磨一口井全部桥塞施工周期一般为 5~6 天，如果使用放喷水池的循环液作业将会导致液体性能不稳定，水质变差，水中杂质增多，摩阻增大，泵压上升，对连续油管和井下工具损伤很大，严重时可能造成憋钻、卡钻和工具落井等事故的发生。为了确保钻磨液性能的稳定，设计了闭式地面流程，一是在流程中加入了碎屑捕捉器，清除大颗粒桥塞碎屑。二是配置足够容量的循环储液罐，返出钻磨液经过碎屑捕捉器、降压管汇后直接进入储液罐，沉降未被除去的颗粒，在储液罐中添加降阻剂维护钻磨液性能。三是两台泵车并联，可以满足单台供液、双台供液，以及泵车更换检修，保证了钻磨桥塞供液的连续性。如图 4–7–15 为闭式循环地面流程示意图。

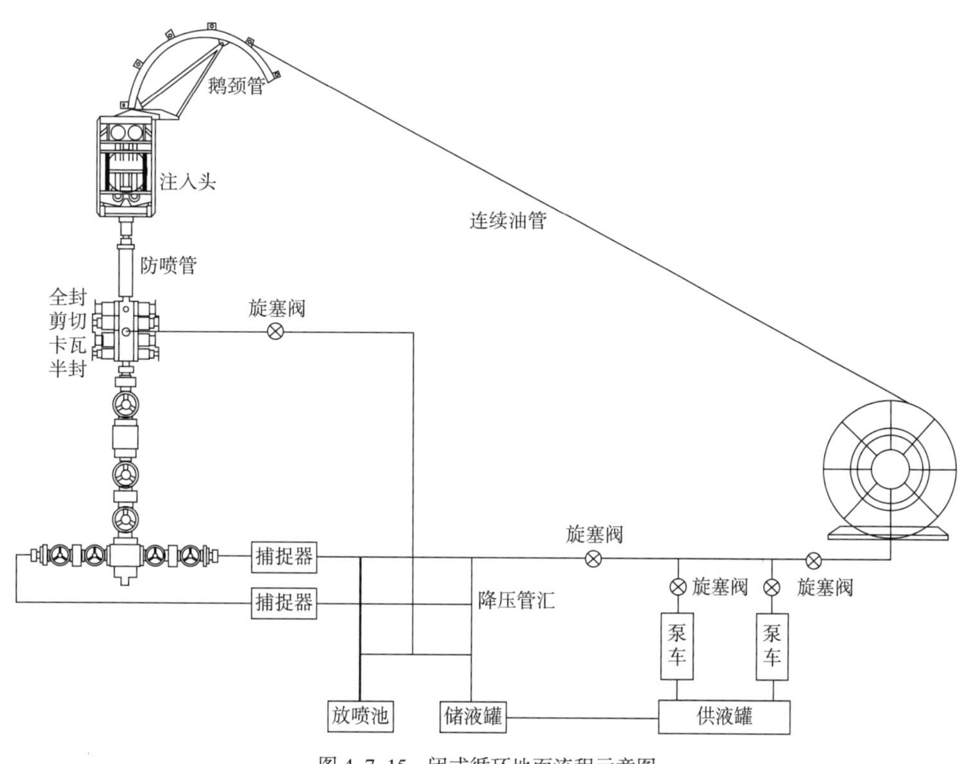

图 4–7–15　闭式循环地面流程示意图

（2）碎屑捕捉器

在钻磨过程中，磨铣掉的桥塞碎屑大小和形状各异，性质不同，主要有复合材料碎屑、橡胶碎屑，金属碎屑、大的碎屑有 60~70mm 甚至更大，小的只有几毫米。钻磨液循环可以返排出井内大多数的碎屑，需要使用专用的碎屑捕捉器捕捉碎屑，避免堵塞试气的流道。

碎屑捕捉器如图 4–7–16 所示。一般安装在井口返出管路中、降压管汇上游，距离井口 5~10m，直接与井口高压管线对接，压力等级 70MPa、105MPa。碎屑捕捉器主要结构组成包括由壬压盖、外筒、滤砂管等，滤砂管前后均装有压力表，根据上下有压差判断滤砂管内捕捉的碎屑量，一般在上下游压差 2~3MPa 情况下，更换另一套滤砂通道排液，清理之前排液的滤砂管，保证了钻塞返排的连续性。钻磨桥塞地面流程中一般单井安装两套碎屑捕捉器，两台碎屑捕捉器分别位于高压管路的两翼，在一套捕捉器出现堵塞、泄漏等紧急情况下，可以快速倒换到另一套碎屑捕捉器，确保了钻磨液循环的连续性。

4. 施工参数设计

钻磨桥塞施工过程中，钻压、排量、泵压、出口压力等参数的控制将关系到钻磨桥塞

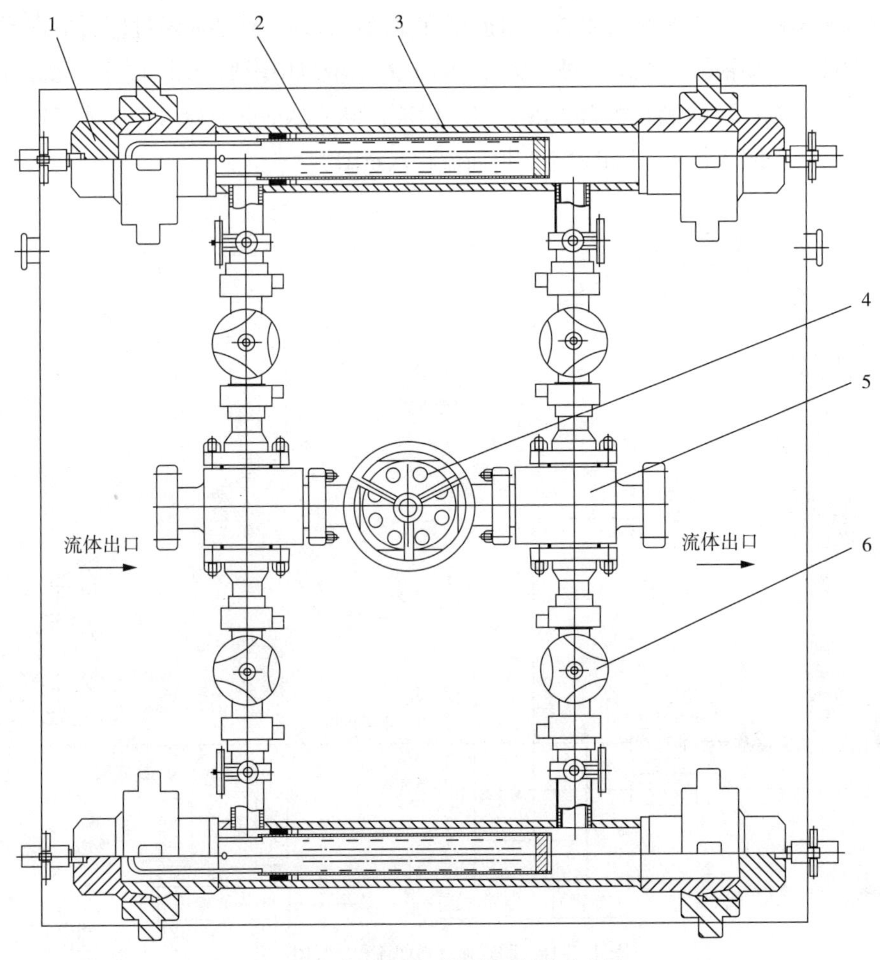

图 4-7-16　70MPa 捕屑装置结构示意图

1—由壬压盖；2—外筒；3—滤砂管；4—手动阀；5—四通；6—旋塞阀

效率和施工安全性。同时，合理的钻磨液使用制度、连续油管起下制度对钻磨碎屑返出、连续油管寿命、施工安全性也有很大的影响。

（1）钻压、排量

连续油管钻磨桥塞在我国实践时间不长，还没有形成一套科学、完整的施工规范，涪陵页岩气钻磨施工中，各施工单位设计的参数不尽相同，钻磨效率参差不齐。为寻求一套科学的钻塞施工参数，达到优质高效钻磨桥塞的目的，对比分析了不同施工参数下的钻塞效果，特别针对井斜角大于 90° 且反复上下波动的复杂井眼轨迹的井，综合考虑井深和井眼轨迹对钻磨效果的影响，得到了一套适合于页岩气水平井的钻磨桥塞施工参数。

①井斜角≤ 90° 水平段井眼轨迹井筒。该类井井眼轨迹较平缓，无反复上下波动，不同水平段的施工参数如表 4-7-6 所示。

表 4-7-6　常规井眼轨迹不同水平段长下的施工参数

施工参数	水平段长			
	<1000m	1000~1500m	1500~2000m	>2000m
泵压 /MPa	26~30	30~35	32~40	40~45
排量 /（L/min）	380~420	380~420	380~420	380~420
钻压 /kN	5~10	5~15	10~20	10~40

②井斜角 >90° 水平段井眼轨迹井筒。该类井井眼轨迹复杂且反复上下波动。在该类井段施工，连续油管受到的摩阻很大，常常出现管柱遇阻甚至锁定、施工泵压高、纯钻磨时间长、效率低的现象，随着水平段的加深，这些现象更加明显。非常规井眼轨迹不同水平段长下的施工参数见表 4-7-7。

表 4-7-7　非常规井眼轨迹不同水平段长下的施工参数

施工参数	水平段长			
	<1000m	1000~1500m	1500~2000m	>2000m
泵压 /MPa	28~32	30~42	35~45	38~46
排量 /（L/min）	380~420	380~420	380~420	380~420
钻压 /kN	5~15	5~20	10~40	10~50

（2）出口压力控制

考虑到储层压裂支撑剂有可能会随着钻磨桥塞循环钻磨液的过程被“吐”出地层，引起地层大量出砂，前期往往控制井口回压高于钻磨施工前关井压力 2~3MPa 作为标准，使出口排量小于进口排量。这种操作造成钻磨时泵压偏高，可能将钻磨液挤入地层造成“漏失”假象，同时长时间高泵压作业，将对连续油管及井下工具造成损伤，存在施工风险。

大量的实践和试验研究发现，压裂完成后地层裂缝实际上会很快闭合，钻磨桥塞施工时，保持排量稳定，且出口排量略大于或者等于进口排量，地层几乎不会出砂。因此，钻磨桥塞施工设计时，将返排标准由压力控制更改为排量控制，既大大提高了返排效率，又更好地保护了连续油管及井下工具，降低了施工难度及风险。

（3）钻磨液使用及连续油管起下制度

钻磨桥塞施工设计采用“减阻水钻进 + 胶液携屑 + 短起洗井”的组合式钻磨液使用制度，提高了碎屑返排能力和钻磨效率，基本解决了因桥塞碎屑大量滞留井筒内引起的连续油管屈曲或锁死问题。操作步骤如下：

①每次钻磨完成 1 支桥塞后，泵注胶液 $5m^3$，待胶液经连续油管进入井筒后开始下放连续油管。

②每次钻磨完成 3 支桥塞后，上提连续油管至直井段。短起连续油管时泵注胶液 $10m^3$，待胶液经连续油管进入井筒后，以 5m/min 的速度缓慢上提连续油管，当短起连续油管至造斜点时再次泵入 $5m^3$ 胶液充分洗井。

（4）卡钻风险控制措施

①严格执行操作规程及相关标准，控制钻磨速度及短起频次，钻磨过程中维持钻磨液体的黏度。

②优选钻磨工具，优化钻磨参数，减少大块固相颗粒。

③泵注设备采用一用一备配置，返出管线采用双管线。

④卡钻后严禁大吨位上提，泵注液体或液氮等流体辅助携带碎屑解卡。

（5）连续油管保护措施

为了在作业中尽量保护好连续油管，需采取以下措施：

①起下过程中应避免连续油管斜焊处在滚筒和鹅颈导向器上反复卷绕和拉直。为此，每次作业起出连续油管后，在连续油管端部截掉10~30m连续油管。

②避免同一盘连续油管在同一作业深度反复起下作业，造成连续油管的某一处反复弯曲拉直。

③遇阻、遇卡情况下，合理控制泵压和上提力，避免过提造成管材损伤。

④钻磨过程中出现憋泵时，不要立即上提连续油管，避免突然释放磨鞋钻压，造成连续油管承受较大反扭矩，应该先停泵再上提。

（二）钻磨可溶桥塞

可溶桥塞在试验条件下，溶解率都是比较高的，但在实际施工的井筒条件下，受多种因素作用，可溶桥塞的溶解率受到一定的影响。国外对可溶桥塞的溶解性进行了大量研究，可溶桥塞在井筒中使用数量越少溶解率越高，部分溶解率达到100%，超过20支可溶桥塞，溶解率低至25%，残留无法自溶的卡瓦牙、胶皮、未完全溶解的块状部件等，存在较大不确定性，给钻磨通井带来了较大困难，对后期快速建产产生一定的影响，仍需使用连续油管进行施工，由于可溶桥塞结构与复合桥塞有较大区别，钻磨工艺需在钻复合桥塞的基础上进行优化。

1. 工具优化

一般推荐钻磨工具串组合从上到下为铆钉式连接器 + 双活瓣单流阀 + 液压丢手 + 震击器 +（水力振荡器）+ 螺杆马达 + 磨鞋（可以选用PDC钻头），水力振荡器根据施工设计模拟情况决定是否增加。推荐清理井筒工具串组合从上到下为铆钉式连接器 + 双活瓣单流阀 + 液压丢手 + 旁通阀 +（杆式强磁打捞器）+ 喷嘴。若可溶桥塞存在磁性不溶物，增加杆式强磁打捞器。

磨鞋选择外径不大于套管内径92%，宜选择宽水槽、凹面磨鞋。根据焖井情况进行磨鞋优选，对于焖井时间长的井，选择外径 ϕ95~100mm的PDC钻头，可提高钻扫时效。对于焖井时间不长的井，选用外径 ϕ100mm以上的磨鞋，并现场检测返排液的矿化度情况。在工具串上进行改进，在震击器上部增加循环阀，若碎屑堆积在磨鞋以上，可打开循环阀，在磨鞋上部形成通道进行循环。

2. 工艺优化

作业前采用软件模拟工具串下深及受力情况，若下放不到位或施加钻压小于 5kN，应加装水力振荡器、准备金属减摩剂或使用更大尺寸的连续油管。收集施工井压裂情况、放喷溶塞情况、邻井钻塞情况等，优化施工设计。

现场必须提前配备 2~5 吨的 KCl 材料，保障出现遇卡情况下，可及时配置泵注解卡。若遇到钻扫困难的井，对返出的桥塞碎屑做对应实验，判断可溶桥塞未溶物对氯离子敏感还是对温度敏感，以采取相应措施。

采用小钻压、勤划眼的方式进行钻磨，每进尺 0.3m 上提 5~10m，改变排量后再下放钻磨，以达到改变磨鞋位置、减小碎屑的目的。短起时以 8~10m/min 的速度在水平段起油管，起至 A 点附近降至 4~6m/min，打入胶液，尽量携带出桥塞碎屑。合理控制油嘴，准确地统计漏失量，原则上确保出口液量大于进口液量。入井前现场检测胶液黏度，防止因黏度不达标，导致桥塞碎屑无法返出。建立金属减摩剂循环利用流程，金属减摩剂配制后经过分离器建立独立的循环使用流程，减摩效果更强。

3. 低压漏失井钻塞工艺优化

（1）及时掌握施工井地质情况

编写施工设计前从甲方获取该井压裂施工详细信息，编写设计时做到一井一案。一是加强对钻井的跟踪，掌握水平段漏失和返屑情况。二是加强对钻井轨迹的分析研究。三是深入分析压裂情况，针对异常的破裂压力、延伸压力等相关参数进行研究。四是加强对邻井生产情况的跟踪，进行生产动态分析，大致掌握邻井压力变化情况。

（2）钻塞工具优化

从钻磨的第一趟就增加水力振荡器，钻磨时给磨鞋横向的摆动，能使桥塞碎屑更细更均匀。纯漏失的井，在水力振荡器上部增加带喷嘴的旁通阀，通过调整喷嘴大小分流 150L/min 左右，可加大环空的上返流速，增加返屑量。对磨鞋进行改进：主要选择 ϕ105mm 的磨鞋，把粗齿换成细齿。优选性价比高的水力振荡器，通过第一趟管柱增加水力振荡器，提高钻磨效果，建立金属减摩剂循环利用流程。

（3）施工工艺方面

①采用小钻压、勤划眼的方式进行钻磨，每进尺 0.3m 上提 5~10m，改变排量后再下放钻磨，以达到改变磨鞋位置、减小碎屑的目的。

②短起时以 8~10m/min 的速度在水平段起油管，起至 A 点附近降至 4~6m/min，打入胶液，尽量携带出桥塞碎屑。

③合理控制油嘴，准确地统计漏失量，原则上确保出口液量大于进口液量。

④入井前现场检测胶液黏度，防止因黏度不达标，导致桥塞碎屑无法返出。

⑤返屑率：在每次短起结束后，通过收集补屑器内的桥塞碎屑，计算复合材料的返屑率，若较低，则起出油管下入一趟强磁进行清理。

4. 短起制度、井筒清理制度设计

①每钻磨 3 支复合桥塞进行一次短起，短起前泵注 5m^3 胶液 / 氯化钾溶液，短起至井

斜 30°，短起速度控制在 5~10m/min。

②每钻完 9~15 支桥塞起出钻塞工具串，更换强磁打捞工具串或文丘里打捞工具串进行井筒清理。

5. 技术要求

①上提过提悬重控制在 20~30kN 范围内，轻微遇卡时及时下压或下压开泵解卡。

②若钻磨过程中出现井口压力突然上涨造成的卡钻，及时上下活动管柱解卡，控制过提力在 50kN 以内。

③若上下活动无法解卡，泵送 KCl 溶液或其他溶塞剂，循环泵注一水平段体积 KCl 溶液后焖井。若焖井期间井筒参数有变化，则下放上提尝试活动解卡，如未解卡，则继续焖井，直至能活动解卡为止。

④钻磨可溶桥塞期间，最大下压力不超过 15kN，进尺大于 0.2m 时若悬重不恢复，应上提 10~50m 观察悬重、压力是否正常再继续下放连续油管进行钻塞作业。

⑤密切监测返排状况，实时检测出口氯根浓度，当检测氯根浓度超过 10000mg/L 时，可进行钻磨可溶桥塞作业。

第八节　生产测井

水平井测井作为水平井开发的关键环节，是获取储层特征参数、工程评价参数的必要手段，随着水平井、大斜度井越来越多，其特殊的井身结构对测井作业提出了更高的要求。连续油管输送测井水平段传输距离长、越障能力强，且在输送过程中能实现循环、投球及冲砂解卡等作业，已发展成为当今水平井测井的主要手段之一。

随着连续油管测井技术的不断发展和逐步成熟，连续油管测井与电子信息、信号通信、数字成像等技术深度融合，与之配套的信号传输系统、井下测量工具、穿电缆 / 光缆工艺逐渐成熟，连续油管测井的作业项目也由最初的常规测井，逐渐拓展至连续油管井下电视、连续油管光纤产气剖面测试等，作业项目仍在不断丰富完善，作业优势、应用规模仍在不断扩大。

一　连续油管水平井输送工艺

利用连续油管将测井仪器安全输送至目标深度，是连续油管测井成功的首要条件。造斜段或水平段碎屑堆积导致测井仪器损坏、连续油管内与井筒压差过大致使管材变形或挤毁、仪器输送控制不当引起井下复杂故障、连续油管测井深度不准确等难题，是目前连续油管水平井测井输送面临的主要挑战。因此，作业过程中，必须通过井筒清理及模拟通井作业、合理补偿连续油管管内压力、优化控制仪器输送参数、优选井下深度测量工具等方式提高连续油管水平井测井的成功率。

（一）井筒清理

为了保障连续油管水平井作业的顺利实施和测井的成功，在进行连续油管水平井测井之前，必须有一个干净的井筒。页岩气水平井压裂试气多采用桥塞分段压裂、集中钻塞模式，井筒内主要残留金属卡瓦块、橡胶材料、复合材料、地层返砂等碎屑，这些碎屑在循环洗井中无法完全返至地面，易堆积在造斜段或水平段，可能造成测井管柱遇阻遇卡、损坏测井仪器（图 4-8-1）。因此主体施工前，必须用连续油管带合适的井下工具进行井筒清理，才能确保施工安全。

图 4-8-1　测井仪器的损坏

1. 井筒清理及要求

针对压裂砂、金属卡瓦块、橡胶 / 复合材料等不同碎屑，连续油管井筒清理主要采用循环洗井、强磁打捞的方式，在文丘里筒内液体循环工况下，可通过连续油管下入喷嘴、杆式强磁打捞器、文丘里打捞器等工具（可根据井筒状况自由组合）打捞井筒残留碎屑。在生产气井不允许井筒液体循环工况下，通常串联多根杆式强磁打捞器组合入井，一趟作业管柱打捞更多碎屑。

与连续油管钻塞、冲砂解堵等其他作业相比，连续油管水平井测井工艺对井筒清理要求更高，具体如下：

①井内液体清洁透明。利用清水或滑溜水进行循环，特别是以井下电视为代表的光学测井，对井筒内液体透明度要求较高，需充分循环直至井口返出液体接近清水洁净度为止。

②无大块碎屑。杆式强磁打捞器、文丘里打捞器等工具起出井口后，若碎屑较多，则清理后重复入井，直至井筒内无大块碎屑为止。

③在连续油管井筒清理管柱下入及起出过程中，悬重无明显变化，能够顺利通井至设计井深。

对于主要测井井段，一般要求连续油管携带清理工具采用往返拖动、定点循环等方式重点清理，确保测井井段无大块碎屑或污垢附着井壁，提高测井成功率。清理出的井筒碎屑如图 4-8-2 所示。

2. 连续油管测井模拟通井

在井筒清理满足上述要求后，还需进行连续油管测井模拟通井，检验清理后的井筒条

（a）金属卡瓦碎块

（b）金属、橡胶碎屑

图 4-8-2　清理出的井筒碎屑

件是否达到测井工具串安全下入要求。为了仪器顺利通过曲率较大的井段而不致损坏，需在工具串中增加柔性短节和扶正器，减小刚性长度，提高居中度和通过性。为达到最佳的模拟通井效果，模拟通井工具的外径、长度、上下端扣型均与实际工具串相一致。其中，柔性短节可使仪器自由弯曲 10°~20°，须计算出仪器最大允许刚性长度后，根据需要分配柔性短节、扶正器等工具，确保仪器安全。计算公式如下：

$$R = 360 \times (L_2 - L_1) / 2 \times \pi \times |\theta_2 - \theta_1| \tag{4-8-1}$$

$$L = 2 \times [(R + r_c)^2 - (R + D_0)^2]^{\frac{1}{2}} \tag{4-8-2}$$

式中　L——测井工具串最大允许的刚性长度，m；

R——为井眼曲率半径，m；

L_1、L_2——井斜最大变化井段的上、下深度，m；

θ_1、θ_2——L_1、L_2 深度点的井斜角，°；

r_c——套管内半径，m；

D_0——测井工具串最大外径，m。

在连续油管模拟通井时，全程密切注意悬重变化，防止遇阻遇卡时反应不及时造成安全事故。若连续油管水平井模拟通井不顺利，则需再次进行井筒清理，直至满足要求为止。

（二）仪器输送

连续油管进行水平井仪器输送与其他输送方式对比见表 4-8-1，具有测量方式多样，输送速度平稳、复杂故障处理能力强等优势。连续油管输送的方式主要取决于测井项目的要求，包括定点输送、下放输送和上提输送。

表 4-8-1　水平井仪器输送方式对比

仪器输送方式	油管 / 钻杆	连续油管	电缆牵引器
最大提升力 /kN	520~1200	230~450	0~40
最大下压力 /kN	200~600	115~225	0~10

续表

仪器输送方式	油管 / 钻杆	连续油管	电缆牵引器
输送速度	间断、不平稳	连续、平稳	连续
测量方式	点测	点测 / 上提 / 下放	点测 / 上提
保护措施	水	液氮 / 水	无
循环排量 /（L/min）	不受限	0~600	无
数据传输方式	存储	存储 / 电缆 / 光缆	存储 / 电缆 / 光缆

1. 定点输送

定点输送是连续油管测井最简单的一种输送方式。连续油管底端连接好测井工具串，下入至设计井深，进行深度校正，移动至设计测点，静止状态下完成测量点数据采集，移动至下个测量点，重复以上步骤，完成全部定点测量任务。

2. 下放输送

连续油管下放输送和上提输送的数据通常相互校验，其中，连续油管下放输送方式可以增加测井工具串与井内油、气、水之间的相对速度，井筒流体速度较低情况下采用此方式测量精度更高。

下放输送过程中，连续油管在水平井中通常呈屈曲状态，底部测井仪器串在斜井段及水平段下放时易出现顿挫弹射现象，可能影响仪器正常工作，可通过循环泵入金属减阻剂在一定程度上缓解或消除。同时，为避免连续油管下放遇阻反应不及时和管内压力激动过大引起仪器受损或发生复杂故障，在实际施工中，造斜段和水平段下放速度一般控制在 20m/min 内，且全程要密切注意悬重变化。

3. 上提输送

连续油管上提输送首先将仪器工具串输送至井底或设计深度，校正深度后上提连续油管，边上提边测量。与下放输送相比，上提输送时管柱顿挫现象和抖动幅度大大减少，测量数据质量更高。

连续油管上提输送方式可以减小测井工具串与井内油、气、水之间的相对速度，井筒流体速度较高情况下采用此方式测量精度更高。同时，为避免连续油管上提遇卡反应不及时和管内压力激动过大引起仪器受损或发生复杂故障，实际施工中在造斜段和水平段上提速度控制在 40m/min 内，全程要密切注意悬重变化。

4. 保护措施

在连续油管仪器输送时，连续油管内与井筒压差过大可能导致管材变形或挤毁，因此在作业井口压力较高时，必须采用连续油管内补压的方法平衡内外压差。

①根据井口压力和井内流体密度计算压力梯度，计算每个井段补偿压力大小，动态调整补偿压力，保持内外压差不大于 10MPa。

②管内补偿压力的液体介质通常是清水和液氮，两者综合作用效果存在一定的差距。清水经济性较好，若连续油管底部有流体通道存在，可能流向井筒对气井生产造成影响；

液氮成本较高，对连续油管内的光缆 / 电缆具有更好的保护性能，能有效避免气井生产的影响。

（三）深度测量

测井数据通常需要归位至与其对应的测量深度，深度测量的精度直接关系到产层多相流分布位置确定，以及套管损伤点和井下落鱼位置的精准定位，尤其是产层多相流的测量，是确定开采方案的重要基础数据，对于深度的准确性要求更高。常规的连续油管作业仅有地面深度测量系统，水平井实际作业过程中，连续油管会发生弹性变形，产生屈曲现象，从而导致井下实际深度与地面测量深度误差，因此需要在井下对连续油管测井深度进行校正，保证连续油管测井深度准确性。

1. 地面深度测量

连续油管地面深度测量装置主要用来测量下入井中的连续油管长度，主要包括机械编码器和光电编码器，其结构主要为轮式测量结构，如图 4-8-3 所示，工作状态下滚轮贴紧连续油管外表面，当连续油管移动时在摩擦力作用下滚轮跟随旋转，计量滚轮旋转圈数即可间接计算出连续油管入井长度。但此种方式测量精度影响因素较多，例如轴承磨损或污染卡阻、滚轮表面污染、摩擦系数降低、滚轮震动等，都有可能造成地面深度测量系统误差，难以达到测量精度要求，需要增加井下深度测量来校正深度。

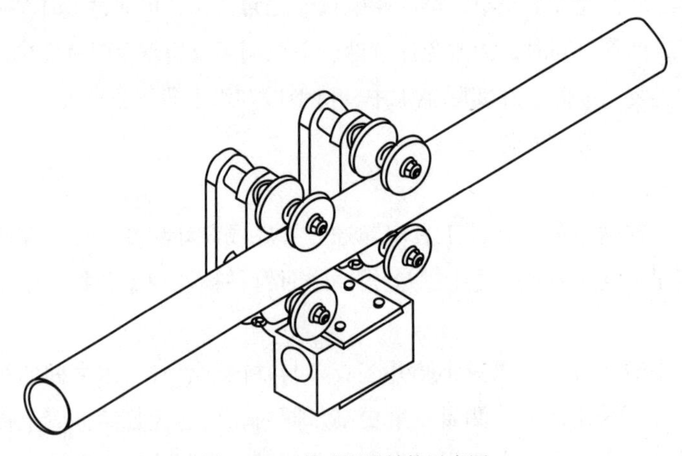

图 4-8-3　轮式测量结构示意图

2. 井下深度测量

连续油管井下深度测量主要通过机械式或电磁式套管接箍定位器来实现。常规油气井多使用普通套管，套管在接箍处有接缝，采用机械式或电磁式定位器均可实现井下深度的精确定位；在页岩气井、高压气井等特殊气藏开发中，套管气动密封要求高，多使用无缝套管，这类套管接箍处没有连接缝，机械式定位器已不再适用，通常使用电磁定位器。

（1）机械式套管接箍定位器

机械式套管接箍定位器可在上提管柱时通过悬重变化判断套管接箍位置，其结构如图 4-8-4 所示，主要由本体、卡瓦、压缩弹簧片等构成。下放过程中，受套管内壁约束，压缩弹簧片处于缩紧状态，定位器卡瓦斜面朝下，能有效减小下放通过套管接箍接缝时的阻力。上提通过套管接箍接缝处，在压缩弹簧片的作用下，卡瓦凸面上端卡住接缝，悬重发生明显变化，产生 10~20kN 的阻力，变化幅度如图 4-8-5 所示。施工过程中，结合悬重变化曲线和完井套管记录综合确定定位器在井内的实际位置，从而实现准确定位。

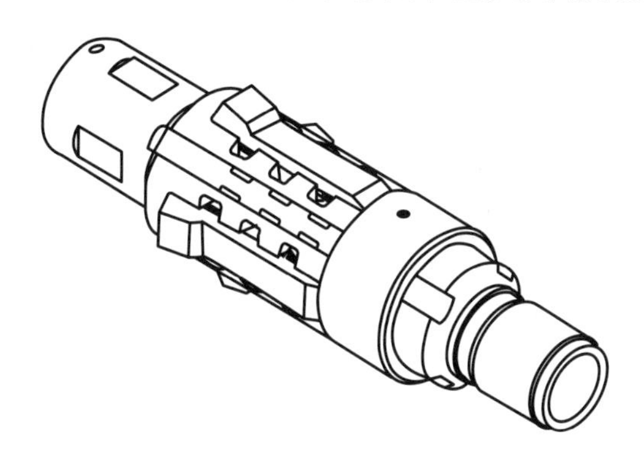

图 4-8-4　机械接箍定位器结构图

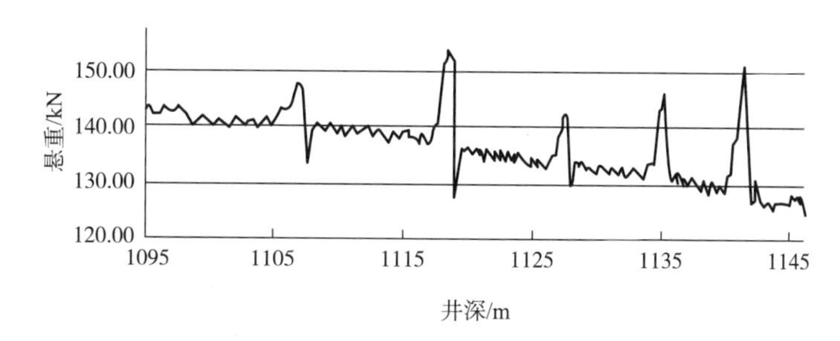

图 4-8-5　机械式套管接箍定位器悬重变化曲线

（2）磁定位器

磁定位器是测井最常用的井下深度测量装置，主要分为存储式、电缆 / 光缆地面直读式两种。当采用连续油管输送仪器时，由于套管接箍与本体之间存在壁厚差，改变磁定位器周围介质磁阻大小，引起磁通密度发生变化，磁定位器线圈两端产生感应电动势，呈现出“一高两低”的响应特征，曲线如图 4-8-6 所示。一般情况下，磁定位器与伽马短节配合使用，套管接箍信号与自然伽马曲线相互验证，即可得到测量的准确深度。

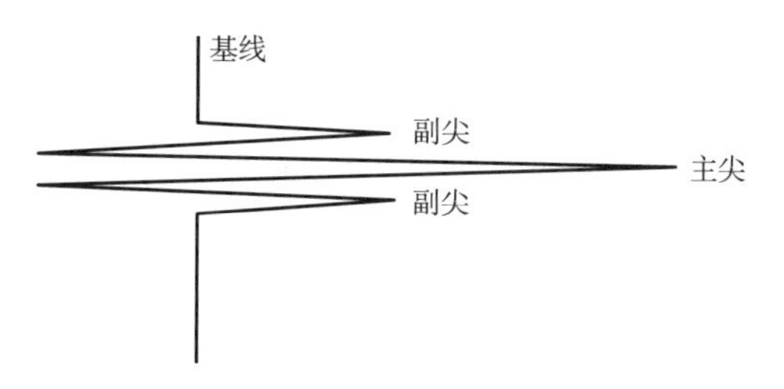

图 4-8-6　磁定位测井曲线

（3）无线套管接箍定位器

当在气密封套管内进行连续油管辅助滑套压裂、喷砂射孔等作业时，连续油管内无法内置电缆或光缆，通常采用无线套管接箍定位器实时进行井下深度定位。无线套管接箍定位器检测原理与磁定位器套管接箍基本一致，但需以持续恒定排量向连续油管内泵注液体，用以传输压力脉冲信号。无线套管接箍定位器每通过一个套管接箍，磁感线圈中磁通量发生变化，产生电压脉冲信号，接通电磁阀，减小或关闭循环通道，达到设定时间后，控制系统自动关闭电磁阀，打开循环通道，产生一个正压脉冲，地面监测系统实时解码，归位信号测量深度，结合套管数据修正，得出准确井深。

二　连续油管测井信号传输

根据信号传输方式的不同，连续油管水平井测井可分为连续油管存储式测井、连续油管电缆测井和连续油管光纤测井三大类，其信号传输包括井下数据存储地面读取、电信号传输和光信号传输三种。与存储式测井相比，连续油管电缆测井和光纤测井需要在连续油管内置电缆或光纤，作为信号传输的通道，同时需要配套相应的工具总成和通信系统。

（一）存储式

连续油管存储式测井管内无电缆或光缆，不会影响循环和投球作业，技术简单且可靠性高，成本较低，但所测数据无法实时传输到地面，适用于井下数据资料量不大且实时性要求不高的测井项目。在作业时，所用连续油管井下工具与常规作业差异不大，下端连接存储式工具仪器。所测数据通常保存在测量短节存储器中，测井完成后起出地面，由专用软件读取数据。测井深度主要参考地面连续油管深度测量数据，以时间为媒介记录深度。常用的连续油管存储式测井主要应用于连续油管水平井产液剖面测试、连续油管传输压力温度剖面测试等。

（二）电缆传输

连续油管电缆测井技术将传统电缆测井和连续油管作业相结合，预先在连续油管内穿入电缆，连续油管下端连接过电缆工具总成及仪器工具，通过注入头推动连续油管将仪器输送至测量井段，电缆通信系统将所测数据实时传输至地面。连续油管电缆传输主要包括井下过电缆工具总成、车用电缆滑环、地面电缆高压密封头和电缆通信系统四个部分。

1. 过电缆工具总成

过电缆工具总成由柔性旋转短节、丢手短节、伸缩短节和单流密封短节组成，上端连接连续油管连接器，下端连接测井工具，中间有电缆通道和流体通道，具有保障井下作业安全、处理复杂故障、快速安装工具仪器等作用。

（1）过电缆柔性旋转短节

过电缆柔性旋转短节结构如图4-8-7所示，由两个能在一定限度内运动的球形万向节组成，每个球形万向节在径向 X 轴和 Y 轴方向具有 ±7°的摆动范围。其中，旋转接头主要作用是实现旋转和径向摆动；连接接头对接多个旋转机构，可叠加实现更大幅度摆动。过电缆柔性旋转短节主要作用是在连续油管屈曲状态下提高底部工具串灵活性，这样既不会阻碍测井工具的转动，也不会将扭矩传送给连续油管，能够很好地解决测井工具旋转带来的连续油管扭曲问题，也可以有效避免连续油管带动工具串快速旋转而损坏仪器。

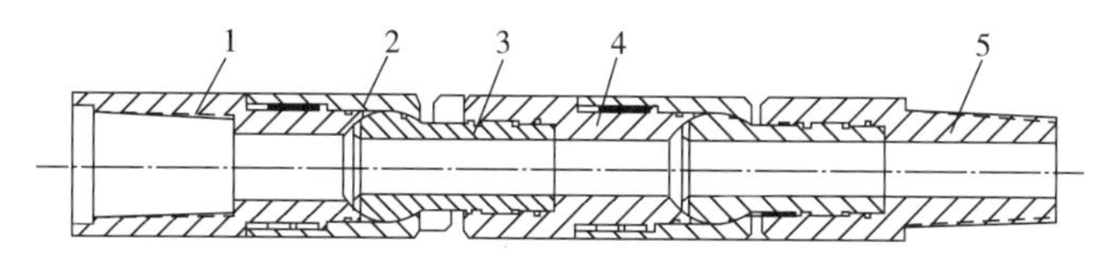

图 4-8-7　过电缆柔性旋转短节结构示意图

1—上接头；2—护帽；3—旋转接头；4—连接接头；5—下接头

（2）过电缆丢手短节

连续油管电缆测井若发生工具串上提遇卡，需要丢手短节断开连续油管与工具串的连接，由于连续油管穿入电缆后无法进行投球作业，且上提力过大会损坏仪器，因此压差和弱点两种丢手方式均不再适用，通常采用管内憋压实现工具串丢手。过电缆丢手短节结构如图 4-8-8 所示，主要由插针、活塞、棘爪、芯轴、剪切销钉等组成。其工作原理为通过连续油管打压，液压作用于丢手活塞，活塞推动芯轴剪断剪切销钉，上提连续油管，实现丢手作业，丢手压力大小可通过调节剪切销钉数量来设置。同时，丢手外筒设有标准鱼颈，方便后续打捞作业。

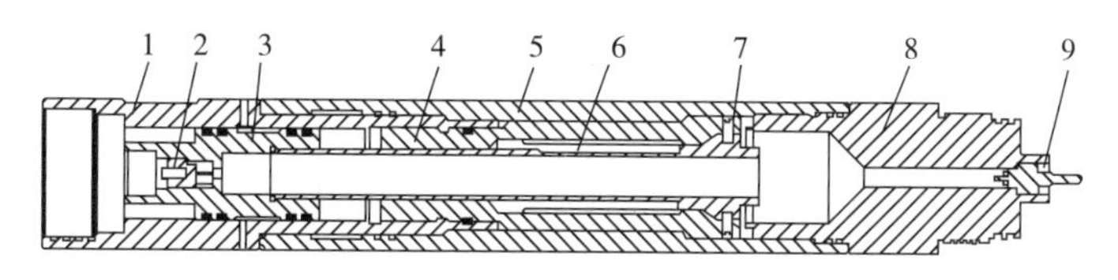

图 4-8-8　过电缆丢手短节结构示意图

1—上接头；2—插针；3—活塞；4—外筒；5—棘爪；6—芯轴；7—剪切销钉；8—下接头；9—高压密封插针

（3）过电缆伸缩短节

过电缆伸缩短节结构如图 4-8-9 所示，主要由补偿外筒、补偿内筒和背帽组成。其中，补偿外筒与内筒通过螺纹配合作用，可实现伸缩短节长度的调整，背帽锁紧，完成调整。过电缆伸缩短节主要作用是动态调整工具长度容纳多余电缆，便于连接上下端工具，避免电缆弯折。

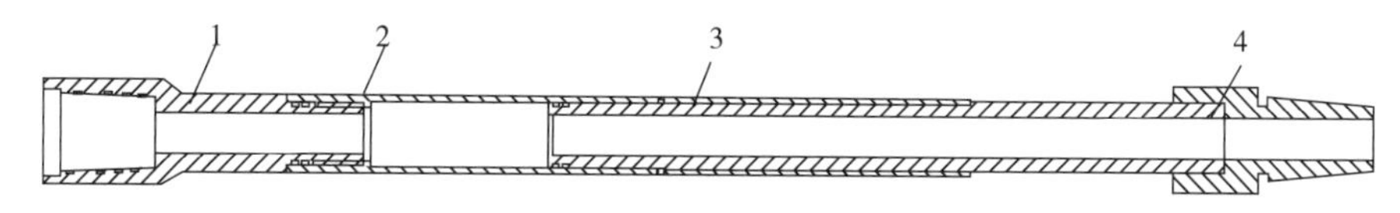

图 4-8-9　过电缆伸缩短节结构示意图

1—上接头；2—补偿外筒；3—补偿内筒；4—背帽

（4）过电缆单流密封短节

过电缆单流密封短节结构如图 4-8-10 所示，主要由单流阀和电缆密封固定机构两部分组成，其主要作用是固定密封电缆，保留管柱底部过流通道，防止管外流体窜入管内。

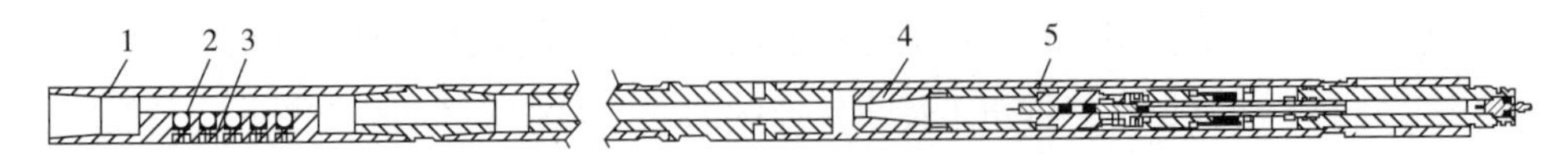

图 4-8-10　过电缆单流密封短节结构示意图

1—泄压套筒；2—阀芯；3—弹簧；4—锥套；5—高压密封插针

单流阀通常有侧开式和内双瓣式两种。其中，侧开式单流阀主要由阀芯和弹簧组成，阀芯在正压力下压缩弹簧打开过流通道，在承受负压作用时关闭通道，从而起到单流作用，适用于含砂量较少的井筒条件。内双瓣式单流阀主要由上下两个阀瓣、阀座组成，其工作原理与侧开式单流阀类似，但适用条件更加广泛，多用于出砂量较多的井筒。

电缆密封固定机构与马龙头结构类似，主要由锥套、高压密封插针等组成。电缆外铠钢丝剥开后由锥套进行固定（可根据需要做电缆弱点），连接固定导线与标准电插针，套上插针护套，完成固定密封。

过电缆单流密封短节安装完成后，须进行反向试压，检验单流阀反向承压能力，电气部分进行导通及绝缘测试，要求绝缘电阻大于等于 50MW。

2. 车用电缆滑环

连续油管电缆测井在上提和下放测量过程中，滚筒始终处在旋转状态，连续油管内电缆也跟随滚筒同步旋转，在旋转状态下，电源和信号传输难度较大，一般采用电缆滑环建立连续油管内电缆与地面数采系统的通道。

滑环是两个相对转动机构之间传递电信号的精密装置，滑环转子与定子的滑动接触，实现电缆缆芯与地面数采系统的电信号导通。电缆滑环按结构和类型，分为分体式机械滑环、整体式机械滑环和水银滑环三类。在连续油管滚筒结构限制情况下，多采用分体式机械滑环，其实物如图 4-8-11 所示，一般安装在高压旋转头轴承内侧。分体式机械滑环与整体式滑环相比，存在转动摩阻大、防水性能差、不具备防爆功能等缺陷。为此，部分连续油管设备生产厂商已研制出内置整体滑环的连续油管滚筒，机械式电缆滑环也改进为水银式电缆滑环，滑环滑动接触方式由触点接触连接转化为无触点接触，避免了滑环在工作中产生电火花，从而保证了施工的安全。

图 4-8-11　连续油管车用分体式机械滑环实物图

3. 地面电缆高压密封头

地面电缆高压密封头结构如图 4-8-12 所示，一端以由壬方式与连续油管滚筒连接，另一端连接滑环，主要由电缆密封固定和由壬接头两部分组成，其作用为密封连续油管出口端的电缆，是带电缆连续油管测井作业地面井控的关键装置。安装地面电缆高压密封头主要步骤如下：

①剥开电缆外铠钢丝，分别采用大小两个锥卡卡在固定斜面上，固定电缆外铠，中间导线与高压密封插针连接。

②插针外部安装密封橡胶管，内部注满硅脂。在锥卡安装后必须认真检查固定是否牢靠，防止电缆在入井后受自身重力和循环时冲击力双重作用下拉断。

③安装完成后，用清水试压。低压 3MPa，稳压 30min，要求压降小于 0.5MPa；高压 50MPa，稳压 30min，要求压降小于 0.5MPa。

④对电气部分进行导通及绝缘测试，要求导通电阻不大于 50Ω，绝缘电阻大于 50MΩ。

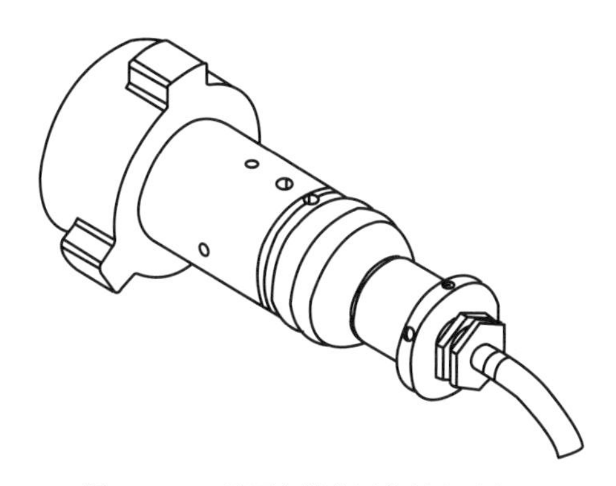

图 4-8-12　地面电缆高压密封头示意图

4. 电缆通信系统

连续油管电缆通信装置由遥传短节、电缆、滑环和地面数采设备组成，其通信系统可分为井下通信、信号传输、地面数采三部分。

①井下通信系统。仪器短节实时测量数据，通过仪器总线传输至遥传短节，转换为电缆总线信号，通常为曼彻斯特码或 AMI 码。

②信号传输系统。电缆总线信号经过电缆、地面滑环，传送至地面数采系统，通信速率在 5~200kb/s。

③地面数采系统。将接收到的电缆信号实时解码，由软件系统处理分析，输出测井解释结果。

（三）光纤传输

随着水平井测井技术向数字化、多极化、阵列化和成像化方向发展，井下仪器采集的信息更加丰富，需要上传的数据量也越来越大，光纤传输速率快、数据量大，已成为水平井测井的一个重要发展方向。连续油管光纤测井技术将高带宽光纤安装在连续油管内，以光脉冲为载体将井下数据传输至地面，由表 4-8-2 可知，其传输距离和传输速度远远高于电缆传输并且不受电磁干扰，另外，还可利用光脉冲中某些波长对温度、声波变化极其敏感这一特性进行分布式温度监测和分布式声波监测。连续油管光纤传输技术主要包括过光缆马达头总成、光纤通信系统和无线通信系统。

表 4-8-2　连续油管电缆测井与光纤测井对比分析

名称	外径 /mm	安装	取出	循环	投球	衰减	传输速率
电缆	5.6~8.0	困难	困难	不能	不能	有	20kbps
光纤	1.5~2.3	容易	容易	可以	可以	无	100Mbps

1. 过光缆马达头总成

因光缆直径较小，不影响连续油管内投球作业，所以，过光缆马达头总成大多基于压差原理设计。过光缆马达头总成结构如图 4-8-13 所示，主要由过光缆单流阀、过光缆循环阀和过光缆丢手短节等组成，整体采用偏心结构，光缆通道两端使用卡套进行密封固定。其功能与过电缆工具总成类似，上端连接连续油管，下端连接光纤通信系统，中间有光缆通道和流体通道。

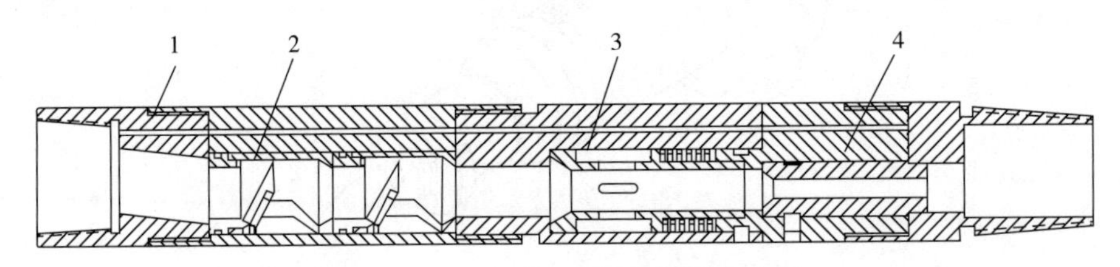

图 4-8-13　过光缆马达头总成结构示意图

1—光缆；2—过光缆单流阀；3—过光缆循环阀；4—过光缆丢手短节

2. 通信系统

连续油管光纤通信系统在井下将测井仪器测得的电信号转换成光信号，通过光纤传输到地面，再转换成电信号，然后经无线通信模块发送到地面处理系统。通信系统框架如图 4-8-14 所示，主要包括井下耐高温收发模块、通信光纤、地面常温收发模块和无线传输模块。

①井下耐高温收发模块。主要由激光器和探测器组成，激光器将电信号转换为光信号，探测器将光信号转换为电信号。激光器和探测器的耦合半径仅为微米级，二者变形易导致耦合效率大幅降低，需要在高温下进行耦合封装。

②通信光纤。一般采用特种耐高温光纤，以适应井下复杂环境，通常在光纤表面涂覆碳密封层，有效抵御氢气、水、氢氧根等侵蚀，延长光纤的使用寿命。

③无线传输模块。一般安装在滚筒内芯，与光纤滑环相比，数据传输速度更快，抗干扰能力更强，通常采用 Wi-Fi 或蓝牙传输，无须动密封。

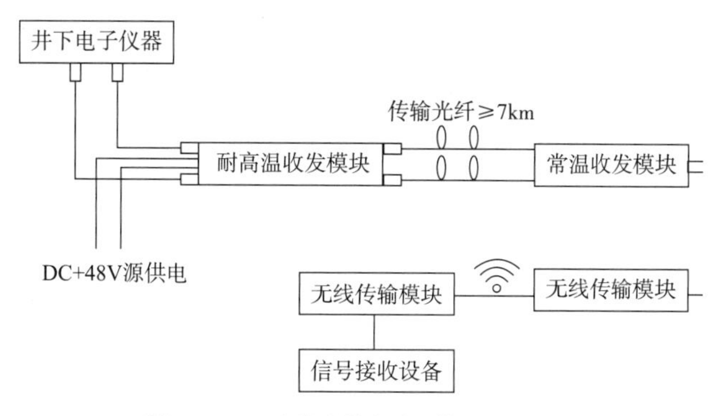

图 4-8-14　连续油管光纤通信系统示意图

三　带光缆连续油管产气剖面测试技术

连续油管光纤产气剖面测试技术以光缆连续油管作为水平井传输工具，将阵列产气剖面测试仪器测得的数据经光缆传输至地面处理系统，分析解释后获得水平井各段、簇的产出情况，为后期井眼轨迹优化、分段压裂参数设计及生产组织管理提供基础数据，目前，多应用于长水平段、多级压裂气井生产测试。

连续油管光纤产气剖面测试可实时测量气井目标层段自然伽马、磁定位、温度、压力、转子转速、相持率等参数。各参数作用如下：

①自然伽马、磁定位资料主要用于测试深度校正。

②温度、压力参数主要用于定性分析产出状态。

③转子转速、相持率资料主要用于确定总产量及分层产量。

④相持率资料主要用于分析流体分布特征。

（一）配套装置

连续油管光纤产气剖面配套装置主要由地面设备、井下工具串组成。

1. 地面设备

地面设备主要包括液氮泵车、井口装置、管材、常温光纤收发装置、无线传输系统、数据处理系统等。

①液氮泵车。主要用于向连续油管内泵注氮气，补偿管内压力，避免连续油管内外压差过大导致连续油管变形或挤毁，同时起到保护光纤、减缓管材腐蚀的作用。

②井口装置。一般在井口采气树上安装变径法兰，上端连接防喷器和防喷管。

③管材。管材规格根据连续油管下入模拟情况确定，要求作业前光缆已完好穿入连续油管。

④常温光纤收发装置及无线传输系统。

⑤数据处理系统。实时解码分析测量数据，判断井下仪器工作状态。

2. 井下工具串

连续油管光纤产气剖面测试工具串如图 4-8-15 所示，主要由过光缆马达头总成、井下耐高温光电转换短节、测井仪器组合等组成。

①过光缆马达头总成。

②井下耐高温光电转换短节。上端连接光缆、马达头总成，下端连接测井仪器，主要作用是将测井仪器电信号转换为光信号。

③测井仪器组合。主要包括柔性短节、扶正器、磁定位计、伽马短节、阵列流量计、阵列持率计等，可根据实际情况进行自由组合。

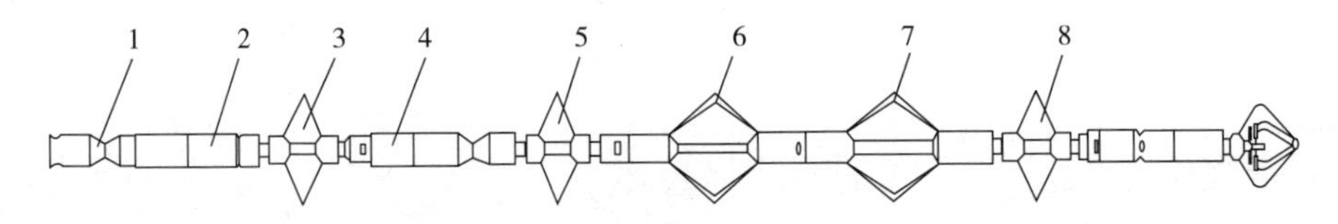

图 4-8-15　连续油管光纤产气剖面仪器组合示意图

1—柔性短节；2—磁定位器；3—上部扶正器；4—伽马短节；5—中部扶正器；6—阵列持率计；7—阵列流量计；8—下部扶正器

（二）作业流程

带光缆连续油管产气剖面测试技术作业流程主要包括井筒清理、测试前准备、井下数据录取等关键环节，作业过程中要求保障作业安全，提高测井成功率。

①井筒清理。主体施工前，采用连续油管携带杆式强磁打捞器等工具清理井筒卡瓦、胶皮等大块碎屑，进行模拟通井，井筒条件合格后方能进行连续油管光纤产剖测试作业。

②测试前准备。根据测试制度，调节产量。连接地面流程，安装井下工具串；向连续油管内泵注液态氮气；测试地面各个传感器是否正常工作。

③井下数据录取。连续油管下放至测量井段后，以规定速度进行下放测量和上提测量，地面实时检测测量数据质量是否达到要求，若不合格，则重复测量。

④施工结束。上提连续油管，缓慢通过井口，起出测量工具串。

第九节　落物打捞

连续油管打捞与钢丝、电缆打捞相比，具有的优势包括：①在大斜度井特别是水平井中，可更加有效地传递轴向力，保证管柱下入深度和对落物施加载荷；②可实现液体的循环，既可对鱼顶进行冲洗清理，又可驱动专用工具实现多种功能，提升打捞成功率。连续油管打捞与传统的修井设备打捞相比，具有的优势包括：①可在油管内，甚至过油管进行打捞，不动原井管柱；②可实现带压打捞，无须使用高密度压井液压井，避免储层损伤，同时降低了作业成本，避免了因打捞时间长，压井液固相颗粒沉淀的隐患；③可快速开展打捞作业，打捞周期相对较短，快速恢复因井下复杂情况被迫中断的大型施工。

连续油管与钢丝、电缆和传动修井机相比，在打捞技术领域内更具优势，但是也存在一些技术难题需要解决。主要包括：①连续油管注入头提升能力相对修井机更小，连续油管相对油管/钻杆抗拉强度更低，在水平井内对落鱼施加的有效上提载荷更小，不利于被卡管柱的解卡；②作业时连续油管不能旋转，既限制了旋转启动工具的使用，也不利于落鱼的引进；③带压打捞时，受防喷管安装长度、防喷器半封闸板尺寸的影响，限制了被打捞的落鱼长度、外径。

一　套管水平井常见落鱼

页岩气水平井工程作业中经常遇到测井、射孔、压裂、泵送桥塞射孔联作、钻磨桥塞时电缆断脱、连续油管断脱，甚至工具断脱、螺杆马达抽芯等落井事故；连续油管钻磨桥塞产生的复合材料碎屑、金属碎块沉积在井筒中。打捞这些落物首先需要辨识落物，即井下落鱼的预定形状和在井筒中的状态。井筒落鱼类型繁多，这里结合涪陵页岩气作业工程中遇到的问题，重点讨论长水平段套管水平井落鱼的形式。

（一）连续油管落井

随着连续油管水平井作业量的增加，由于疲劳、腐蚀、剪管等原因，连续油管落井的情况时有发生。连续油管断裂形状较多，主要可以分为6类：缩口、扩口、扁口、方口、不规则口和弯头，如图4–9–1所示。打捞落井连续油管时，受连续油管内径较小以及焊缝的影响，内捞工具进入连续油管内部比较困难，因此多从管体外壁打捞。

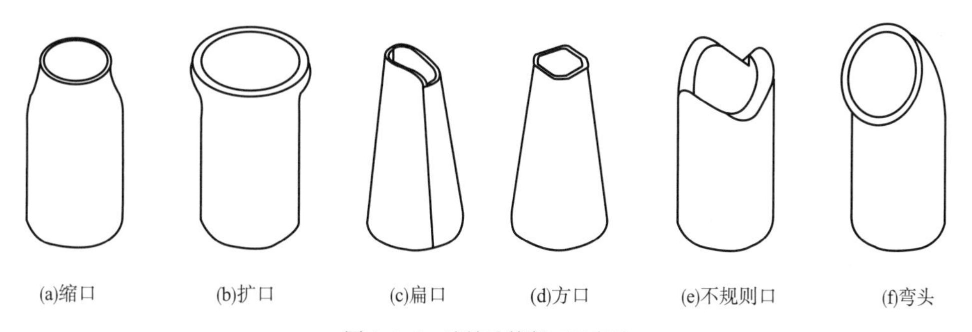

图4–9–1　连续油管断口示意图

（二）工具串落井

在页岩气水平井中泵送桥塞与多级射孔联作、连续油管钻磨和连续油管传输测井等工程作业时，工具串落井事故时有发生。

1. 泵送桥塞与多级射孔联作工具串

泵送桥塞与多级射孔联作技术具有成本低、效率高、便于后续作业的特点，在页岩气水平井分段压裂中被广泛使用。作业施工中由于井眼轨迹复杂、泵送参数不合理、桥塞坐封后不丢手、剪切电缆（意外丢手）等原因，工具串落井事故时有发生。该类工具串落井打捞占连续油管水平井打捞比例较大。工具串落井鱼顶形式主要是电缆断脱，根据电缆断脱的形态，主要可分为：断脱电缆在电缆头上部堆积、断脱电缆回缠在电缆头上、电缆从电缆头弱点处断脱，如图 4–9–2 所示。另外，根据电缆断脱时机的不同，主要可分为：桥塞坐封前电缆断脱、桥塞坐封无法丢手后电缆断脱、桥塞坐封并丢手后电缆断脱，如图 4–9–3 所示。打捞电缆主要采用内钩 / 外钩工具，打捞无电缆的工具串、带短电缆或电缆头被电缆回缠的工具串时采用卡瓦张开力量较小、打捞范围较大的专用打捞筒。

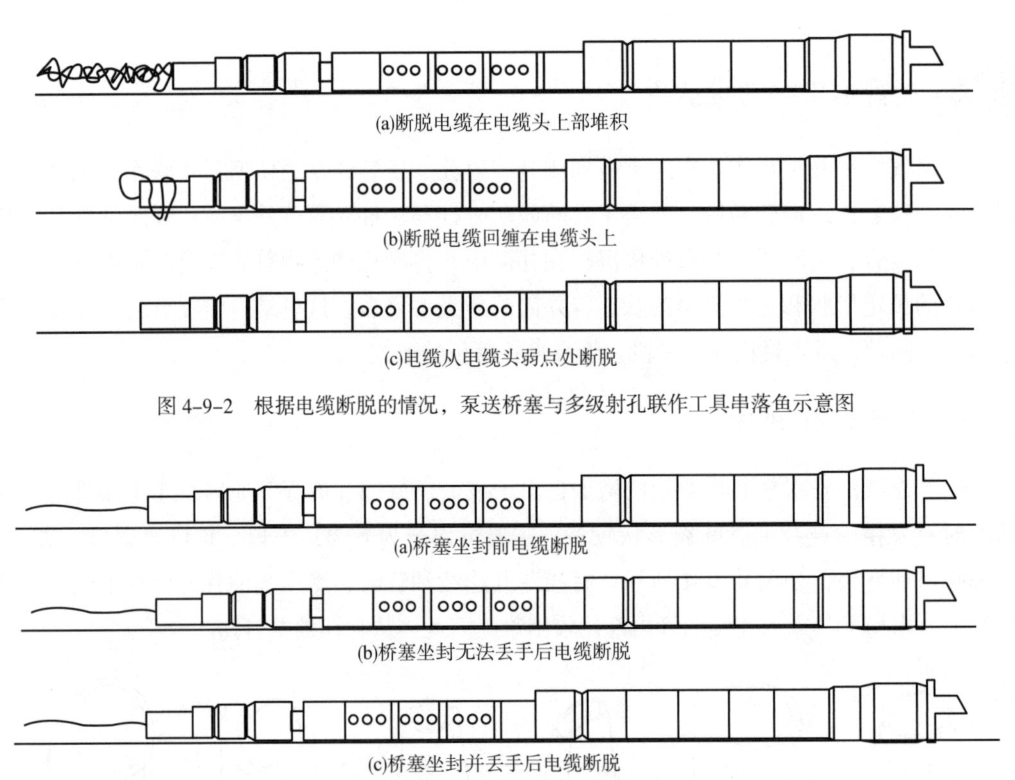

图 4–9–2　根据电缆断脱的情况，泵送桥塞与多级射孔联作工具串落鱼示意图

图 4–9–3　根据电缆断脱时机的不同，泵送桥塞与多级射孔联作工具串落鱼示意图

2. 连续油管钻磨工具串

连续油管钻磨技术在应用初期，由于工具选型与使用不合理、人员操作不熟练、工具质量问题、工程风险评估不足等原因，出现了大量的井下复杂情况。连续油管钻磨工具串落井时有发生，工具串落井形式主要可以分为 5 种：连续油管与连接器松脱、连接器断脱、卡钻后投球丢手、水力振荡器断脱、螺杆马达转子抽芯，如图 4–9–4 所示。另外，连续油管钻磨在井筒中存在较多的碎屑，尤其是大尺寸钻屑，为了确保打捞成功，打捞前，一般先清理井筒内的碎屑，然后打捞工具串。不同原因产生的落鱼，打捞的方法和工具也不同，连续油管与连接器松脱、连接器断脱、卡钻后投球丢手、水力振荡器断脱等引起的落鱼，一般选用专用打捞筒打捞；打捞螺杆马达转子抽芯引起的落鱼，通常在专用打捞筒中增加延伸筒打捞，打捞筒可以穿过转子，打捞落鱼外形尺寸比较规则的部位。

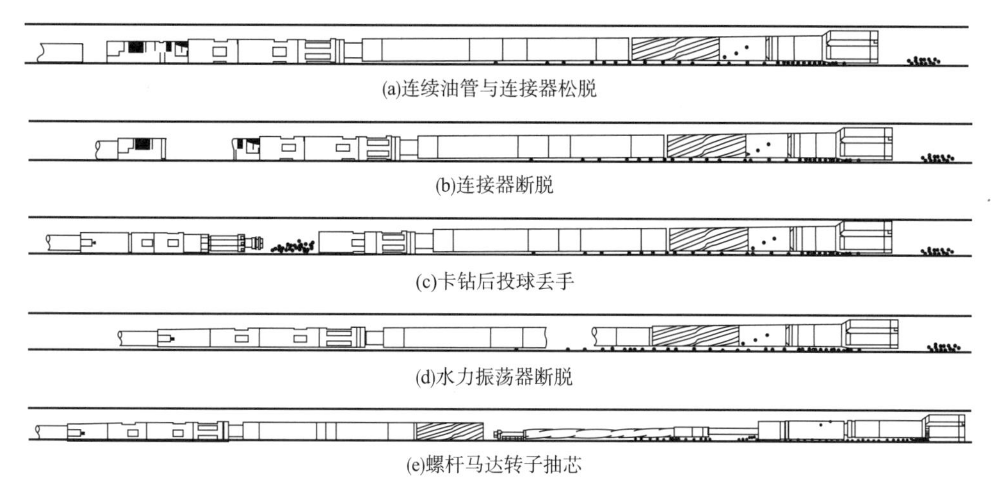

(a)连续油管与连接器松脱

(b)连接器断脱

(c)卡钻后投球丢手

(d)水力振荡器断脱

(e)螺杆马达转子抽芯

图 4–9–4　连续油管钻磨工具串落鱼示意图

3. 连续油管测井工具串

连续油管可携带存储式测井仪器井下测井，也可在管内穿入电缆 / 光缆后，携带直读式测井仪器测井。近年来，连续油管传输测井工艺快速发展，技术成熟，测井施工风险较低，出现测井工具串落井的案例较少。这里列举 1 个测井工具串落井案例，如图 4–9–5 所示。该案例基本情况为：连续油管传输测井模拟工具串通井，通井结束后起管至井口遇卡，反复活动解卡无效，因工具串未接入丢手工具，被迫剪切连续油管和管内电缆，工具串由井口掉落井底。选用专用捞筒，完成落鱼打捞。

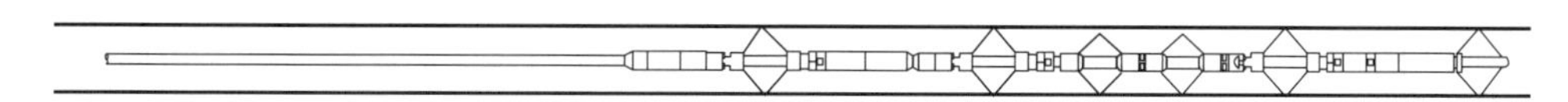

图 4–9–5　测井工具串落鱼示意图

（三）井筒碎屑

选用复合材料桥塞完成水平井分段压裂后，利用连续油管钻除桥塞，将产生金属碎屑、胶筒碎屑、复合材料碎屑，如图 4–9–6 所示。根据返排及打捞的碎屑重量统计数据，井筒内仍有 50%~60% 的碎屑。气井投产后，因井内流体的推移，碎屑堆积现象较为普遍，对

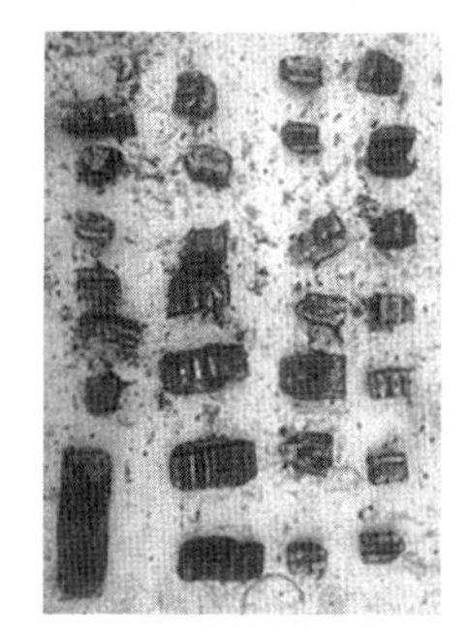

(a)金属碎屑

(b)胶筒碎屑

(c)复合材料碎屑

图 4–9–6　桥塞碎屑实物图

生产及后续施工均有一定的影响，有必要进一步清理井筒碎屑。

二 连续油管水平井打捞工具

连续油管打捞技术存在的一些难题，短时间内地面装备和管材的功能、性能难以大幅提升，还需要通过井下工具的创新予以解决。针对套管水平井常见落鱼情况，结合连续油管水平井打捞技术特点，研制了系列连续油管打捞工具，完成了对套管水平井常见落鱼的打捞。

（一）探测类工具与仪器

判断、查明井下状况是处理井下事故的首要步骤和选择应用工具的主要依据，因此探测工具和仪器的作用很重要。

1. 护套铅模

护套铅模是铅模的一种，是在普通铅模的基础上增加保护套，用于水平井探测井下落鱼鱼顶状态和套管情况。护套铅模下入井中与鱼顶接触留下印迹，分析铅模印迹形状和深度，判断鱼顶的位置、形状、状态、套管变形等情况，为打捞落鱼选择打捞工具、制定施工设计方案提供依据。

护套铅模结构主要由上接头、护套、铅体组成，如图 4-9-7 所示。铅模材质硬度低，下入井中探测到鱼顶，施加较小的载荷，鱼顶将吃入铅模，取出铅模后鱼顶在铅模上留下印记，分析印记判断鱼顶形状和状态。值得注意的是铅模只与鱼顶接触一次，钻压控制在 50kN，否则无效。

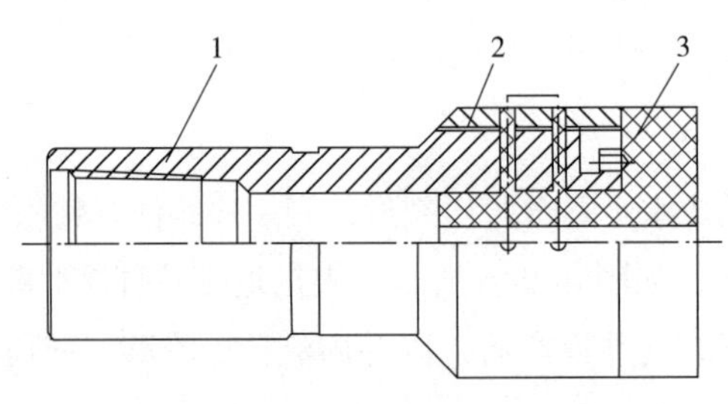

图 4-9-7　护套铅模结构示意图

1—上接头；2—护套；3—铅体

2. 井下电视

井下电视是一种可视化井下探测工具，对于复杂鱼顶，断脱的钢丝、电缆等，在铅模探测不能准确判断鱼顶的情况下，可下入井下电视进一步确认鱼顶形状和状态。

（二）震击类工具

1. 液压双向震击器

液压双向震击器主要用于落井管柱或工具串遇卡时震击解卡。由于连续油管注入头提升负荷较小，落物遇卡时不能大负荷提升解卡打捞，因此连续油管打捞落物时需要配套使用液压震击器用于落鱼解卡。液压双向震击器配套加速器可以增强震击力，增加管柱解卡能力。

液压双向震击器结构主要由上接头、滑动密封接头、上外筒、撞击头、芯轴、延时外筒、延时计量套、下平衡活塞、下接头等组成，如图 4-9-8 所示。当上提 / 下压打捞管柱时，因硅油的不可压缩性和小缝隙延时机构的溢流延时作用，管柱积蓄弹性变形能；当延时行程结束时，管柱积蓄的弹性变形能瞬时释放，变成向上 / 下的冲击功作用于鱼顶，使遇卡管柱解卡。其主要特点：①弹性变形能迅速变成卡点处的巨大的瞬时动能；②能传递拉、压、扭等各种负荷。

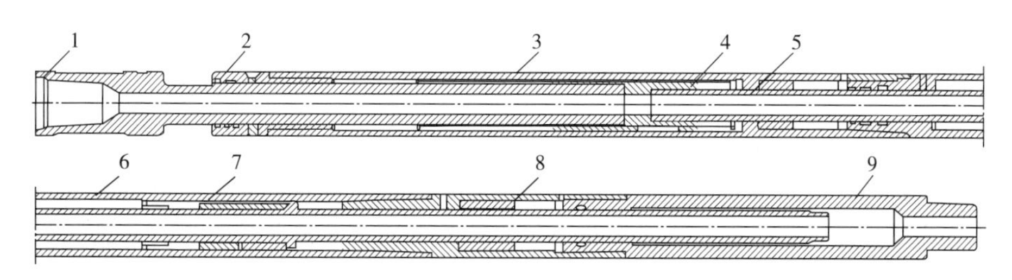

图 4-9-8　液压双向震击器结构示意图

1—上接头；2—滑动密封接头；3—上外筒；4—撞击头；5—芯轴；6—延时外筒；7—延时计量套；8—下平衡活塞；9—下接头

2. 液压加速器

液压加速器是一种加强震击效果、减弱对地面设备冲击的工具，其结构设计本身无震击功能，需与液压双向震击器配套使用。连续油管与水平井井壁的摩擦力在很大程度上消耗液压双向震击器的向上震击力，使用加速器可以加强震击作用。

加速器结构主要由上芯轴接头、滑动密封接头、上缸套、下芯轴、中缸套、震击垫、冲管、下接头等组成，如图 4-9-9 所示。

当上提打捞管柱时，加速器芯轴带动密封总成向上移动压缩硅油，并储存能量。震击器上击行程运动到卸油位置时，加速器内腔的硅油储存的能量也被释放，在震击器芯轴上叠加更大的加速度。使震击的“大锤”获得更大的速度，从而增加了震击的动量和动能，产生一个巨大的震击力作用在鱼顶上。

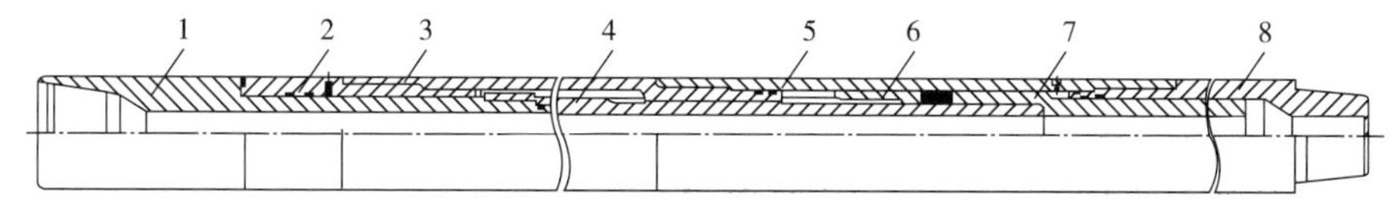

图 4-9-9　液压加速器结构示意图

1—上芯轴接头；2—滑动密封接头；3—上缸套；4—下芯轴；5—中缸套；6—震击垫；7—冲管；8—下接头

（三）低速螺杆马达

低速螺杆马达是一种把液体的压力能转化为旋转机械能的井下动力工具。受连续油管作业地面高压防喷管长度的限制，低速螺杆马达实际上是在常规动力螺杆钻具的基础上设计改进的一种长度尺寸较小的短型容积式马达，专门用于连续油管打捞。低速螺杆马达主要用于驱动打捞工具缓慢转动，有利于打捞工具引鞋进入水平井段内倾斜、紧贴于套管壁面的落鱼鱼顶，将落鱼引入打捞工具内腔，弥补了连续油管不能旋转的不足，提高了打捞效率与成功率。

低速螺杆马达主要由上接头、防掉杆、定子、转子、挠性轴外筒、挠性轴、轴承上壳体、轴承下壳体、轴承组件及传动轴等组成，如图 4-9-10 所示。

当动力液进入低速螺杆马达时，在液压马达的进出口产生一定的压差，推动液压马达的转子绕定子轴线做行星运动，经传动轴转换为定轴转动，驱动打捞工具低速旋转。低速螺杆马达主要特点：①抗拉强度大，适用于震击解卡打捞；②长度较短，适用于长落鱼打捞；③缓慢旋转，有利于落鱼的引入和鱼顶的保护。

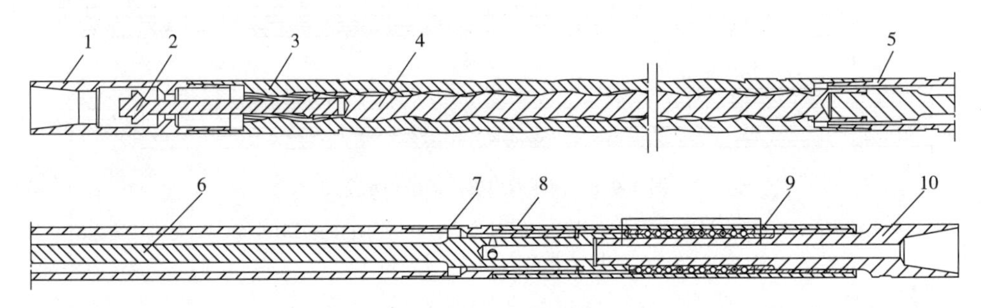

图 4-9-10　低速螺杆马达结构示意图

1—上接头；2—防掉杆；3—定子；4—转子；5—挠性轴外筒；6—挠性轴；7—轴承上壳体；8—轴承下壳体；9—轴承组件；10—传动轴

（四）内钩和外钩

内钩和外钩用于在套管井筒内打捞各种电缆或钢丝绳。内钩和外钩结构简单、操作灵活，可与低速螺杆马达配合使用，主要用于连续油管打捞泵送桥塞作业电缆断脱落鱼。内钩和外钩结构如图 4-9-11 所示。

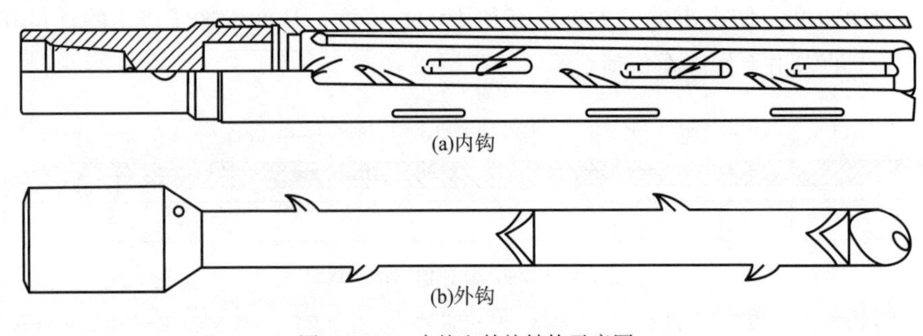

图 4-9-11　内钩和外钩结构示意图

（五）液压可退式卡瓦打捞矛

液压可退式卡瓦打捞矛是一种专门用来打捞管类落鱼的可退式打捞工具。打捞矛随连续油管下入井内对落物进行打捞，如遇卡严重，投球打压，可以很容易释放落鱼并退出工具。为实现投球可退功能，需确保投球通道畅通。

液压可退式卡瓦打捞矛由上接头、活塞外筒、活塞、弹簧、卡瓦、芯轴等组成，如图 4–9–12 所示。

打捞时下放工具，落鱼通过芯轴的导引头将卡瓦引入落鱼鱼顶。上提工具，卡瓦通过锥面涨径卡紧落鱼实现抓捞，继续上提即可完成打捞作业。如遇卡严重，投球打压，卡瓦可随液缸相对芯轴运动缩径，脱开落鱼。

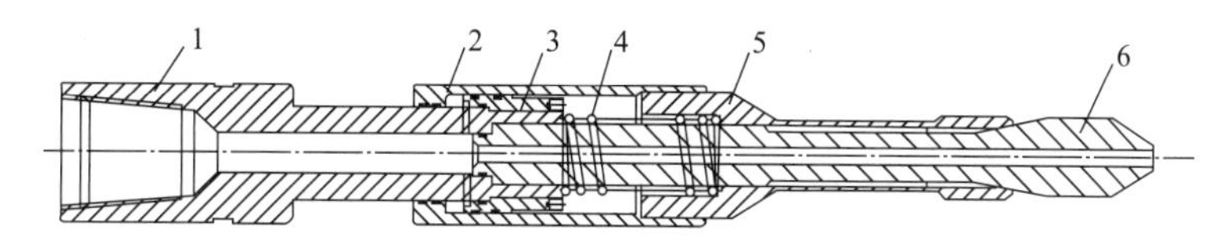

图 4–9–12　液压可退卡瓦捞矛结构示意图

1—上接头；2—活塞外筒；3—活塞；4—弹簧；5—卡瓦；6—芯轴

（六）液压可退式 GS 打捞矛

液压可退式 GS 打捞矛可用于投放 / 打捞带标准 GS 内打捞颈的井下工具。部分连续油管工具设计有标准的 GS 型打捞颈，配合 GS 型液压可退式打捞矛进行投捞作业，极大程度地提高了打捞成功率。

液压可退式 GS 打捞矛主要由上接头、芯轴、弹簧、棘爪、套筒、节流嘴、丝堵等组成，如图 4–9–13 所示。

GS 打捞矛进入工具的标准 GS 内打捞颈完成对接。需要释放时，地面打压，流体通过 GS 打捞矛内部节流嘴，产生压差推动棘爪上行，棘爪失去芯轴支撑释放落鱼，无须剪切销钉或投球。使用液压可退式 GS 打捞矛可完成多次投放、打捞动作。

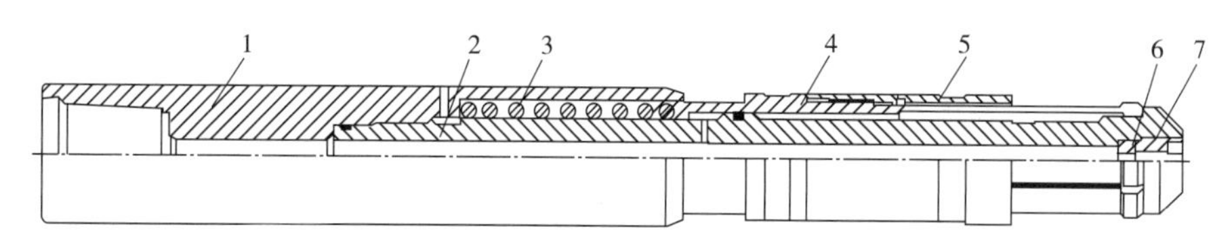

图 4–9–13　液压可退 GS 打捞矛结构示意图

1—上接头；2—芯轴；3—弹簧；4—棘爪；5—套筒；6—节流嘴；7—丝堵

（七）液压可退式打捞筒

液压可退式打捞筒是抓捞井内光滑外径落鱼比较有效的工具。打捞筒随连续油管下入井内对落鱼进行打捞，如遇卡严重，投球打压，可以很容易释放落鱼并退出。为实现投球可退功能，需确保投球通道畅通。

液压可退式打捞筒由上接头、活塞、导向套、卡瓦、弹簧、外筒和引鞋等组成，如图 4–9–14 所示。

液压可退式打捞筒利用卡瓦与外筒锥面的压缩实现抓捞。打捞时下放工具，卡瓦处于放松状态将落鱼引入。卡瓦内径小于落鱼外径，可产生一定的预紧力，上提时落鱼带动卡瓦下行，受外筒锥面的压缩卡紧落鱼，继续上提即可完成打捞作业。如遇卡投球打压即可退出落鱼。

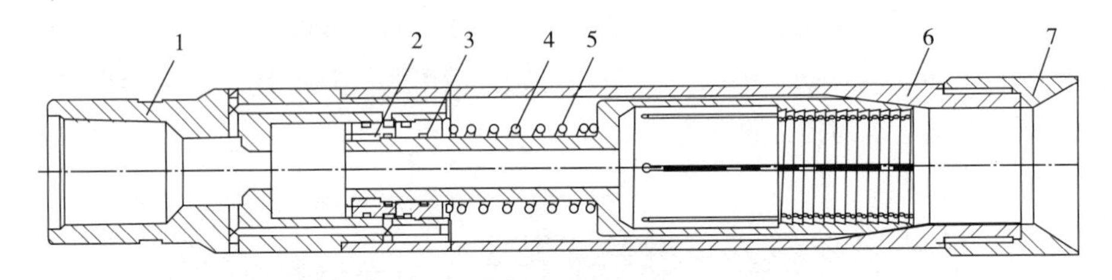

图 4-9-14　液压可退式打捞筒结构示意图

1—上接头；2—活塞；3—导向套；4—卡瓦；5—弹簧；6—外筒；7—引鞋

（八）弹簧卡瓦打捞筒

弹簧卡瓦打捞筒主要用于抓捞管状落物，特别是对于鱼顶不规则或被电缆缠绕的管状落物，具有比较好的打捞效果。

弹簧卡瓦打捞筒由上接头、上筒体、弹簧、弹簧内套、卡瓦、下筒体等组成，如图 4-9-15 所示。

当落鱼进入捞筒引鞋内，在管柱载荷作用下，落鱼鱼顶上顶卡瓦和弹簧，弹簧压缩、卡瓦沿下筒体的内锥面向后滑移，卡瓦牙张开，落鱼进入卡瓦内。在弹簧力的作用下瓣式卡瓦（如双瓣式）咬住落鱼。上提钻柱卡瓦相对下移，卡瓦外锥面与下筒体内锥面贴合产生径向夹紧力实现打捞。研制的连续油管专用弹簧卡瓦打捞筒主要特点：

①瓣式卡瓦被撑开力量小，只需施加较小的压力即可完成打捞。

②瓣式卡瓦张开的范围大，可满足鱼顶不规则、变形或被电缆缠绕的落鱼打捞。

③捞筒内部通径大、长度长，可使卡瓦越过不规则、变形或被电缆缠绕的部位，打捞外径规则的部位，打捞成功率高。

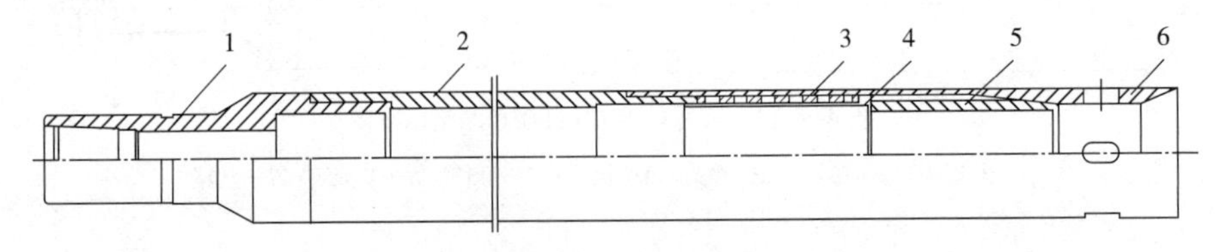

图 4-9-15　弹簧卡瓦打捞筒结构示意图

1—上接头；2—上筒体；3—弹簧；4—弹簧内套；5—卡瓦；6—下筒体

（九）连续油管剪切打捞筒

连续油管剪切打捞筒是一种设计用于切割和回收落井连续油管的专用打捞工具，具有抓卡和切割功能。切割机构可将连续油管割掉一段，保留一个整洁、平滑的鱼顶，同时抓卡机构能够咬住剪断的连续油管并将其打捞出井。

剪切打捞筒由上接头、外筒、打捞爪、打捞爪支撑斜面、剪切爪、剪切爪支撑斜面、引鞋等组成，如图 4–9–16 所示。

剪切打捞筒随连续油管下入井内，落井管柱进入剪切打捞筒内腔至目标剪切位置，上提打捞管柱，打捞爪抓住落井管柱外壁，依次挤压打捞爪支撑斜面、剪切爪、剪切爪支撑斜面，当给打捞管柱施加足够大的拉力时，完成落井管柱的剪切，上提打捞管柱将切口以上的落井连续油管打捞出井。

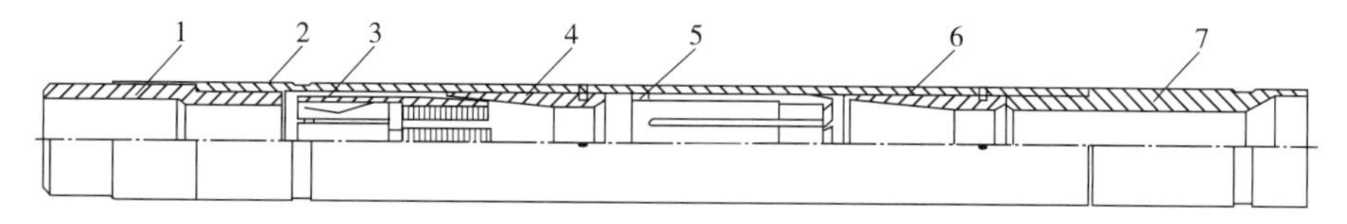

图 4–9–16　连续油管剪切打捞筒结构示意图

1—上接头；2—外筒；3—打捞爪；4—打捞爪支撑斜面；5—剪切爪；6—剪切爪支撑斜面；7—引鞋

（十）杆式强磁打捞器

杆式强磁打捞器主要用于打捞钻磨复合桥塞后井筒内的金属碎屑。杆式强磁打捞器由杆体、强磁片组成，如图 4–9–17 所示。

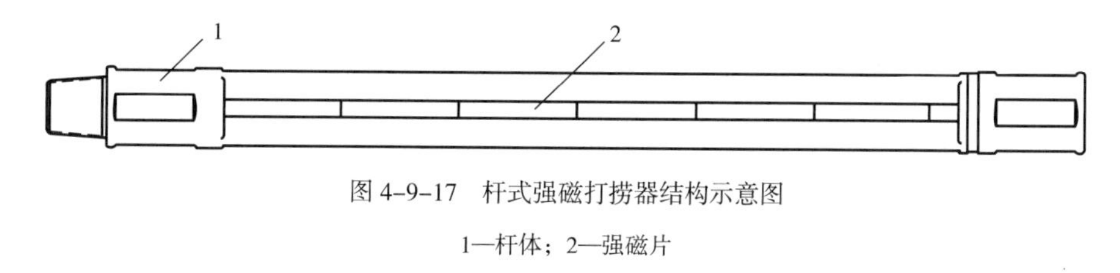

图 4–9–17　杆式强磁打捞器结构示意图

1—杆体；2—强磁片

（十一）文丘里打捞篮

文丘里打捞篮是一种利用文丘里原理设计的井下捞屑工具，主要用来打捞井筒中的砂砾和桥塞碎屑。

文丘里打捞篮主要由上接头、喉管接头、喷嘴托架、喷嘴、滤网、承屑筒、滤网挡套、回收笼外筒、挡板阀等组成，如图 4–9–18 所示。

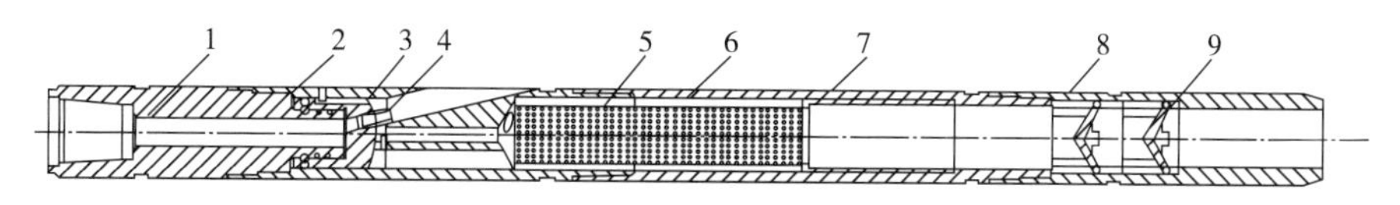

图 4–9–18　文丘里打捞篮结构示意图

1—上接头；2—喉管接头；3—喷嘴托架；4—喷嘴；5—滤网；6—承屑筒；7—滤网挡套；8—回收笼外筒；9—挡板阀

泵注流体时，流体从打捞篮喷嘴流出，在工具的文丘里喉管接头内形成真空，从工具底部吸入携带碎屑的流体。携带碎屑的流体经过工具内部滤网，过滤的液体被吸入文丘里喉管接头再次循环，碎屑留在工具内的承屑筒内，随工具被携带到地面。打捞筒下端设有挡板阀阻止碎片或铁渣在停泵后掉落，打捞篮容积可以根据需要调节。

（十二）万向式缠绕连接器

万向式缠绕连接器是一种用于将两段连续油管连接在一起的专用工具。利用该工具连接后，断裂的连续油管可以通过防喷盒、注入头、鹅颈管等，并可在滚筒上规则排列。

万向式缠绕连接器主要由上滚压式连接头、上接头、球头座、压紧盖、球头体、下接头、下滚压式连接头等组成，如图 4–9–19 所示。两端采用环压式连接头与连续油管连接，中间采用多组万向节结构，工具外径与连续油管外径一致。

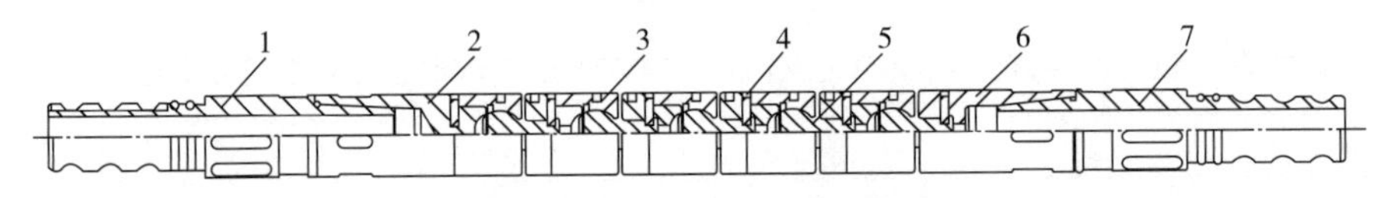

图 4–9–19　万向式缠绕连接器结构示意图

1—上滚压式连接头；2—上接头；3—球头座；4—压紧盖；5—球头体；6—下接头；7—下滚压式连接头

三　连续油管水平井打捞

（一）打捞连续油管

连续油管落井主要选用捞筒类工具打捞管体外壁。当连续油管落鱼处于可活动状态时，可用弹簧卡瓦打捞筒进行打捞；当活动状态不明时，可根据具体情况用连续油管带液压可退式打捞筒或弹簧卡瓦打捞筒进行打捞；当连续油管落鱼被完全卡死时，则需动迁常规修井机带连续油管剪切打捞筒进行打捞。

连续油管打捞水平井段连续油管落鱼，是采用连续油管作业方式将打捞工具下入鱼顶上部，泵入流体驱动低速螺杆马达，螺杆马达带动打捞工具缓慢旋转，以便将水平段内倾斜于井筒底部的落鱼引入打捞工具，捞住落鱼。

1. 打捞管柱结构

打捞水平井段连续油管的管柱结构为（由上至下）：连续油管 + 重载连接器 + 双瓣单流阀 + 加速器 + 震击器 + 液压丢手工具 + 低速螺杆马达 + 打捞工具，如图 4–9–20 所示。

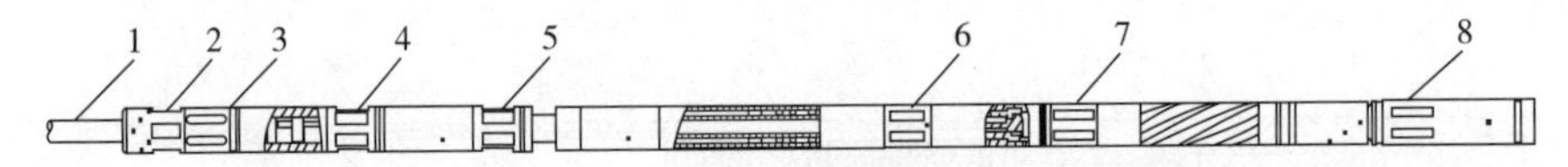

图 4–9–20　打捞水平井段连续油管的管柱结构示意图

1—连续油管；2—重载连接器；3—双瓣单流阀；4—加速器；5—震击器；6—液压丢手工具；7—低速螺杆马达；8—打捞工具

2. 打捞过程中经常遇到的问题

①连续油管落鱼形态相对复杂。连续油管在套管内断脱的原因较多、鱼顶不规则、断脱深度不同、落井长度不同，且连续油管与套管直径相差较大，这些因素导致水平井段连续油管落鱼鱼顶断面和形态难以预测。

②连续油管的形态易改变、鱼顶易破坏，使得打捞工作复杂化。连续油管相对柔软，在轴向压力作用下容易引发落鱼受压收缩、弯曲，甚至断裂，在旋转扭矩作用下易造成鱼顶形状更加复杂。

③带压打捞连续油管施工风险大。连续油管断裂后，在单流阀仍能正常工作的情况下，虽具备卸开防喷管、安装连续油管密封接头的条件，但是风险较大；另外，卷绕落井的连续油管时，可能发生滚压式连接器与落井连续油管脱接，在完成连续油管对接后，下移注入头卡住连接器下部连续油管，造成施工程序复杂。

3. 主要施工工序

（1）辨识鱼顶

辨识鱼顶是打捞作业中关键的工序，依据鱼顶形状和在井筒中的形态可确定打捞工具及打捞方案。辨识鱼顶的通常做法是下印模打印，也可采用井下电视查看落鱼。

（2）抓捞落鱼

根据印模标记确认鱼顶后，制定打捞方案。通常按照以下步骤进行作业。

连续油管下入打捞工具，完成落鱼抓捞。下入连续油管至距鱼顶 50m 时停止下放，进行最后一次拉力测试，记录此时的悬重及泵压，将下放速度降至 5m/min。下放连续油管至距鱼顶 10m 时停泵，再继续下放连续油管，直至遇阻 10kN，上提 10m，再下放至鱼顶上部 3m 处启泵冲洗 10min。停泵下放，遇阻后进行瞬时开泵操作，观察悬重及泵压变化，如泵压明显比之前记录的压力高，可以判断为吞进落鱼。停泵，关闭液体返排阀门，下放连续油管加压 10kN，停留 5min，抓牢落鱼；缓慢上提连续油管 2m，小排量开泵，若泵压明显高于循环时的泵压，判断出已抓获落鱼。

（3）起管捞出落鱼

判断抓获落鱼，缓慢上提连续油管。若上提过程中遇卡或上提负荷超过原悬重 50kN，则启动加速器和液压震击器，以震击解卡。若仍未解卡，尝试多次震击解卡。若解卡成功，关注悬重变化，若抓获落鱼，起连续油管至地面。起至井口，连接器接触防喷盒，关闭防喷器卡瓦闸板、半封闸板，完成连续油管悬挂及油套环空密封。从防喷器泄压口泄压，测试管内及油套环空密封情况、管柱悬挂情况。确认连续油管密封、悬挂可靠后，从防喷器上部卸开防喷管，选择适当位置，分别完成作业连续油管和被打捞连续油管的切割。修整作业连续油管和被打捞连续油管断口，安装万向式缠绕连接器，完成连续油管反穿注入头。恢复井口防喷管连接，打开防喷器卡瓦闸板、半封闸板。

（4）回收落井连续油管

完成全部落井连续油管及井下工具的回收，恢复原井井口。以 5m/min 的速度缓慢上提连续油管，密切观察连续油管断头和万向式缠绕连接器过鹅颈导向器至缠绕在滚筒上的过程中的工作状态是否稳定。若工作状态不稳定，立刻停止起管；若工作状态稳定，完成全部连续油管回收，关闭井口阀门，恢复原井井口。

（二）打捞电缆

当落井电缆较长时，可选用内钩 / 外钩打捞电缆；当落井电缆长度已经小于 10m 时，可考虑不打捞电缆，直接选用弹簧卡瓦打捞筒打捞电缆头。

连续油管打捞电缆，主要是采用连续油管将内钩 / 外钩下至电缆鱼顶，泵入流体驱动低速螺杆马达，螺杆马达带动内钩 / 外钩缓慢旋转，实现电缆的打捞。

1. 打捞管柱结构

打捞电缆的管柱结构为（由上至下）：连续油管 + 重载连接器 + 双瓣单流阀 + 液压丢手工具 + 低速螺杆马达 + 内钩 / 外钩，如图 4–9–21 所示。

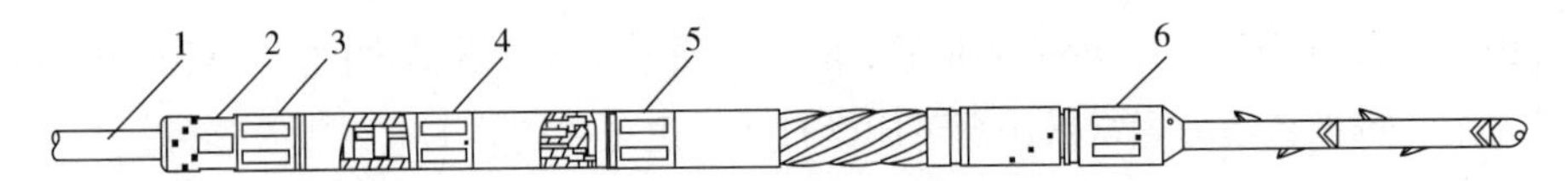

图 4–9–21　打捞电缆的管柱结构示意图

1—连续油管；2—重载连接器；3—双瓣单流阀；4—液压丢手工具；5—低速螺杆马达；6—内钩 / 外钩

2. 打捞过程中经常遇到的问题

①鱼顶位置不明确。由于电缆属于弹性较强的绳索，在套管水平井内，多呈不规则弹性螺旋状分布，且下部排列较密，上部排列较稀；同时受电缆断裂时张力的瞬间巨大变化的影响，鱼顶位置很难预测。管柱下入太浅不能有效缠绕电缆，打捞成功率低；管柱下入太深易堆积翻滚，将打捞管柱卡死。

②捞获情况难以判断。由于注入头指重表和测井电缆重量间存在数量级的差别，当捞获电缆较少时，地面难以准确判断，在打捞工具未起出井口前无法预知打捞效果。

③捞获部分电缆后，剩余电缆长度计算不准确。电缆断裂时，多受到较大的拉扯力，将造成电缆变形，特别是电缆被多次拉扯断裂后，将影响井内剩余电缆长度的计算，进而影响再次打捞。

④带压打捞电缆，受电缆长度、变形等因素影响，需多种应对方案。当打捞出井的电缆较长时，需安装电缆防喷器，并动用电缆车回收电缆；当端部电缆变形较严重、长度较长时，电缆防喷器存在无法有效密封的可能，将大幅增加打捞施工难度。

3. 主要施工工序

（1）辨识鱼顶

辨识鱼顶是打捞作业中关键的工序，依据鱼顶形状和在井筒中的形态确定打捞工具及打捞方案。通常情况下，电缆落鱼不需要下工具辨识，多次打捞不成功的情况下可以下印模打印，也可采用井下电视查看落鱼。

（2）抓捞落鱼

连续油管下入打捞工具，完成落鱼抓捞。连续油管下放打捞工具至距鱼顶 50m 时停止下放，进行最后一次拉力测试，记录此时的悬重及泵压，将下放速度降至 5m/min。继续以 5m/min 的速度缓慢下放加压，逐步加深，并开泵循环，通过低速螺杆钻具使打捞工具旋转进行抓捞操作，密切关注悬重和泵压变化。每完成 1 次抓捞操作，须缓慢上提管柱

10~30m，观察悬重有无增加。如无增加，每次可加深 10~15m，加压不超过 5kN。如悬重明显增加，证明抓获落鱼。

（3）起管捞出落鱼

判断抓获落鱼，缓慢上提连续油管。观察上提过程中悬重变化情况，若抓获落鱼，起打捞管柱至防喷管内，连接器接触防喷盒，关闭井口阀门，恢复原井井口。

（三）打捞工具串

工具串落井，主要选用捞筒类工具打捞管体外壁。当处于可活动状态时，可用连续油管带弹簧卡瓦打捞筒进行打捞；当活动状态不明时，可根据具体情况用连续油管带液压可退式打捞筒或弹簧卡瓦打捞筒进行打捞。

连续油管打捞落井工具串，是将打捞工具下入鱼顶上部，泵入流体驱动低速螺杆马达，螺杆马达带动打捞工具缓慢旋转，以便将水平段内倾斜于井筒底部的落鱼引入打捞工具，实现捞住落鱼。

1. 打捞管柱结构

打捞连续油管的管柱结构为（由上至下）：连续油管 + 重载连接器 + 双瓣单流阀 + 加速器 + 震击器 + 液压丢手工具 + 低速螺杆马达 + 打捞工具，如图 4-9-22 所示。

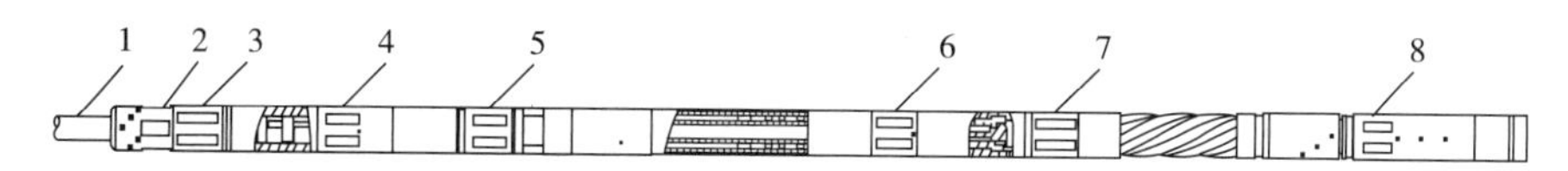

图 4-9-22　打捞连续油管的管柱结构示意图

1—连续油管；2—重载连接器；3—双瓣单流阀；4—加速器；5—震击器；6—液压丢手工具；7—低速螺杆马达；8—打捞工具

2. 打捞过程中经常遇到的问题

①井筒环境复杂。压裂完成后井筒内残留压裂砂；钻塞施工后，井筒内桥塞碎屑堆积；后期生产时，返排压裂砂、地层出砂和桥塞碎屑叠加堆积。

②鱼顶不规则。打捞泵送桥塞与多级射孔工具串时，电缆易回缠电缆头；打捞马达抽芯的钻塞工具串时，鱼顶为螺旋线的转子。

③落鱼倾斜在水平井筒底部。受重力影响，落井工具串倾斜贴于套管底部，加之落井各工具串外径不同。

④打捞工具进入鱼顶困难。受井筒环境复杂、鱼顶不规则、落鱼倾斜在水平井筒底部等因素的综合影响，以及连续油管不能旋转的局限性，打捞工具进入鱼顶困难。

⑤带压打捞的落鱼长度受到防喷管长度的限制。从安全角度考虑，防喷管安装长度一般小于 20m，当落井工具串长度较长时，将无法关闭井口主阀。

3. 主要施工工序

（1）识别鱼顶

识别鱼顶是打捞作业中关键的工序，依据鱼顶形状和在井筒中的形态确定打捞工具及打捞方案。通常的做法是下印模打印，也可采用井下电视查看落鱼。

（2）抓捞落鱼

根据印模确认鱼顶后，制定打捞方案。通常按照以下步骤进行作业。

连续油管下入打捞工具，完成落鱼抓捞。连续油管下放打捞工具至距鱼顶 50m 时停止下放，进行最后一次拉力测试，记录此时的悬重及泵压，将下放速度降至 5m/min。下放连续油管至距鱼顶 10m 时停泵，再继续下放连续油管，直至遇阻 10kN，上提 10m，再下放至鱼顶上部 3m 处开泵冲洗 10min。停泵下放，遇阻后进行瞬时开泵操作，观察悬重及泵压变化，如泵压明显比之前记录压力高，可以判断为吞进落鱼。停泵，关闭液体返排阀门，下放连续油管加压 10kN，停留 5min，抓牢落鱼；缓慢上提连续油管 2m，小排量开泵，若泵压明显高于循环时的泵压，判断出已抓获落鱼。

（3）起管捞出落鱼

判断抓获落鱼，缓慢上提连续油管。若上提过程中遇卡或上提负荷超过原悬重 50kN，则启动加速器和液压震击器，以震击解卡。若仍未解卡，尝试多次震击解卡。若解卡成功，关注悬重变化，若抓获落鱼，起打捞工具串至防喷管内，连接器接触防喷盒，关闭井口阀门，恢复原井井口。

（四）打捞碎屑

对于磁性碎屑，主要选用杆式强磁打捞器；非磁性碎屑主要选用文丘里打捞篮。

1. 打捞管柱结构

①杆式强磁打捞管柱结构组合（由上至下）：连续油管 + 重载连接器 + 双瓣单流阀 + 液压丢手工具 + 杆式强磁打捞器（4~5 支）+ 喷嘴，如图 4–9–23 所示。

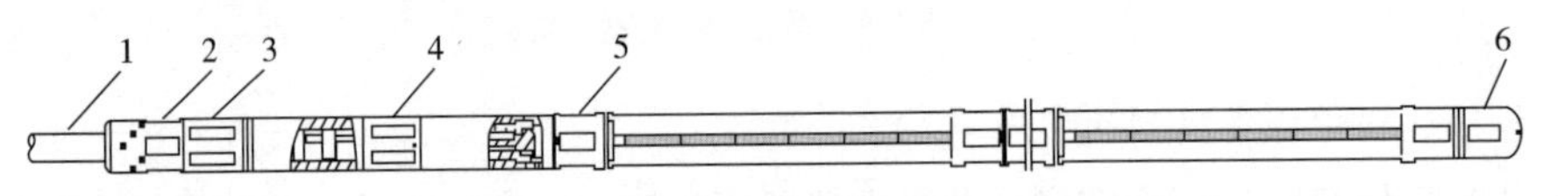

图 4–9–23　杆式强磁打捞管柱结构示意图

1—连续油管；2—重载连接器；3—双瓣单流阀；4—液压丢手工具；5—杆式强磁打捞器；6—喷嘴

②文丘里打捞篮打捞管柱结构组合（自下而上）：连续油管 + 重载连接器 + 双活瓣单流阀 + 震击器 + 液压丢手工具 + 文丘里打捞篮，如图 4–9–24 所示。

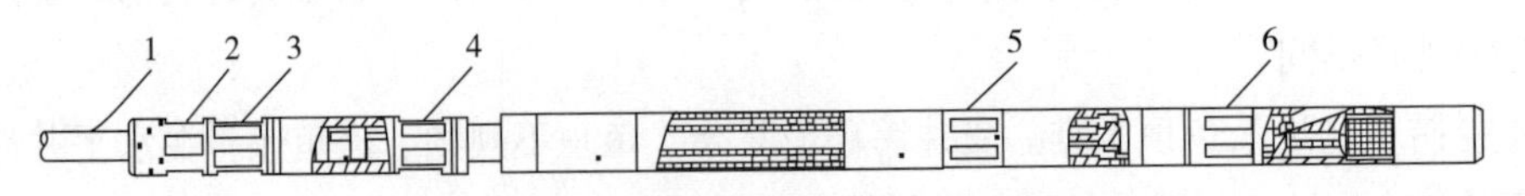

图 4–9–24　文丘里打捞篮打捞管柱结构示意图

1—连续油管；2—重载连接器；3—双活瓣单流阀；4—震击器；5—液压丢手工具；6—文丘里打捞篮

2. 打捞过程中经常遇到的问题

①捞获情况难以判断。由于注入头指重表和碎屑重量间存在数量级的差别，碎屑捞获量，地面难以准确判断，在打捞工具未起出井口前无法预知打捞效果。

②碎屑打捞工具不能适应井内各种碎屑。杆式强磁打捞器和文丘里打捞篮均有各自适

应打捞的碎屑，不能覆盖全部碎屑，且不能显示打捞效果。

3. 杆式强磁打捞主要施工工序

根据井眼尺寸选定合适的强磁打捞器。连续油管下放杆式强磁打捞器至水平段后，下放速度控制在 10m/min 以内，以 400L/min 排量开泵循环。然后，将杆式强磁打捞器慢慢下放探测碎屑（此时钻压不大于 10kN），然后上提 0.3~0.5m，再边循环边下放管柱，反复多次后起管柱。管柱起至造斜段后，上提速度控制在 10m/min 以内，操作过程要求平稳、低速、严禁剧烈震动与撞击，以保护磁芯和被吸附的碎屑落物。

4. 文丘里打捞篮打捞主要施工工序

根据施工泵压和排量选定合适的文丘里喷嘴尺寸组合，以形成合适的虹吸负压。连续油管下放文丘里打捞篮至造斜段时，速度控制在 10m/min 以内，根据喷嘴大小以 350~450L/min 排量开泵循环，控制泵压小于 45MPa。将文丘里打捞篮慢慢下放塞面或人工井底（此时钻压不大于 10kN）后起管柱。

第十节　完井管柱

水平井在低渗透致密气藏开发中的优势日益突出，但低压水平气井产能逐渐降低，部分老井已经达到或小于临界携液产量，气井受积液影响逐渐由自喷连续生产转为间开生产，甚至面临停产。基于连续油管完井管柱的排水采气技术可提高气井携液能力，解决井筒积液问题，延长气井的自喷生产时间，实现低压、低产气井的增产稳产。

一　基本原理

连续油管完井管柱基于气井携液临界流速理论，优选较小直径连续油管下入气井井筒中，利用专用设备悬挂于井口，形成新的生产管柱进行生产，如图 4-10-1 所示。通过减小流体流动时的横截面积，提高流体在生产管柱中的流动速度，进而提高气井的携液能力和产气量，恢复自喷生产的连续排水产气作用。该技术主要针对产液量较多、地层压力较小的气井所采取的一种长期有效的增产措施，具有施工周期短、增产见效快、生产周期长以及避免压井对地层造成伤害等优点。

二　关键技术

连续油管完井管柱井口装置结构主要由井口悬挂器、操作作业窗、井口防喷器、连续油管底部堵塞器以及其他配套工具组成，如图 4-10-2 所示，施工地面流程如图 4-10-3 所示。采用连续油管完井管柱进行排水采气作业，要选择适合气井实际状况的连续油管，施工成功的关键在于能否将连续油管安全有效地悬挂在井口装置上，并与原有油管的环形空间实现密封。

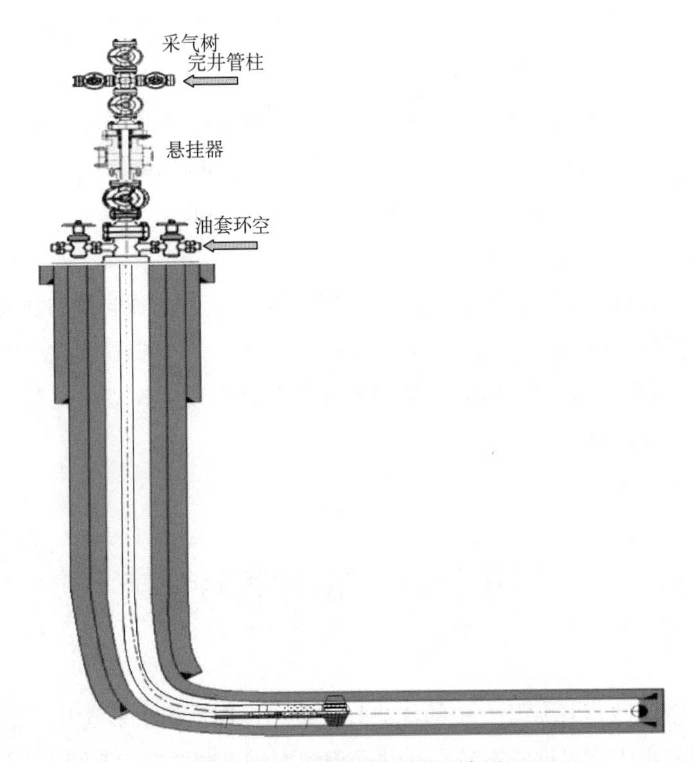

图 4-10-1　完井管柱结构示意图

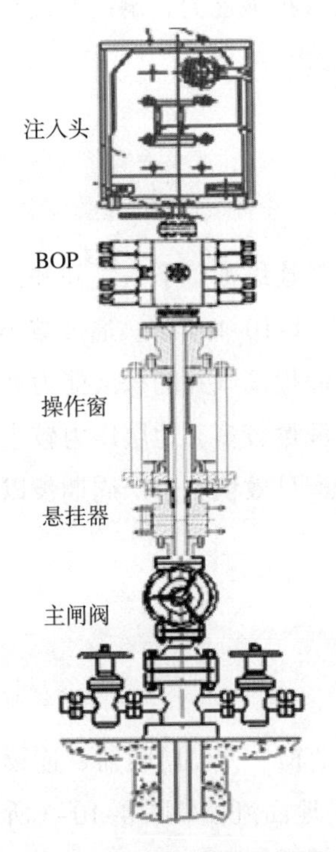

图 4-10-2　井口装置结构图

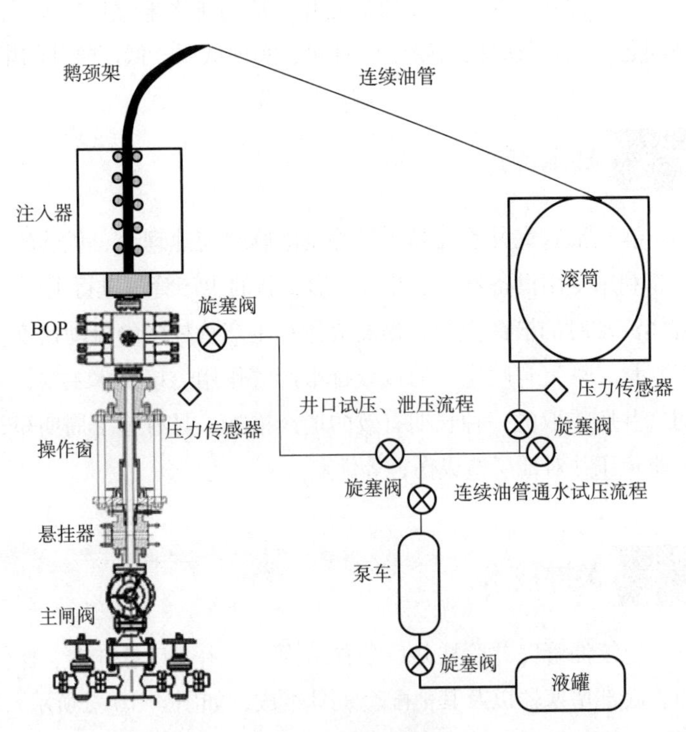

图 4-10-3　地面流程图

连续油管完井管柱关键技术主要是井口悬挂器和操作窗如图 4–10–4 和图 4–10–5 所示。连续油管完井管柱完井既可采取悬挂在现有总闸上，又可采用新式井口悬挂器。有些悬挂器利用在悬挂头外侧的卡瓦锁紧螺栓推动卡瓦来实现；而带操作窗的井口悬挂器则通过紧固密封顶丝，密封完井管柱环形空间，将外置卡瓦放入悬挂器内卡瓦座上实现完井管柱悬挂。

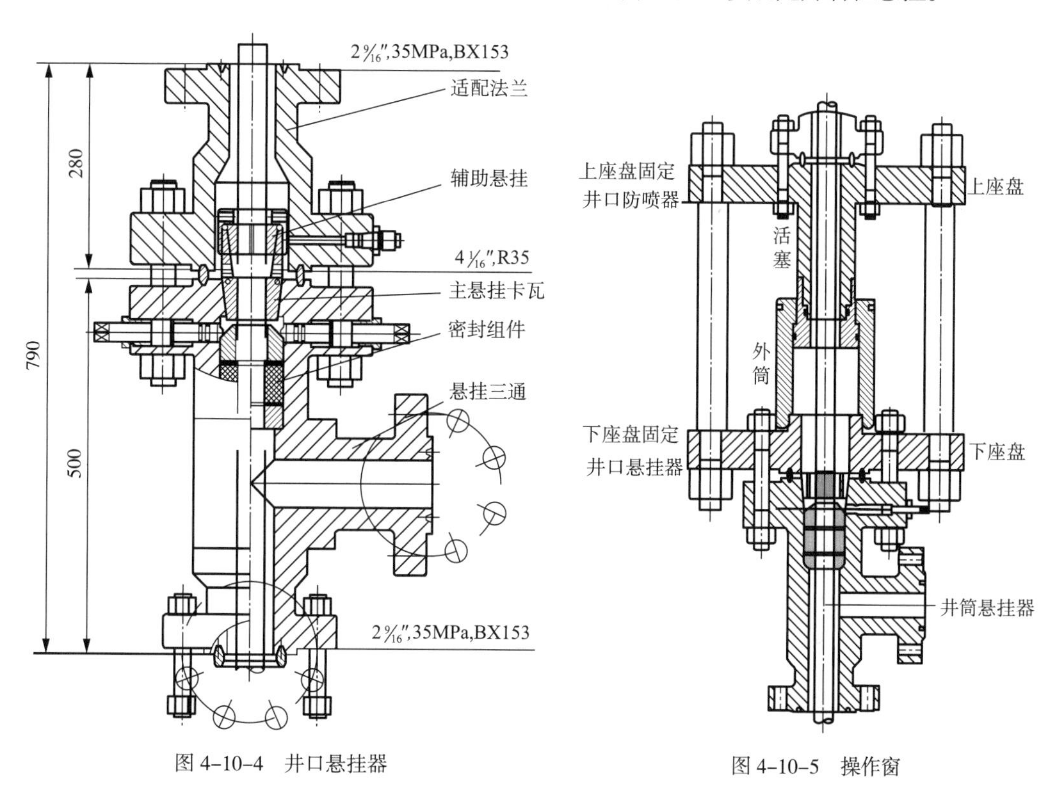

图 4–10–4　井口悬挂器

图 4–10–5　操作窗

连续油管底部堵塞器，连续油管完井管柱需要用堵塞器对油管底部进行封堵，以确保井控安全工作。在下至设计深度后通过井口憋压将其正常打开以利于气井生产，因此选用带剪切销钉的堵塞器。该堵塞器采用环压方式与油管进行连接，剪切压力为 25~30MPa，底部工具组合如图 4–10–6 所示，工具组合性能参数见表 4–10–1（供参考）。

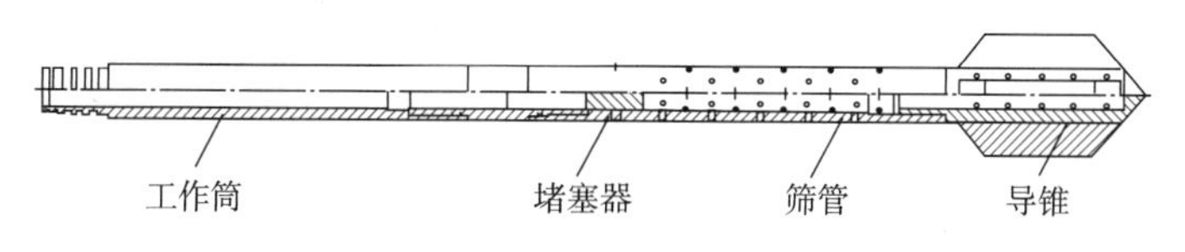

图 4–10–6　底部工具组合图

表 4–10–1　工具组合性能参数

序号	名称	最大外径 /mm	最小内径 /mm	长度 /m	备注
1	工作筒	50.8	28	0.444	
2	筛管（带堵塞器）	50.8	34	0.435	剪切压力 25~30MPa
3	导锥	73	26	0.26	
4	总长	—	—	1.139	

三 施工步骤

施工分为三个阶段，如图 4-10-7 所示，具体操作步骤如下：

①关闭井口 1# 主阀，拆除井口主阀上部采气树。

②在井口 1# 主阀上依次安装井口悬挂器、操作窗及井口防喷器等装置。

③用连续油管堵塞器封堵油管底部，防止入井过程中井内流体进入连续油管，井口试压合格后方可下入连续油管。

④在井口防喷器上吊装连续油管注入头，关闭操作作业窗。打开井口 1# 主阀，利用连续油管作业机将连续油管下至井内设计深度，下入过程中注意控制下入速度并校核悬重。

⑤当连续油管下至井内预定位置后，通过紧固井口悬挂器密封顶丝，密封完井管柱环形空间，然后放空悬挂器上部装置压力。打开操作作业窗，把 1 对卡瓦平行放入井口悬挂器内连续油管两侧，利用注入头缓慢下放连续油管使其坐放在井口悬挂器内卡瓦座上，直至悬重为零（观察悬重无回弹），从而达到悬挂连续油管的目的。

⑥当连续油管可靠地悬挂在井口悬挂器上并密封完井管柱环形空间后，提起操作作业窗上的活塞筒，在适当位置切断连续油管，拆除井口悬挂器上部所有装置，并安装限位器。

⑦将拆去的井口 1# 主阀上部装置安装在井口悬挂器上。利用泵车向连续油管内注入液体或向氮气车注入氮气，通过加压方式把连续油管底部堵塞器打掉，进行完井管柱排水采气投产。

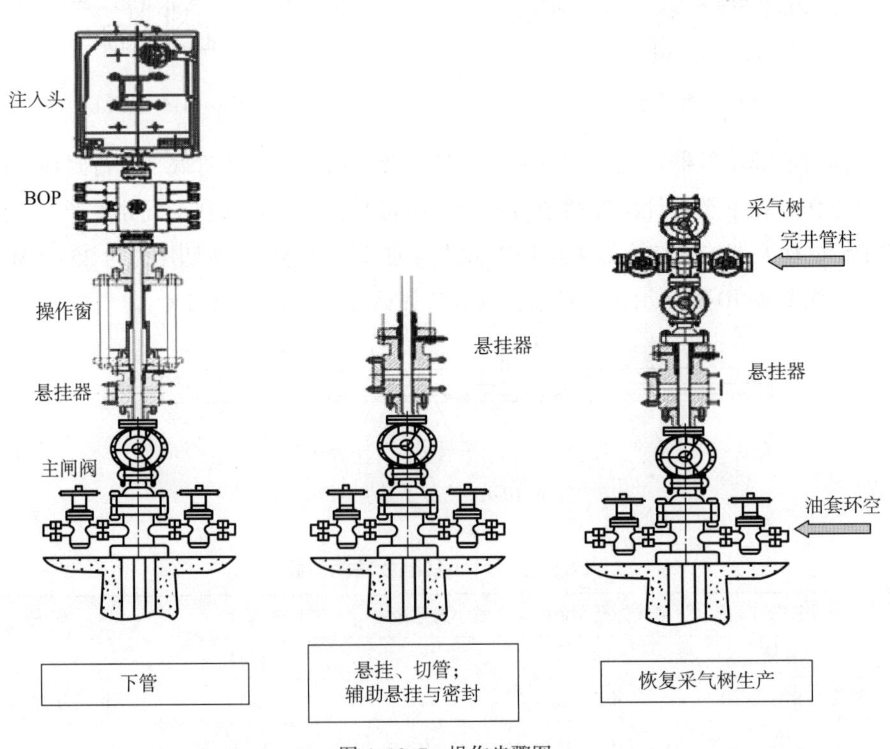

图 4-10-7 操作步骤图

思考题

1. 列举连续油管打捞工具串、钻磨工具串组合。

2. 连续油管带工具入井前，要在现场对哪些部位进行试压？

3. 连续油管打捞井下落物的一般步骤是什么？

4. 在页岩气水平井连续油管钻塞过程中，连续油管在井筒内遇卡，无法上提下放，需采取哪些措施？

5. 连续油管水平段延伸措施有哪些？

扫一扫
获取更多资源

第五章

设备维护

连续油管设备的结构形式多样，但主要组成部分基本一致。规范的设备维护不但可以延长设备使用寿命，还是保障设备正常运行的关键。

第一节　电、液系统检查维护

一　电气系统检查维护

（一）电瓶

①每月应测一次电池单体电压及终端电压，检查外观有无异常变形和发热，并保持完整运行记录。

②每隔 6 个月检查一次电瓶电解液液位，或（免维护）观察猫眼颜色。

③每年应检查一次连接导线是否牢固，是否有松动、腐蚀，松动应拧紧至规定扭矩，腐蚀应及时更换。

④蓄电池每年应以实际负荷做一次放电，放电应保持电流稳定，放出额定容量的 30% 左右（以 0.1C 放电 3h），放电每小时应测一次单体电池及电池组电压、放电电流、温度等，放电后应进行均衡充电然后转浮充进行。

⑤不要单独增加或减少电池组中几个单体电池的负荷，这将造成单体电池容量的不平衡和充电的不均一性，降低电池的使用寿命。

（二）电控箱

每 3 个月或设备运输累计 1000km，对控制柜内所有螺栓紧固，确保无松动。

（三）线路

①每 6 个月或设备运输累计 1000km，检查线路是否有磨损。

②设备使用 5 年后，每 12 个月检查线路是否老化，老化及时维护；设备使用条件恶劣，如酸化施工、海洋环境，每 6 个月检查线路是否老化。

（四）指重传感器

每年或设备累计使用 400h，需对指重传感器进行校正比对。

（五）压力传感器

每年或设备累计使用 400h，需对压力传感器进行校正比对。

（六）编码器

每年或设备累计使用 400h，需对编码器进行校正比对。

（七）流量计

每年或设备累计使用 400h，需对流量计进行校正比对。

二 液压系统检查维护

液压系统检查维护，按照表 5-1-1 进行。

表 5-1-1 液压系统检查保养

保养部位	维保方式	维保周期
液压油箱	作业前液位检查、定期更换液压油	工作 1000h 或 12 个月，以先到为准
注入泵高压过滤器滤芯	每次更换液压油时，同时更换注入泵高压过滤器滤芯	每 6 个月清洗并检查，损坏则更换
液压油箱吸、回油滤芯		每 6 个月清洗并检查，损坏则更换
辅助泵出口高压滤芯		每 6 个月清洗并检查，损坏则更换
注入头高压过滤器滤芯		每 6 个月清洗并检查，损坏则更换
分动箱	每月一次液位检查、定期更换润滑油	首次 200h，后续 1500h 或 12 个月，以先到为准
滚筒减速机	每月一次液位检查、定期更换润滑油	首次 200h，后续 1500h 或 12 个月，以先到为准
防喷器蓄能器	将蓄能器卸压后，用充氮工具检查氮气压力，正常氮气压力（400 ± 100）psi	每月一次
优先蓄能器	将蓄能器卸压后，用充氮工具检查氮气压力，正常氮气压力（1300 ± 100）psi	每月一次
滚筒润滑油瓶	开关三通球阀排空润滑油瓶内部压力；调节油瓶减压阀，使油瓶内部压力维持在 0.2~0.3MPa	每月一次

第二节　注入头检查维护

一　链条

（一）润滑油品加注

链条润滑油选择见表 5-2-1。10W/40（-25~40℃）、15W/40（-20~40℃）。

表 5-2-1　链条其他牌号润滑油推荐

环境温度	链条推荐润滑油	
	SAE/ 齿轮	ISO
-10~0℃	80W	46 或 68
0~40℃	85W	100
40~50℃	90	150
50~60℃	90	220

（二）注意事项

①在维护链条之前，必须确保链条与系统断开，将链条进行拆卸。
②佩戴安全镜。
③要穿、戴符合要求的防护服、安全帽、手套及安全鞋。
④需确保工具处于正确的工作条件，并且按照正确的方式使用。
⑤将链条张紧装置处于松弛状态。
⑥支撑链条，以免链条或者组成部件突然出现意外运动。
⑦在完全了解链条的结构之前，不得尝试断开或重新连接链条。
⑧不得重新使用受损的链条或者链条零部件，不得重新使用单独的组成部件。

（三）操作要求

链条检测项目（表 5-2-2）。

表 5-2-2　链条检测项目

步骤	方法	检测项目
步骤 1	目视检查运转情况，检查是否有异常	1. 是否有异常的噪声； 2. 链条是否有震动； 3. 链条是否会卡滞在链轮上； 4. 链条是否有扭曲侧弯的现象； 5. 加油状况是否合理（润滑的形式和加油量）； 6. 链条是否会存在和周围异物干涉的现象

续表

步骤	方法	检测项目
步骤 2	停止运转，检查链条的各个部位	1. 检查链条是否有外观上的污渍、腐蚀，链板的侧面和端面、链销端面、链节表面是否有损伤； 2. 检查链销的旋转、链板和链销的间隙； 3. 检查链轮的齿面和侧面是否有损伤； 4. 测量链条的磨损拉伸量； 5. 检查链条的弯曲，滚子的旋转

①每次工作前要对链条部件进行润滑，每次清洗链条后或每运转最多 500m 后都要对链条进行一次润滑，在关闭链条润滑前，要确保链条已经得到完整润滑。在操作过程中没有给链条进行适当的润滑将最终导致链条过早损坏。

②如果链条未被充分润滑，注入头链条将会产生噪声。

③建议注入头的链条在装到设备上之前都经过润滑油浸泡润滑。

④不要将废油加到注入头润滑系统中；建议不要将液压油作为润滑油；不要用蒸汽清洗链条。

⑤冬季施工时，机油黏稠不易喷淋清洗链条，可按照 1∶1∶1 的比例，将机油、液压油、柴油混合使用。

（四）链条检测

1. 伸长检测

滚子链的伸长不是因为链板变形而伸长，而是因为销子和套筒的滑动面发生磨损，使间隙变大，使链条出现整体伸长的现象。因此，通过定期测量滚子链的伸长情况，可以预测链条的寿命。请使用链条检验尺进行链条磨损量检测，报废伸长率按 3% 执行。

2. 测量方法

为了消除整条滚子链的间隙，应在链条拉伸到一定程度的状态下进行测量，即在链条两端施加作用力，使链条处于受力伸长状态。

测量时，为了减少测量误差，应测量 6~10 个链节（图 5-2-1）。无法使用游标卡尺测量链条长度时，也可以使用卷尺测量，但是为了缩小测量误差，应增加测量的链节数量。

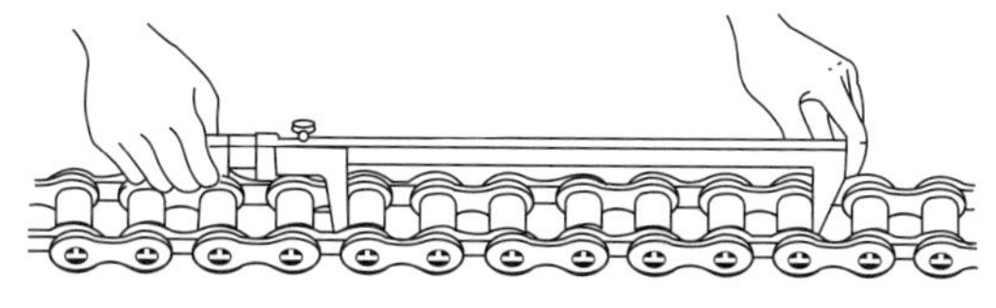

图 5-2-1　游标卡尺测量链条

通过测量所需要的链节数量的滚子之间内侧（L_1）和外侧（L_2），求取判定尺寸（L），如图 5-2-2 所示。

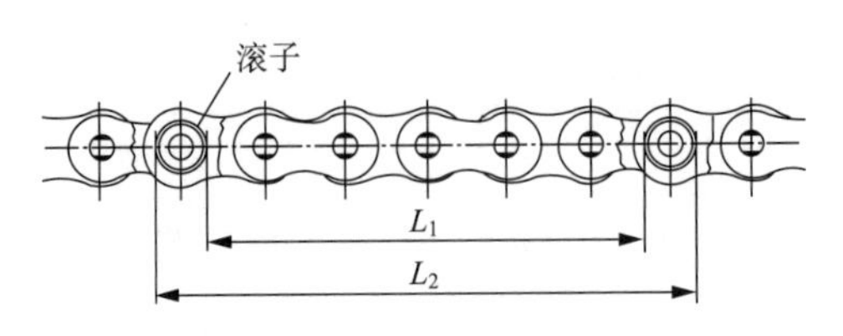

图 5-2-2　丈量计算方法

链条的伸长率计算公式：

$$链条的伸长率=\frac{判定尺寸-基准长度}{基准长度}\times 100\%$$

基准长度 = 链条节距 × 链节数量，链条的伸长率在达到 3% 时，必须进行更换。各型号链条伸长标准参考表 5-2-3。

表 5-2-3　各型号链条伸长标准参考

链条长度						
		RS140	RS160	RS180	RS200	RS240
原长度	mm	266.7	304.8	342.9	381	457.2
	in	10.5	12	13.5	15	18
1.50%	mm	270.7	309.37	348.04	386.72	464.06
	in	10.66	12.18	13.7	15.23	18.27
2.00%	mm	272.03	310.89	349.75	388.62	466.34
	in	10.71	12.24	13.77	15.3	18.38
2.50%	mm	273.36	312.42	351.47	390.53	468.83
	in	10.76	12.3	13.83	15.38	18.45
3.00%	mm	274.7	313.94	353.18	392.43	470.91
	in	10.81	12.36	13.9	15.45	18.54

3. 链板检测

如果反复在链条上施加比最大容许张力更大的负荷，则链条会发生疲劳破损，疲劳破损会导致链条的链板产生初期裂缝，裂缝一般都是发生在链板的孔的边缘或者侧面（图 5-2-3）。疲劳破坏是逐步发展的，对于产生裂缝的链板必须进行更换。

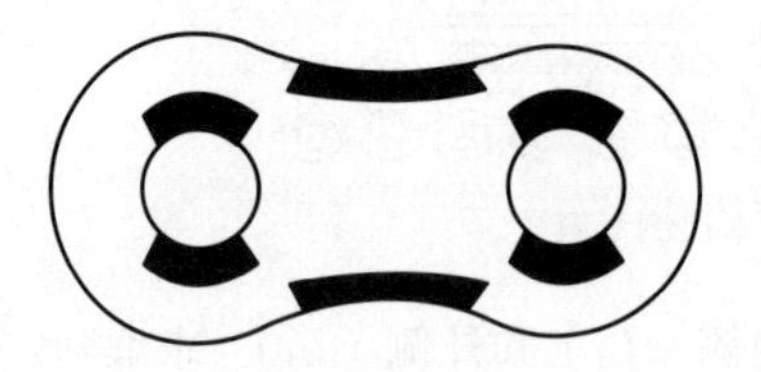

图 5-2-3　裂缝的易发处示例

链板的端面因为与导轨等的滑动产生磨损时，应调整安装状态，此时的磨损限度是链板高度的5%，如图5-2-4所示。

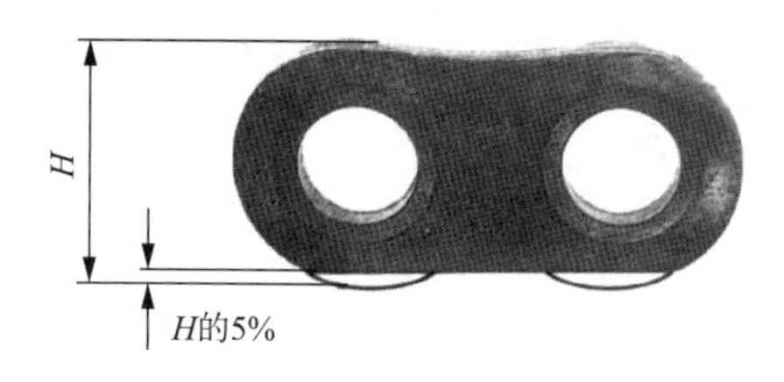

图5-2-4　链板端面的磨损

4. 链销检测

链销旋转时，必须将整根链条进行替换。当链条销轴出现图5-2-5所示情况时，链条销轴的表面也已经产生了磨损或者生锈，需要进行更换。

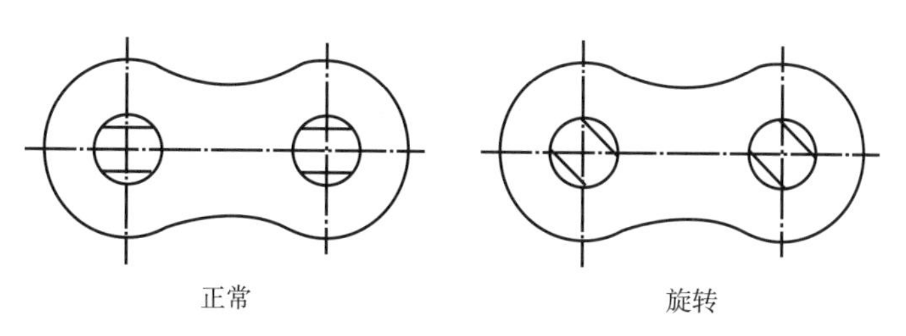

图5-2-5　链条销轴磨损前后对比

5. 滚子检测

滚子一旦被施加比最大容许张力更大的负荷，与链轮的反复冲击负荷就会变大，从而发生疲劳破坏，也需要检查裂缝的出现。

在与链轮啮合时，特别是咬入异物时，会对滚子造成损伤，变成裂缝隐患，此外，在高速运转状态下，即使未咬入异物，因为与链轮齿面的冲击，也会产生裂缝。

滚子已经产生疲劳破坏的链条，因为各部分均需要承受相同的反复载荷，需要替换整根链条。

6. 链条扭曲、侧弯检测

如果出现链条局部扭曲或者侧弯，必须更换整根链条（图5-2-6）。

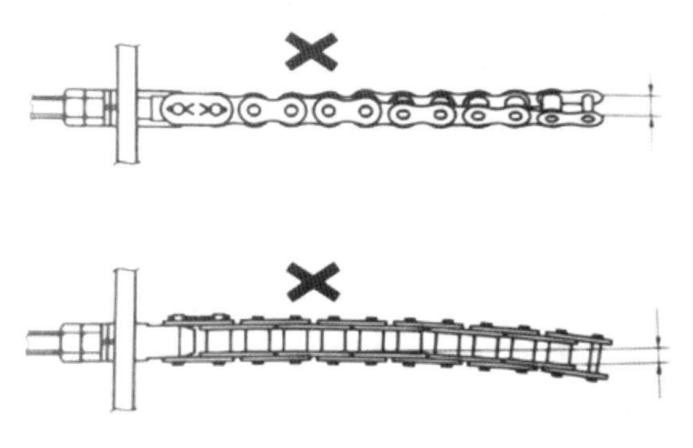

图5-2-6　侧弯扭曲

（五）维护周期

1. 周期为三个月时需要维护的项目

①检查链条的调整，如果有必要，进行校正。

②更换润滑油、润滑油过滤器，并且清洁润滑油箱。

2. 周期为一年时需要维护的项目

①执行三个月维护工作项目。

②检查链条侧链板上的磨损情况，按照链板的检测标准。

③检查链条的伸长情况。

④检查链条组成部件是否清洁，清除聚集的灰尘或异物。

⑤检查轴和链轮的校准情况，检查链轮的磨损情况。

⑥检查润滑剂的状况。

⑦检查润滑系统，润滑泵工作性能及润滑油路是否通畅。

二 推板

（一）注意事项

①推板需要年度做探伤检查。

②链条间没有油管时，禁止给夹紧油缸加压，以防止破坏推板、夹持块等零件。

③进行夹紧操作时，上、中、下夹紧应逐一进行，同时每次夹紧压力调整范围应在200psi以内，以减少对推板等部件的冲击。

（二）检测标准

①检查推板表面有无划伤、磨损和裂纹，每年进行无损探伤检测，如果较严重则更换。

②使用游标卡尺测量推板上中下至少三个位置的厚度，超过原厚度0.8mm磨损可能会导致轴承损坏，必须翻面使用，否则更换。

三 夹持块

（一）夹持块磨损检测

用一个与夹持块的油管尺寸配套的测试棒来对夹持块进行半径检测，在表5-2-4中记录。如果测量值L小于表5-2-4中的最小值，需要更换夹持块。夹持块磨损检测如图5-2-7所示。

表 5-2-4　夹持块测试记录表

夹持块规格 /in	允许值 /in	测试棒实际尺寸 /in	最小值 = 允许值 + 测试棒实际尺寸
1.25	1.49		
1.5	1.365		
1.75	1.24		
2	1.115		
2.375	0.927		
2.875	0.677		

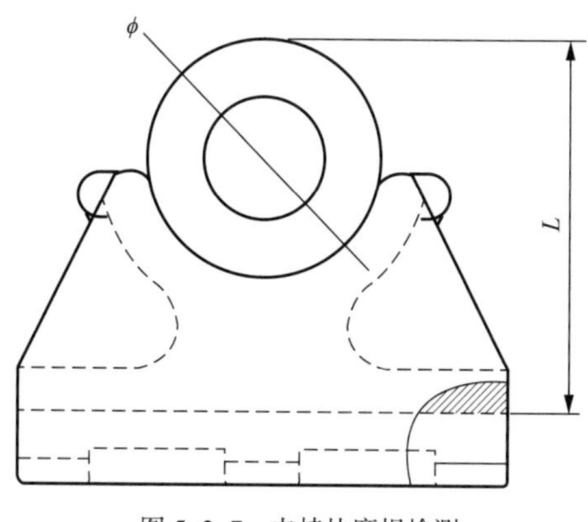

图 5-2-7　夹持块磨损检测

（二）注意事项

①根据在用夹持块规格，选择对应尺寸的测试棒，见表 5-2-5。

②夹持块磨损到一定程度后需要及时更换，否则可能会产生油管打滑等伤害连续油管。

③夹持块基座磨损过大，也必须更换。

表 5-2-5　设备测试棒规格

夹持块规格 /in	测试棒规格 /in
1.25	1.25
1.5	1.5
1.75	1.75
2.00	2.00
2.375	2.375
2.875	2.875

四　减速机

减速机油品加注：Omala S2G 220（加至中位）。减速机油选择见表 5-2-6。

表 5-2-6　减速机其他牌号润滑油推荐

供应商	润滑油牌号
美孚	Mobil gear600XP220
长城	L-CKD220

(一) 注意事项

①减速机润滑油换油要求：在工作 150h 或 100 里（里程表读数）后，第一次换油；每半年检查油质；每年或工作 1500h 后，更换润滑油。

②每次工作前都要检查减速机润滑油的液面。如果作业时液面过低，会对驱动系统造成损害。

(二) 检查流程

①排出减速机内的润滑油，并检查是否有金属微粒。

②拆下马达和刹车并检查所有的部件是否有损坏。

③拆掉减速机后端盖并检查齿轮面和轴承是否有损坏。拆掉减速机后端盖后可以看见第一级，拆掉第一级后，可以看到第二级。

④填写《注入头驱动系统维护时间表》(表 5-2-7) 和《注入头驱动系统磨损情况观察表》(表 5-2-8)。

⑤重新组装驱动系统。

⑥在减速机内注入推荐的油品并达到适当的液面。

⑦依据注入头驱动系统维护时间表定期检查。联系生产厂家售后服务技术人员以确定维修时间。

⑧《注入头驱动系统维护时间表》。注入头每运行 200 里（里程表读数），填写《注入头驱动系统维护时间表》。

表 5-2-7　注入头驱动系统维护时间表

减速机型号	
注入头产品编号	
注入头里程表读数	
减速机润滑油状况	
金属微粒最大尺寸	

☐ 润滑油被污染　☐ 存在燃烧有气味　☐ 存在潮气　☐ 正常油味

注意：润滑油存在许多小的金属微粒是正常的。

表 5-2-8　注入头驱动系统磨损情况观察表

花键状况	磨损类型	阶梯深度
马达输出	平磨 / 沙漏状	
刹车输入	平磨 / 沙漏状	
刹车输出	平磨 / 沙漏状	
驱动轴输入	平磨 / 沙漏状	
驱动轴输出	平磨 / 沙漏状	

⑨填写《注入头驱动系统磨损情况观察表》（表 5-2-8）时，要注意观察齿轮的齿面磨损情况，如图 5-2-8、图 5-2-9 所示，并按以下方式记录磨损类型、阶梯深度。注意：齿面磨损深度超过 0.35mm 即为报废。

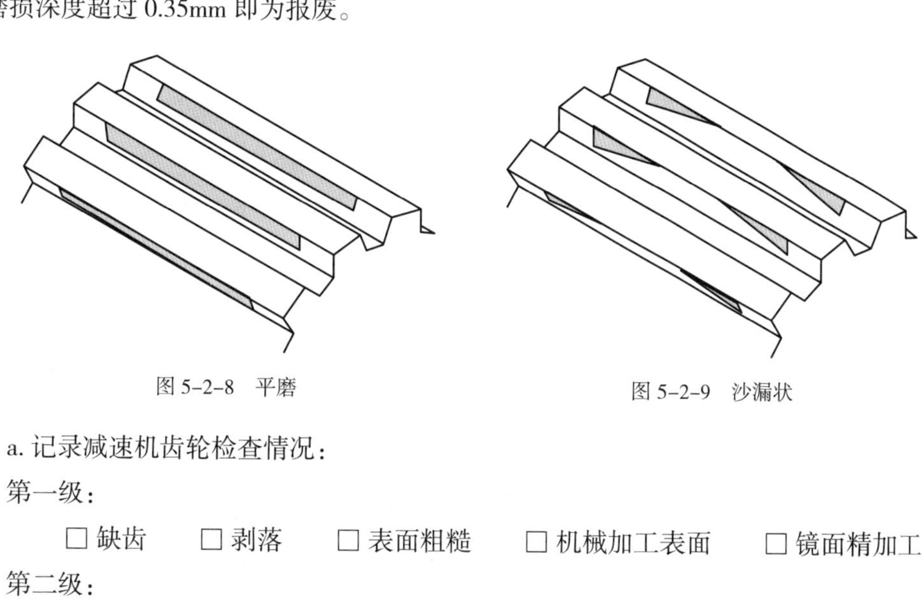

图 5-2-8　平磨　　　　图 5-2-9　沙漏状

a. 记录减速机齿轮检查情况：

第一级：

☐ 缺齿　☐ 剥落　☐ 表面粗糙　☐ 机械加工表面　☐ 镜面精加工

第二级：

☐ 缺齿　☐ 剥落　☐ 表面粗糙　☐ 机械加工表面　☐ 镜面精加工

b. 制定《注入头定期维护时间表》，形式见表 5-2-9（以时间和里程先到为准）。

表 5-2-9　注入头定期维护时间表

维护周期						维护操作
工作前	工作后	每月	每年	运行时间 /h	运行里程数 / 里	
●						1. 检查减速机润滑油位
●						2. 检查鹅颈对中情况
●						3. 检查鹅颈滚轮是否转动自如
●						4. 检查指重传感器两侧锁紧螺母是否松开到安全距离，液压指重传感器是否有泄漏 / 电子指重传感器输出电流是否正常

续表

维护周期						维护操作
工作前	工作后	每月	每年	运行时间 /h	运行里程数 / 里	
●						5. 检查所有的控制开关是否处于安全启动位置
●						6. 检查液压接头、管线是否有外部可见的泄漏
●						7. 检查夹紧油缸、张紧油缸是否有泄漏
●						8. 检查夹持块限位螺钉是否松动，夹持块是否有损坏
●						9. 检查链条轴承是否损坏，是否有润滑脂从轴承密封处泄漏
●						10. 检查推板是否有损坏
●						11. 检查链条是否有损坏或者部件缺失
●						12. 检查吊索及卸扣是否有磨损或损坏
●						13. 检查链轮是否有损坏
●						14. 检查注入头主压力管路上的过滤器显示
●						15. 检查注入头的喷油润滑是否正常
	●					16. 检查张紧轴承内圈是否松动
	●					17. 清理夹持块
	●					18. 润滑链条和链条轴承
		●				19. 检查蓄能器预充压力
			●			20. 检查注入头吊耳及销轴是否有磨损或损坏
			●			21. 拆卸链条后对推板做探伤检测
			●	1500		22. 更换减速机润滑油
				300		23. 更换或清理注入头主压力管路上的高压过滤器滤芯
				200		24. 张紧轴承更换润滑脂
				150	100	25. 首次更换减速机润滑油
					200	26. 检查驱动系统
					800	27. 检修驱动系统

第三节　滚筒检查维护

一　日常检查维护

（一）作业前

①全面清洁整套装置的内部和外部。

②润滑罐添加润滑油，检查润滑组件是否磨损正常。

③液压管线接头是否松动渗漏。

④按照润滑图册，对排管器、链条、链轮齿、高压旋转接头进行润滑保养。

⑤旋塞阀加注高压密封脂。

⑥检查排管器扭矩限制器是否磨损，油管固定管卡是否固定牢固，调整自动排管张紧齿轮、链条，检查计数器弹簧是否松动。

⑦检查排管器滑舌是否严重磨损。

⑧检查高压旋转接头、滚筒芯轴、底座是否螺栓松动，液压管线是否固定牢固。

⑨滚筒固定棘轮紧锁具是否拉紧。

（二）启动后

①液压油和润滑罐气压是否泄漏 / 堵塞。

②所有的液路、电路控制开关功能是否正常。

③检查油管润滑功能是否正常，喷出的油是否覆盖油管。

④滚筒旋转接头、高压管汇是否泄漏。

⑤滚筒旋转中是否有异响。

（三）作业结束后

①往润滑油瓶加润滑油。

②检查液压油渗漏迹象，紧固松动的部件或更换 O 形圈。

③全面清洁整套装置的内部和外部，并润滑链条、链轮齿。

④检查滚筒固定棘轮紧锁具是否拉紧。

⑤检查排管器处油管末端固定管卡是否固定牢固。

二　月检查维护

①紧固轴承螺丝，固定衬套和链轮齿。

②检查排管器双向螺杆和铜块的疲劳状况，清洁并给铜块、链轮齿、链条注一般用途的锂基黄油。

③检查油管润滑器油芯的磨损状况，如有问题，则更换油芯。

④检查计数器轮磨损情况（若有 >3mm 凹槽，更换），调整计数器弹簧张力。

⑤拆卸流量计总成，清理缠绕在流量涡轮上的污物。

三 年检查维护

（一）滚筒旋转接头总成拆卸维保

①从油管滚筒上取下旋转接头。

②从旋转接头的输入端取下硬管。

③从旋转接头输出端取下法兰安装螺丝帽。

④取下旋转接头。

⑤清理并检查腔体和轴是否腐蚀。

⑥腔体涂抹黄油并更换损坏的密封件，安装高压旋转接头。

⑦泵酸时，使用缓蚀剂，可能时，加中和剂。工作后，拆卸旋转接头并清理内部附着液体，以利于防锈蚀。

（二）芯轴

①可视裂缝

②轴套表面磨损。

③轴心腐蚀检查。

④前轴密封面检查。

⑤检查芯轴面磨损情况。

（三）滚筒轴承

轴承，密封环，轴心支架轴承的晃动检查（边对边），紧固轴承固定螺丝。

（四）排管器检查

①导向轮轴承注黄油。

②检查所有的轴衬是否有过度磨损。

③检查扭矩限制器摩擦片、铜环磨损情况，链条张紧度是否合适，螺丝是否松动。

④检查计数轮是否有沟槽，计数器弹簧是否张力合适，确保其与油管接触良好。

⑤检查计数轮滑舌磨损情况。

（五）减速机

①检查减速机及支撑座螺丝是否松动。

②更换减速机齿轮油。

第四节　防喷器检查维护

一　维护及检查标准

①储存或操作防喷器时应保持平衡阀关闭。

②每一次作业之后，要求打开、清洗并润滑防喷器的液压缸。任何损坏的密封或零件都需要更换，尤其需要检查闸板橡胶件。其常见的磨损形式是橡胶沿压力方向被挤出。当橡胶件出现明显的磨损时须进行更换。

③检查剪切刀片刃口，如果刀片上有裂纹则会影响刀片的剪切性能，须进行更换。剪切刀片在使用一次后必须进行更换。

④每次作业后，将闸板总成拆下，检查所有闸板、密封件，清洗壳体、闸板和液压缸闸板腔。

⑤检查卡瓦螺纹牙，如果螺纹牙变钝则会影响卡瓦的夹紧性能，须进行更换。

⑥每三个月定期将闸板、液压缸、平衡阀和法兰等拆下，全部清洗并涂抹润滑脂。

⑦每年定期将设备全部拆检并更换所有密封件。

⑧每两年定期对与井内流体接触的部件按照 ISO13665 的要求进行磁粉探伤。

⑨每四年定期对所有重要部件按照 ISO13665 的要求进行磁粉探伤。

二　测试

每次作业前都需进行如下功能测试。

1. 液缸密封性能测试

所有液缸总成都需在闸板打开腔和关闭腔进行压力试验。

打开腔压力试验从对应控制液缸总成的 OPEN 口与 CLOSE 口分别连接两根油管，从 OPEN 口通入液压油使其压力达到 3000psi，保压 15min，压降在 150psi 之内且无可见泄漏。关闭腔压力试验从对应控制液缸总成的 OPEN 口与 CLOSE 口分别连接两根油管，从 CLOSE 口通入液压油使其压力达到 3000psi，保压 15min，压降在 150psi 之内且无可见泄漏。

2. 全封密封性能测试

将装配好的防喷器底部连接上试验堵头、用 2″ FIG1502 由壬法兰组件堵住侧泄口，从对应控制全封的液缸总成的 OPEN 油口与 CLOSE 油口分别连接两根油管，从 CLOSE 油口端注入液压油使其压力达到 1500psi，然后从底部测压法兰向壳体内部注入添加防锈剂的水，使其压力达到 15000psi，保压 15min，压降在 500psi 之内且无可见泄漏。

3. 半封密封性能测试

将装配好的防喷器底部连接上试验堵头，将与半封尺寸规格相同的测试棒放入闸板中，从对应控制半封的液缸总成的 OPEN 油口与 CLOSE 油口分别连接两根油管，从 CLOSE 油口端注入液压油使其压力达到 1500psi，然后从底部测压法兰向壳体内部注入添加防锈剂的水，使其压力达到 15000psi，保压 15min，压降在 500psi 之内且无可见泄漏。

三 常见故障与处理方法

防喷器常见故障与处理方法见表 5-4-1。

表 5-4-1 防喷器常见故障与处理方法

序号	故障现象	产生原因	处理方法
1	井内介质从侧出口法兰连接处渗出	壳体与侧出口法兰密封面有脏物	清除密封面脏物
		壳体与侧出口法兰密封面有损坏	修复损坏部位
		螺栓未拧紧	按照规定扭矩拧紧螺栓
		密封垫环损坏	更换密封垫环
2	井内介质从侧门渗出	侧门与壳体之间的密封件损坏	更换侧门与壳体之间的密封件
3	液压缸观察孔漏油	液压缸靠近观察孔的密封件损坏	更换相应的密封件
4	闸板移动方向与控制台铭牌标志不符	控制台与防喷器连接管线接错	交换防喷器油路接口的管线位置
5	液控系统正常，但闸板位置关不到位	闸板接触端有其他物质，如沙子、泥浆块的淤积	清洗闸板、闸板腔
6	闸板关闭后封不住压	闸板前密封或顶密封损坏	更换闸板前密封或顶密封

第五节 防喷盒检查维护

一 维护及检查标准

①每次作业后须取出盘根及抗挤压环并检查所有可见的密封件，检查前须擦除密封件表面残留的井内流体。更换磨损的盘根和抗挤压环，确认铜套的磨损量是否达到更换标准。

②每月需取出盘根、抗挤压环和铜套，彻底清洁所有部件，检查零部件的磨损情况及密封位置的缺陷情况，如有损坏必须进行更换。

③每年定期将设备全部拆检并更换所有密封件和损坏的零件，垫环槽按照 ASTM E709 的要求进行磁粉探伤。

④每两年定期对与井内流体接触的部件按照 ASTM E709 的要求进行磁粉探伤。

⑤每四年定期对所有重要部件按照 ASTM E709 的要求进行磁粉探伤。

注意：由于作业工况的多变性，防喷盒的作业寿命可能会存在较大变化，为使防喷盒的作业寿命达到最长，用户必须充分考虑所有的作业工况，确定合适的检验时间，强烈建议分析设备情况以确保下一次常规检验前仍安全有效。

二 测试

每次作业前都需进行如下密封测试。

（一）柱塞液控系统试验

将门锁和门总成打开，操作液压系统，使液压油从 LOWER RETRACT（下防喷盒松开）进入（图 5-5-1），将下活塞移向底部，保持下活塞处于打开状态。从 CLOSE WINDOW（关防喷盒罩窗）打压 1000psi，将下柱塞移至顶部，保持下柱塞处于关闭状态；继续升压至 3000psi，保压 10min，压降在 150psi 之内且无可见泄漏。从 OPEN WINDOW（开防喷盒罩窗）打压 1000psi，将下柱塞移至底部，保持下柱塞处于打开状态；继续升压至 3000psi，保压 10min，压降在 150psi 之内且无可见泄漏。

上柱塞的试验方法与下柱塞一致，使液压油从 UPPER RETRACT（上防喷盒松开）进入，重复上述步骤。

（二）活塞液控系统试验

在做活塞液控系统试验时，需保证柱塞和门总成处于关闭状态，锁上门锁。操作液压系统，从 LOWER RETRACT（下防喷盒松开）打压 1000psi（图 5-5-1），将下活塞移至底部，保持下活塞处于打开状态；继续升压至 3000psi，保压 10min，压降在 150psi 之内且无可见泄漏。从 LOWER PACK-OFF 打压 1000psi，将下活塞移至顶部，轻轻摇晃测试棒，确保测试棒被夹紧，保持下活塞处在关闭状态；继续升压至 3000psi，保压 10min，压降在 150psi 之

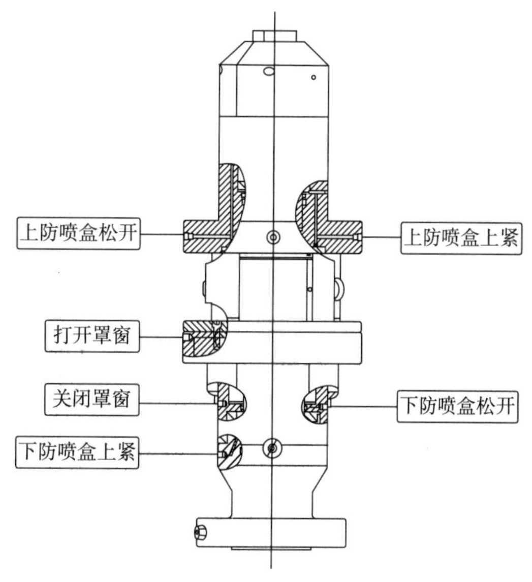

图 5-5-1　双开门防喷盒液压连接图

内且无可见泄漏。上活塞的试验方法与下活塞一致。分别从 UPPER RETRACT（上防喷盒松开）和 UPPER PACK-OFF 打压，重复上述步骤。

注意：测试棒规格须与盘根规格相匹配，不允许在没有安装测试棒的情况下挤压盘根。现场如无测试棒，则必须拆除盘根进行上下活塞的液控系统的试验。

（三）盘根密封试验

在做盘根密封试验时，需保证柱塞和门总成处于关闭状态，锁上门锁。操作液压系统，使液压油从 UPPER RETRACT（上防喷盒松开）和 LOWER RETRACT（下防喷盒松开）进入，使上下活塞处于打开状态。从防喷盒顶端注入添加防锈剂的水，直到水从防喷盒顶端处溢出，操作液压系统，使液压油从 UPPER PACK-OFF 进入，使上活塞关闭，同时将测试棒上提，扶住测试棒，直至上活塞完全关闭；从 UPPER PACK-OFF 油口打压，使上活塞挤压盘根，预压紧过程中的压力值应不高于 3000psi。

低压试验时升水压至 200~300psi，保压 10min，压降在 10psi 之内且无可见泄漏；高压试验时升水压至额定工作压力（$4\frac{1}{16}$ in-10K 双开门防喷盒升水压至 10000psi；$4\frac{1}{16}$ in-15K 双开门防喷盒升水压至 15000psi），保压 10min，压降在 500psi 之内且无可见泄漏；下盘根的试验方法与上盘根一致。使液压油从 LOWER PACK-OFF 打压，重复上述步骤。

三 常见故障与处理方法

防喷盒的常见故障与处理方法见表 5-5-1。

表 5-5-1 防喷盒常见故障与处理方法

序号	故障现象	产生原因	处理方法
1	井内介质沿连续油管从防喷盒中渗出	盘根损坏	泄压后更换盘根
		液控压力不足	增大挤压盘根的液控压力
2	油路接口处漏油	接口处密封有问题	泄压后拆下堵头或液压接头，清理油口更换生料带或重新涂抹密封胶后装配
		堵头或液压接头松动泄压并重新紧固堵头或液压接头	堵头或液压接头受损或污染泄压并重新更换堵头或液压接头
3	液压缸液压油外漏	液压缸处密封圈损坏	更换对应液压缸处密封圈
4	液压压力不能上升	柱塞上的密封圈损坏	更换柱塞上的密封圈
5	盘根有效作业时间短	作业前密封试验未装入测试棒，导致盘根损伤	更换盘根，作业前装入测试棒再进行密封试验
		作业前盘根磨损严重	泄压后更换盘根
		液控压力过大，盘根过度挤压	控制盘根的液控压力以密封住井内介质为宜，当出现泄漏后适当提高密封液控压力直至密封成功
		抗挤压环磨损严重	泄压后更换抗挤压环
		连续油管表面粗糙度差	评估更换连续油管或增加对油管润滑
		铜套磨损严重	更换所有铜套和抗挤压环，建议整套转换包全部更换

思考题

1. 简述滚筒作业前、中、后日常检查维护内容。
2. 防喷器常见故障及处理方法有哪些?
3. 防喷盒常见故障及处理方法有哪些?

扫一扫
获取更多资源

第六章

安全保障

连续油管作业风险主要包括有害物质的伤害和作业过程伤害两类风险。有害物质包括烃类、H_2S、CO_2、入井液体、汽油和柴油等。作业过程中的安全风险主要有道路运输风险、吊装作业风险、高空作业风险、井控风险等。为确保施工安全需对风险进行评估，制定相应的控制措施。

第一节　风险评估

一　危险性分析

1. 主要危害物质

有害物质包括 H_2S、石油和天然气、入井液、酸液、汽油、柴油等。

H_2S 不仅对人体的健康和生命安全有很大的危害性，对设备也具有强烈的腐蚀性，H_2S 腐蚀对管材存在很大的危险。

石油和天然气是由碳氢化合物组分组成的可燃性液体或气体。天然气分为气田气和油田伴生气，一般气田气中甲烷含量占天然气总体积的 90% 以上。石油与天然气的性质决定了它们易燃、易爆的危险性。

入井液具有一定的毒性，现场用量大、残留量大、使用频繁，在配置和使用过程中，容易与人的皮肤、眼睛接触，造成人体伤害。

酸液是一种特殊入井液，主要成分是盐酸、土酸、甲酸、有机酸等。接触盐酸及其蒸气或烟雾，能引起眼结膜炎、鼻及口腔黏膜有烧灼感、牙龈出血，诱发皮炎、慢性支气管炎等身体疾病。

汽油和柴油主要用于现场作业施工的车辆和设备的燃料，遇明火、高热极易燃烧爆炸，具有可燃性。

2. 施工风险识别

连续油管作业施工类型多，施工现场特殊，危险因素多、施工风险复杂，施工风险主要包括井控风险、道路运输风险、吊装作业风险、高空作业风险等。

（1）井控风险

连续油管带压作业，依靠专用设备控制井口压力。井控操作是井口压力控制的关键环节，主要靠防喷盒、防喷管、防喷器等井控设备实现井口压力动态控制，井控操作风险大。

连续油管作业井控风险是指井控设备失效、管材破损或操作失误等因素造成的井内流体溢出或喷出的失控状态。井控设备失效包括防喷盒、防喷管、防喷器等设备丧失压力控制能力，管材破损包括施工中油管刺漏、穿孔、断裂、挤毁破裂等。

（2）道路运输风险

连续油管设备运输特种车辆结构庞大、总质量大；转弯、倒车、停车、超车时占用车道多；车体重心高、容易侧翻；遇软路肩、危桥易压毁道路设施；车身存在视觉盲区，容易造成近车身周围人和物的伤害。

油田作业路段道路状况参差不齐，连续油管设备运输可能遭遇道路等级较低、压实度低、沉降不足、平整度差、急转弯多、道路狭窄等各种路况，车辆易倾翻、沉陷、碰撞、剐蹭其他车辆、行人等。

（3）吊装作业风险

连续油管作业是一种比较特殊的作业，频繁地安装、拆卸和井口操作等作业过程，需全程使用大型起重设备配套作业。起重设备结构复杂，所吊构件多种多样、载荷大、吊装现场摆放空间狭小、环境复杂、吊装操作要求高等因素，使得起重吊装作业具有高风险性。

起重吊装作业风险的控制与现场工程管理、操作指挥、起重司机、吊装作业人员、起重设备、作业环境等安全行为密切相关。

（4）高空作业风险

连续油管作业过程中，设备安装、拆卸、穿连续油管等作业涉及高空作业。

高空作业风险主要有三个方面，一是作业者本人身体失稳造成坠落，二是由于物质变形、移位、打击使作业者失稳而导致坠落，三是操作者落物伤人事故。

高空作业的风险涉及多种诱导因素，主要有不按照规程的操作因素；气候等环境因素；设备、材料不安全因素；人员身体与心理健康因素等。

二 防控措施

1. 井控风险防控措施

连续油管作业井控工作的主要任务是防止井控设备失效，有效控制井口压力。因此，保证井控设备的完好性和适用性是连续油管作业井控安全的关键。

（1）井控设备选择

所选用的井控设备、地面管汇压力等级应与相应作业井段的最高地层压力相匹配。所选用设备的材质应与油气井的环境相匹配，主要包括金属承压件本体的材料及所选用的密封件的材料应满足耐硫化氢腐蚀、井口流体温度以及强度的要求。

连续油管压力等级应与循环泵最大工作压力相匹配，压力等级的确定应该考虑疲劳损耗在允许范围之内，材质满足抗井筒内流体腐蚀的要求。

（2）井控设备检测与试压

防喷盒、防喷管、防喷器、单流阀每次施工前应按标准程序进行试压，试压合格后方能进行连续油管工程施工。其中防喷器组应分别对半封闸板、全封闸板及防喷器组整体进行试压；防喷盒每次施工前要更换适合的新的防喷盒密封胶芯。

防喷器除日常维护保养外，由专业检验维修机构每年检测一次，或按运转时间，满 12 井次带压施工检测一次，合格后方可继续使用。

（3）完善井控应急预案

根据各种工况、井况等不同作业内容编写连续油管作业井控应急预案，要求预案可执行性、适用性强，严格执行一井一案。井控应急预案内容应全面、翔实、规范、操作性强，各应急程序之间相互衔接。应急预案应细化到各个岗位，明确各岗位权限、责任、处置程序及汇报流程。

（4）加强现场应急演练

现场应急演练要向实用性推进，演练达到实效，确保每名员工牢固掌握应急处置程序，能快速应对井控突发事件，确保各岗位人员熟悉各自的岗位职责，熟悉各自的岗位具体操作，保证设备完好，并能熟练操作，保证一旦发生井控事件，能够各司其职，默契配合，顺利完成井控工作。

2. 液体危害风险防控措施

储液罐内应清洁、无异物、无泄漏，进出口阀门、接头完好，罐体应有相应的警示警告标志。酸液现场操作人员穿戴全套防护劳保用品，酸液现场配备苏打水，如皮肤与酸液接触，及时冲洗。井场及放喷池现场配备碳酸钠，及时中和泄漏和返排的残酸。

作业场所设置应急洗眼器。

3. 有毒有害气体风险防控措施

根据井场地形地貌及气象条件，模拟计算有毒有害气体散逸后的浓度分布情况，确定监测值范围及危险区域等级，在监测区域内设立 H_2S、可燃气体浓度监测点，重点对人口居住区增加流动监测点。人员进入有可能存在 H_2S、可燃气体聚集区域前应检测 H_2S、可燃气体浓度，以防中毒。

4. 道路运输风险防控措施

动迁工作开始前，应对井场道路进行详细踏勘，编写踏勘报告，对于途中风险点进行评估并制定措施；动迁途中需专门生产车辆进行引导；油管未吹水、大雾、雨雪及天黑等情况禁止动迁。

5. 吊装风险防控控制

吊装工作开始前，应对起重运输和吊装设备以及所用索具、卡环、夹具、卡具、锚碇等的规格、技术性能和损伤情况等进行细致检查或试验检测，发现有损坏或松动现象，应立即调换或修好。起重设备应进行试运转，发现转动不灵活、有磨损的应及时修理或更换；重要构件吊装前应进行试吊，经检查各部位正常后才可进行正式吊装。

吊装作业时要有专人指挥，指挥人员须经过相关培训并合格。吊装工作区应有明显标志，并设专人警戒，与吊装无关人员严禁入内。起重机工作时，起重臂杆旋转半径范围内，严禁站人或通过。

6. 高空作业风险防控措施

凡是进行高处作业施工的，应选择性使用脚手架、平台、梯子、防护围栏、挡脚板、安全带和安全网等；作业前应认真检查所用的安全设施是否牢固、可靠；高处作业人员应持证上岗，作业前应进行相应的安全技术交底；作业人员应按规定正确佩戴和使用安全带；应按类别，有针对性地将各类安全警示悬挂于施工现场各相应区域；高处作业所用工具、材料严禁投掷。

第二节　应急处置

一　动力单元故障

①关闭滚筒、注入头刹车。

②依次关闭卡瓦及半封闸板并手动锁紧。

③必要的话保持正常循环。

④检修或者更换动力装置，恢复运行。

二　防喷盒泄漏

①停止起下连续油管。

②依次关闭卡瓦及半封闸板并手动锁紧。

③如果是双联防喷盒，则启用备用防喷盒。

④通过压井管线或生产三通泄掉防喷管内的压力，同时观察半封闸板两侧的压力密封情况。

⑤卸掉防喷盒控制压力。

⑥根据要求更换胶芯。

三　连续油管挤毁

挤毁一般发生在防喷盒以下位置，是难以快速发现的，可通过上提吨位急剧增加来辅助判断。连续油管挤毁，一般会变平，看起来像个中间存在缺陷的椭圆形容器。连续油管外径的增加（或长轴）通常比防喷盒内已磨损衬套的内径还要大，但是挤毁情况一般会在防喷盒处停止。

①压井。

②泄掉防喷盒压力，拆除胶芯和衬套。

③慢慢起出连续油管，以确定挤毁油管的顶部位置。

④再次将连续油管下入井内，直到连续油管的未破损部分向下完全通过防喷器组。

⑤关闭卡瓦和半封闸板，并手动锁紧。

⑥慢慢释放注入头链条夹紧，以验证卡瓦闸板是否已起作用。

⑦打开防喷器上部由壬，吊车缓慢上提注入头，直到漏出油管 1m 左右。

⑧手动切割漏出连续油管，并将注入头拆下移至旁边。

⑨用油管钳直接卡住露出防喷器组的连续油管。

⑩将吊车或游动滑车同油管钳连接起来，然后依次打开半封及卡瓦闸板。

⑪慢慢将油管从井内起出，起出的长度是吊车或游动滑车能起出的最大长度。

⑫利用挤毁油管钳将露出防喷器组的连续油管钳住，再从底部油管钳的上方剪断连续油管。用吊车将挤毁的连续油管起出井筒。

⑬继续重复提升、卡紧和剪切的动作，直到受损部分完全起出，同时确保未受损过渡带已离开防喷器。伸出防喷器的完好连续油管长度应足够长（>6m），以确保连续油管的伸出部分能穿过防喷盒和注入头。

⑭关闭卡瓦闸板，拆除油管钳。

⑮安装注入头，并确保注入头位于连续油管上方。向内部链条施加一定的液压，并将注入头工作模式设定为起出模式。然后，打开卡瓦闸板。

⑯可以利用连续油管接头将连续油管的末端和滚筒上的连续油管连接在一起；也可以在连续油管的末端安装一个快速由壬，再缠绕到一个新的滚筒上。

⑰重新安装防喷盒衬套和胶芯。

⑱起出剩下的连续油管。

四 连续油管断裂

（一）井下断裂

①记录上提悬重情况，通过对比估算出断裂处连续油管的长度。

②停止起下，通过连续油管循环压井液压井。

③压井成功后，必须缓慢起出连续油管，这是因为油管断裂的位置尚不清楚。随时做好关闭总阀的准备。

（二）滚筒和注入头之间出现断裂

①停泵、停止起下作业。

②依次关闭卡瓦和半封闸板。

③观察井下单流阀，如果密封有效，则将注入头处油管起至地面，采用万向式缠绕连接器进行注入头油管和滚筒处油管连接，然后，继续将连续油管起出井筒。如果单流阀存在漏失，则利用剪切闸板剪断连续油管。

④用注入头将连续油管上提50cm，并使连续油管的剪切端与全封闸板分离。

⑤关闭全封闸板。

⑥检查并对比位于全封闸板上方、压井四通、节流阀或生产三通处的压力。

⑦将连续油管从防喷盒中起出之前，试着泄放全封闸板上部的压力。

⑧通过压井法兰的出口和连续油管，采用挤入法，向井内泵送高密度的压井液；若该方法无法实施，则通过三通向井内泵送高密度的压井液。

⑨压井一旦成功，则采取反穿注入头的方式起出井内油管。

（三）注入头和防喷盒之间出现断裂

①停泵、停止起下作业。

②依次关闭卡瓦和半封闸板。

③关闭剪切闸板，注意关闭闸板所需的瞬时液压（利用该压力可确定关井时连续油管是否停留在剪切闸板所在的位置或断裂的连续油管是否已经下落到防喷器组以下位置）。

④如果启动剪切闸板所需的瞬时液压低于剪断连续油管所需的压力，则关闭全封闸板，并讨论后续将连续油管从井内取出的方法。

五　连续油管穿孔

（一）防喷盒和注入头间穿孔

①停止注入头和滚筒的操作。

②尽可能地降低泵压，但是不要停泵。

③观察穿孔的大小，若是很小的针孔，或是仅引起轻微的漏失，则继续起出连续油管。

④如果穿孔很大，漏失现象很严重，则下入连续油管，使连续油管上的穿孔部分进到防喷盒和半封闸板之间。

⑤依次关闭卡瓦和半封闸板。

⑥利用连续油管进行压井作业，使井口压力降为0。

⑦压井成功后，起出连续油管进行维修或更换。

（二）注入头和滚筒间穿孔

①停止注入头和滚筒的操作。

②停泵，缓慢上提连续油管。

③观察穿孔的大小，若是很小的针孔，或是仅引起轻微的漏失，则继续起出连续油管。

④若是肉眼可见的裂开，且单流阀有效，则停止起出，在滚筒端打好管卡，通过排管器左右和上下移动，折断连续油管，按照连续油管断裂来处理。

六 防喷盒和注入头之间的连续油管出现弯曲

①停止起下作业。

②依次关闭卡瓦和半封闸板。

③慢慢释放注入头链条夹紧，以验证卡瓦闸板是否起作用。

④打开防喷器上部由壬，吊车缓慢上提注入头，直到漏出油管 1m 左右。

⑤手动切割漏出连续油管，并将注入头拆下移至旁边。

⑥将弯折的连续油管切除，安装万向可缠绕式连接器。

⑦通过万向缠绕式连接器将注入头处油管和防喷器处油管对接。

⑧吊车配合缓慢上提连续油管，并连接好防喷器和防喷盒处由壬后，正常起出井内油管。

七 连续油管失控下落

连续油管下入过程中，一般是下到比较深的位置时容易出现油管下入失控的情况。

①增加注入头夹紧压力，若不再下滑，正常作业；若继续下滑，则按下述操作。

②依次关闭半封及卡瓦闸板。

③下压验证卡瓦闸板的可靠性。

④松开注入头夹紧及张紧。

⑤检查链条夹持块，清除掉夹持块排污槽内的所有碎屑（比如，石蜡、污垢等）。

⑥检查链条夹紧轴承，更换破损轴承。

⑦将链条内（外）的压力重新设置到合适的数值。

⑧如果认为没有问题，可继续进行施工作业；否则，起出连续油管，细心检查。

思考题

1. 简述动力单元故障应急处置程序。
2. 简述注入头夹紧功能失效应急处置程序。
3. 简述防喷盒泄漏应急处置程序。
4. 简述油管刺漏单流阀失效后剪管处置步骤。

扫一扫
获取更多资源

第七章

操作项目

连续油管作业操作项目主要包括倒管作业，穿、抽管作业，设备安装及调试，设备关键部件更换，连接器安装，计数器清零等相关内容，是连续油管作业使用过程中常用操作项目，每个项目包括操作步骤、技术要求、安全注意事项等内容，熟练掌握上述内容，有利于提高员工技能操作水平。

第一节　倒管作业

新购连续油管在出厂时，一般缠绕在运输滚筒上，需要倒入动力滚筒才能实施作业。

一　操作步骤

（一）作业前检查

①连续油管运送到现场，检查连续油管运输滚筒的包装，检查并接收连续油管的出厂检验报告单，签署验收文件。

②检查倒管器各油品是否均符合要求。

③确认连续油管运输滚筒的尺寸、油管尺寸及重量均满足倒管器的要求。

④确认运输滚筒的形式，按需为倒管器安装合适的销轴。

⑤检查排管器下端盖安装总成，导轮位置处于正确的安装位。

⑥检查倒管器部件是否齐全，确认各紧固件连接可靠、无松动，地面支撑平稳。

（二）设备摆放

①作业滚筒距离倒管器15~20m，且作业滚筒应在倒管器中心轴线的延长线上，两者之间无遮挡物。

②车辆摆放满足操作室在合适位置，便于观察作业滚筒及倒管器。

③吊车根据运输滚筒最大负载及提升高度确定摆车位置，一般吊车转盘中心应距倒管器3~5m，尽量保证起重工视线良好。

④倒管器液压管线操作台（小推车）摆放至合适位置，距离作业滚筒和倒管器中心轴线10m以上安全距离（或运输滚筒侧后方）。

（三）设备安装

1. 连接液压管线

将主车软管滚筒上的注入头动力管线、倒管等液压管线及倒管器操作台液压管线与倒管器液压快速接头按编号或功能标识连接。

2. 滚筒及倒管器测试

①操作室建压并确认各仪表压力正常、各管线液压油无渗漏。

②操作室对作业滚筒解刹，调节滚筒工作方向至出井（正转），缓慢调节滚筒背压测试转动性能，并测试刹车功能；同理测试作业滚筒入井（反转）、运输滚筒出入井（正反转）及刹车等功能。

③操作室测试作业滚筒排管器升降、左右移动功能，倒管器液压管线操作台测试运输滚筒排管器移动功能、夹紧缸伸缩功能。

3. 安装运输滚筒

①倒管器液压管线操作台控制夹紧缸伸张至最大宽度。

②在运输滚筒上系挂牵引绳，吊车吊装运输滚筒至倒管器中部，令滚筒中心孔与倒管器转动中心轴在同一水平线，并靠近至倒管器从动轴方向（一轴）。倒管器液压管线操作台控制缓慢收缩夹紧缸，驱动轴（三轴）方向专人观察防止碰撞，直至从动轴全部进入滚筒中心孔。

③操作室通过注入头控制调节倒管器转动，令驱动轴正对滚筒工作孔。

④倒管器液压管线操作台控制缓慢收缩夹紧缸，直至驱动轴全部进入滚筒工作孔。

⑤倒管器底部伸缩缸位置插入限位销，并使用吊带、倒链锁紧液压缸防止作业中摆放松动。

⑥拆除运输滚筒钢丝绳，吊车移动至距作业滚筒附近，尽量保证起重工有良好的视线。

4. 安装运输滚筒排管器

①运输滚筒、作业滚筒刹车，人员登高使用与油管外径配套的防脱管卡（以下简称管卡）固定在连续油管前端，使用吊索具连接并系挂在吊车主钩上。

②吊车带小负荷，人员拆除油管头与滚筒固定装置。

③解刹，操作室将注入头手柄放置在入井方向，调节注入头压力与吊车平衡（建议300~500psi，可根据不同设备及油管重量调整）。

④吊车增加负荷，同时操作室控制运输滚筒背压配合吊车拉油管，直至油管长度超出排管器位置合适长度。

⑤确认运输滚筒、作业滚筒刹车，倒管器液压管线操作台控制运输滚筒排管器至油管正下方，人员登高安装排管器、锁紧扣及锁紧销。

5. 倒管

（1）穿油管

①解刹，吊车继续水平拉油管到长度过连续油管作业滚筒 2~3m。

②运输滚筒、作业滚筒刹车，人员登高安装管卡。

③将连续油管放置在地面上，解除连续油管前端的管卡，在前端 0.5~1m 位置系好牵引绳，并在连续油管前端 4~6m 位置安装管卡，使用吊带系挂在吊车主钩上。

④吊车上提至连续油管前端靠近作业滚筒油管槽，操作室缓慢调节滚筒方向使油管槽正对油管头，在人员牵引、吊车配合下将连续油管送入滚筒，将油管由壬端（部分需要提前拆卸、进入后安装连续油管由壬帽）连接至滚筒内部弯头并敲击紧固。

⑤吊车降低负荷为零，运输、作业滚筒解刹，操作室确认滚筒工作方向为出井，增加调节滚筒背压直至油管开始在作业滚筒上缠绕。

⑥待油管绷紧 / 拉直后，运输、作业滚筒刹车，人员登高摘取吊车吊钩及管卡，将油管安装进滚筒排管器内，安装锁紧扣及锁紧销。

⑦解刹后继续向作业滚筒缠绕连续油管直至运输滚筒端管卡与排管器分开，运输滚筒、作业滚筒，人员登高拆除运输滚筒管卡。

（2）倒管

①操作室通过调节作业滚筒和运输滚筒压力（注入头压力）进行倒管，从动滚筒保持一定压力防止油管松动（建议 300~500psi，可根据不同设备及油管重量调整）。

②向作业滚筒端导油管，保持作业滚筒背压大于运输滚筒背压；向运输滚筒端导油管，保持运输滚筒背压大于作业滚筒背压。

③作业滚筒最底层油管缠绕期间，应保证连续油管排列紧凑。

④倒管过程中，速度不应过快，速度应控制在 35m/min 以内；运输滚筒剩余 3~5 圈油管时，速度应控制在 10m/min。

⑤倒管期间长时间暂停作业时，应进行运输滚筒、作业滚筒刹车并安装滚筒棘轮紧锁链，两端排管器前端均安装管卡。

⑥倒管期间，倒管器液压管线操作台控制排管器移动，尽量与作业滚筒排管器方向一致。

⑦倒管期间，人员应定期巡检倒管器夹紧缸是否伸张、中心轴套是否松动、滚筒是否发出异响等。

（3）抽油管

①运输滚筒剩余半圈油管时，停止倒管，运输滚筒、作业滚筒刹车，人员登高在运输滚筒、作业滚筒端排管器前安装管卡，运输滚筒端管卡使用吊索具系挂在吊车上。

②人员登高拆卸运输滚筒锁紧销、锁紧扣，并打开排管器，倒管器液压管线操作台控制排管器远离。

③人员拆卸运输滚筒内部油管固定管卡。

④解刹，操作室控制注入头手柄至出井方向，调节压力缓慢转动滚筒，其间吊车同步上提，直至连续油管从运输滚筒内起出。

⑤吊车缓慢水平朝运输滚筒方向将连续油管拉出，直至作业滚筒端挂管卡与排管器分开，运输滚筒、作业滚筒刹车、人员登高拆作业滚筒管卡。

⑥操作室调节滚筒背压回收油管，同时吊车配合，直至管卡到达作业滚筒排管器位置。

⑦取下吊车吊钩，调节滚筒背压、降低排管器到最低位置，运输滚筒、作业滚筒刹车，使用滚筒棘轮紧锁链，固定作业滚筒。

（4）设备拆卸

①吊装运输滚筒、拆卸管线。

②解绑倒管器夹紧缸倒链、取下限位销。

③吊车吊装运输滚筒至滚筒正常重量，倒管器液压管线操作台控制夹紧缸缓慢伸张，直至驱动轴端与滚筒中心孔逐渐分离，最终移动至最远位置保持安全距离。

④在运输滚筒上系挂牵引绳，吊车适当上提负荷保持滚筒平衡、防止侧斜，移动吊钩令滚筒另一端从从动轴端完全退出。

⑤吊装运输滚筒至指定场地位置，并摆放在底座上固定。

⑥操作室泄压，人员拆卸液压管线，安装防尘帽，回收液压管线。

⑦倒管器液压管线操作台回放至指定位置。

二 技术要求

①场地要求：场地空旷，上空无高压线、信号线、通信线等线缆，无多余车辆，预留逃生通道。

②工具准备：应符合所连接连续油管的规格型号和技术规范。

③设备准备：连续油管控制设备、连续油管滚筒、吊车（35t 以上）。

④施工准备：排管时，不得使用铁榔头直接敲击的方式排管，可使用铜榔头或垫厚木板缓冲的方式震击，注意保护连续油管。

⑤防脱卡子注意卡紧，但不要挤伤连续油管。

三 注意事项

①吊运时，设备周围具备足够操作空间，便于人员操作、撤离。

②连续油管有极强的挠性，吊机操作要缓慢，防止滚筒上连续油管松散；吊机摘钩和在地面放置时，自由端必须固定牢固，防止连续油管回弹伤人。

③登高作业时，使用好安全带和防坠落装置。

④操作期间专人指挥、专人监护。

第二节　穿、抽管作业

一　穿连续油管

将连续油管穿入注入头，是连续油管作业的准备工作，是组装连续油管设备的关键步骤。

（一）操作步骤

①根据场地情况摆放连续油管设备及注入头。

②安装连接、测试注入头，将上、中、下三级夹紧压力均调节至0psi，令连续油管手动、液压压帽均处在开位。

③在滚筒端连续油管末端安装2个防脱管卡，使用吊带、U形环将连续油管（管卡）与吊机吊臂（或大钩）连接。

④用吊机将连续油管拉出，吊机边拉、操作手边调节滚筒背压并操作连续油管滚筒放长连续油管，直到拉出长度大于连续油管设备与注入头距离的4~6.5m，吊机牵引连续油管保持不动，同时连续油管滚筒刹车，在连续油管滚筒排管器前安装防脱管卡。

⑤缓慢放置连续油管于地面，解除连续油管端部的2支防脱管卡，在连续油管末端安装连续油管导引头，再将绳套使用活节系在距连续油管末端4~5m处，挂在吊机大钩上，并在末端1~2m附近系好两根牵引绳。

⑥吊机缓慢吊运，地面作业人员使用牵引绳扶正、注入头上人员辅助将连续油管引入注入头附近，1~2名操作人员攀爬注入头，吊机、地面牵引人员、注入头上方操作人员，将连续油管末端插入注入头夹持块缝隙中。

⑦操作手将注入头手柄调节至“入井”方向，缓慢转动链条，同时吊机配合使连续油管缓慢进入注入头夹持块，同时关闭鹅颈管最底部手动压帽。

⑧当连续油管到达上夹紧液压缸位置时，将上夹紧油缸开关置于“工作”状态、调节压力至500psi，注入头刹车，人员拆除牵引绳；操作手解除注入头刹车，继续缓慢下入连续油管，待连续油管到达中、下夹紧液缸时，依次将对应夹紧油缸开关置于“工作”状态、调节压力至500psi，继续下放连续油管，直到连续油管通过防喷盒底部，其间根据油管与鹅颈管贴合程度关闭相应的鹅颈管压帽。

⑨吊机移动、落钩令软吊带自由下落至注入头上部后，人员拆除吊带，将注入头吊索具与吊机大钩相连。

⑩确认吊索具伸张至最大长度且未碰撞到其他物件后，操作人员离开注入头，吊机平稳起吊离开注入头躺床。

⑪到达合适位置后操作手控制下放连续油管，直至滚筒排管器前的防脱管卡脱离排管器，停止下放连续油管，将滚筒刹车，人员登高摘除防脱管卡。

⑫确认连续油管紧贴鹅颈管滚轮后，关闭鹅颈管液压压帽。

（二）技术要求

①场地要求：按照连续油管操作规程选择场地，并摆放连续油管设备。

②工具准备：应符合所使用连续油管的规格型号和技术规范。

③设备准备：连续油管控制设备、连续油管滚筒、吊车（35t以上）。

④施工准备：做好现场的环保工作，要注意保护注入头的各类液控管线、数据线、传感线。

⑤注入头链条运转测试时，上、中、下三级夹紧压力必须全部为0psi，否则链条将错位，损伤注入头。

⑥注入头链条高速运转测试时，将张紧缸压力调至500psi，避免链条马达跳齿。

（三）注意事项

①吊运时，设备周围具备足够操作空间，便于人员操作、撤离。

②连续油管有极强的挠性，吊机操作要缓慢，防止滚筒上连续油管松散；吊机摘钩和在地面放置时，自由端必须固定牢固，防止连续油管回弹伤人。

③登高作业时，使用好安全带和防坠落装置。

④操作期间专人指挥、专人监护。

二 抽连续油管

将连续油管从注入头内抽出放回作业滚筒，是在连续油管作业结束后分离注入头与连续油管设备的关键步骤。

（一）操作步骤

①拆除连续油管工具及连接器，使连续油管端部无阻挡，使用锉刀将连续油管外表面打磨平滑；吊运注入头放置在躺床上。

②操作手调整上、中、下夹紧缸压力为500psi，将注入头空手柄置于“出井”方向起连续油管；待起出防喷盒后将滚筒及注入头刹车。

③操作人员登高在滚筒排管器前端安装1个防脱管卡，固定连续油管。

④打开鹅颈管液压压帽，待连续油管通过下、中夹紧液缸时，依次将对应的夹紧油缸打开调节压力降至0psi，继续起连续油管，直到连续油管到达上夹紧液压缸位置，人员登高打开鹅颈管手动压帽，在注入头端连续油管与鹅颈管分离的位置安装2个防脱管卡，卡子间距10~20cm，在靠近滚筒端管卡上安装U形环将吊带与管卡连接，并系挂在吊机大钩上。

⑤待操作人员离开后，吊机上提吨位约0.5t，保持吊带紧绷；操作手调节上夹紧缸压力降至0psi，解除滚筒和注入头刹车，驱动注入头链条缓慢起连续油管出注入头，同时吊

车配合起钩。

⑥待连续油管起出注入头后，操作手停止注入头运转，吊机保持牵引力，缓慢牵连续油管，直至滚筒排管器前的防脱管卡离开排管器；滚筒刹车，操作人员登高解除滚筒端防脱管卡。

⑦主操手解除滚筒刹车，吊机保持牵引力、缓慢回送连续油管，主操手根据吊机回送速度调节滚筒控制压力，确保连续油管紧密缠绕。

⑧吊机缓慢回送连续油管直至防脱管卡到达滚筒排管器位置，降低排管器至最低位置后，将滚筒刹住，摘取吊机大钩连接的吊带。

⑨解除滚筒刹车，操作手调节滚筒压力至100~300psi，操作人员使用倒链连接防脱管卡、将排管器降至最低位置，滚筒刹车、安装棘轮锁固定。

（二）技术要求

①场地要求：场地空旷，上空无高压线、信号线、通信线等线缆，无多余车辆，预留逃生通道。

②工具准备：应符合所连接连续油管的规格型号和技术规范。

③设备准备：连续油管控制设备、连续油管滚筒、吊车（35t以上）。

④施工准备：做好现场的环保工作，要注意保护注入头的各类液控管线、数据线、传感线。

⑤将连续油管抽出注入头前，应及时调节夹紧缸压力至0psi，否则将损坏注入头。

⑥防脱卡子注意卡紧，但不要挤伤连续油管。

（三）注意事项

①吊运时，设备周围具备足够操作空间，便于人员操作、撤离。

②连续油管有极强的挠性，吊机操作要缓慢，防止滚筒上连续油管松散；吊机摘钩和在地面放置时，自由端必须固定牢固，防止连续油管回弹伤人。

③登高作业时，使用好安全带和防坠落装置。

④操作期间专人指挥、专人监护。

第三节　设备安装及调试

一　注入头管线安装、运行测试

注入头是执行连续油管起下动作的设施，是连续油管作业的关键装置。注入头的正确安装和测试是连续油管施工能否安全有效进行的重要保证。

（一）操作步骤

①将连续油管滚筒车、控制车、注入头、吊车等设备设施摆放就位；将注入头升起至直立状态；使用倒链将注入头四角绷绳紧固注入头。

②连续油管控制车挂取力器，设备建立压力；解除注入头控制管线、注入头动力管线以及防喷器控制管线的固定铁链。

③操作“注入头控制管线滚筒”控制手柄，释放控制管线；松开注入头控制管线绑缚吊带，将控制管线使用人力拖曳或使用吊车辅助缓慢拖曳牵引连续油管至注入头附近。

④使用同样方法，将注入头动力管线和防喷器控制管线拖曳至注入头附近；卸除设备压力，摘取力器。

⑤依照对应的管线铭牌连接注入头控制管线；连接结束后，再次依照对应铭牌进行检查核实；将控制管线减负绳挂在注入头上，确保连接头不受额外的坠拉力影响。

⑥连接注入头动力管线和连接防喷器控制管线，依照对应的管线铭牌连接、检查核实、挂减负绳。

⑦连续油管控制车挂取力器，设备建立压力；对防喷器进行“开、关”测试，各闸板测试顺序为“全封闸板、剪切闸板、卡瓦闸板、半封闸板”，检查闸板动作速度和闸板对应是否准确，通过指示针或从防喷器上端观察闸板是否开关到位。

⑧升起鹅颈管，并使用销子固定；需要液压升起的鹅颈管，在液控管线连接好后，升起。

⑨检查注入头润滑油液面并补充；打开防喷盒，检查铜套，更换防喷盒胶芯。

⑩主操手将“注入头控制手柄”推入“入井”位置，旋转“注入头压力控制”“注入头排量”“注入头扭矩”旋钮，启动注入头链条旋转，速度由慢至快，地面操作人员同步检查夹持块、链条，以及注入头润滑系统，同时检查注入头计数器的速度、悬重显示是否正常。

⑪主操手将“注入头控制手柄”推入“出井”位置，旋转“注入头压力控制”“注入头排量”“注入头扭矩”旋钮，启动注入头链条旋转，速度由慢至快；检查注入头情况。

（二）技术要求

①控制管线和动力管线在连接注入头之前，必须将设备压力卸除，否则对快速接头密封圈有较大伤害。

②连接注入头控制管线为快插式接头，按照管线号牌与对应的注入头快速接头相连，连接前清理快速插头内的杂尘，确保清洁。

③连接控制管线时，应首先连接回油管线，其余管线安装无先后顺序。

④控制管线接头为集成快插的，可直接快速连接。

⑤管线外部要注意清洁无多余绳索和附加物，防止释放时误挂设施造成设备损坏。

⑥防喷器在安装至井口之前，应首先在地面进行开关测试；开关测试不少于2次，以

便于排空液控管线内空气，加快动作速度。

⑦注入头测试时，链条夹紧缸禁止施加压力；高速测试时，张紧力可打至500psi，保护注入头链条。

⑧注入头运转测试时间应不少于10min，有助于排空连接管线时进入的空气，利于设备作业安全。

⑨清洁防喷盒摄像头。

（三）注意事项

①吊装时，设备周围具备足够操作空间，便于人员操作、撤离。

②登高作业时，做好安全防护。

③吊车操作严格执行相关标准，吊车动作要缓慢。

④操作人员要服从指挥，完毕要做到工完料净。

⑤地面操作人员做好设备检查，对高速运转部件保持安全距离。

二 防喷器功能测试

防喷器功能测试作业，是连续油管安装设备的准备工作，在作业期间溢流、井涌、井喷等异常情况下，是控制井口、迅速关井的关键步骤。

（一）操作步骤

①按照场地情况，摆放防喷器及底座至合适位置。

②将防喷器软管滚筒上的液压管线与防喷器液压快速接头按编号或功能标识连接。

③操作防喷器前，防喷器供油阀应处于“开”位，检查供油压力不低于2800psi。

④操作手控制将全封闸板手柄置于“关”位，观察防喷器压力表变化，同时两名操作人员分别从防喷器顶部、闸板侧面观察确认闸板及指示杆均到位；安装手动锁紧手柄（部分），关闭手动锁紧并记录圈数确认正常。

⑤开启手动锁紧确认到位后，操作手控制将全封闸板手柄置于“开”位，同时两名操作人员分别从防喷器顶部、侧面观察确认闸板及指示杆均到位。

⑥同理自上而下依次测试剪切、卡瓦、半封闸板；测试卡瓦、半封闸板期间，应确认闸板尺寸与使用的油管相配套。

⑦检查防喷器平衡阀开关是否灵活。

⑧切断设备动力源后，仅使用蓄能器对每个闸板进行“关－开－关”，操作后蓄能器压力不低于1000psi。

⑨测试完成后、作业前，地面应再次确认防喷器各闸板均处于开位，操作室防喷器控制手柄应安装防误碰装置。

⑩作业完成后填写《防喷器功能测试表》。

（二）技术要求

①防喷器功能测试时，应安排 2 名操作人员分别从防喷器顶部、闸板侧面观察确认闸板及指示杆开关均到位。

②防喷器功能测试完成后应确认闸板全部开启到位，避免损伤。

③防喷器应悬挂闸板标识、开关指示牌及手动锁紧圈数牌。

④防喷器控制管线内不得有空气，若有气泡及时排空。

（三）注意事项

①施工人员应穿戴好劳保用品，顶部观察人员应佩戴好护目镜，防止橡胶密封件残余压力释放。

②作业前做好人员分工，清楚作业风险和注意事项。

③液压管线在泄压情况下插拔，快速接头在憋压情况下应使用扳手松扣泄压。

④操作期间专人指挥。

三 防喷盒功能测试

防喷盒功能测试作业，是连续油管安装设备的准备工作和作业期间连续油管动密封的关键步骤。

（一）操作步骤

①摆放注入头于躺床上。

②操作人员将液压控制管线连接至“OPEN WINDOW（打开防喷盒罩窗）”“CLOSE WINDOW（关闭防喷盒罩窗）”油口，手动打开门锁、侧门。

③操作室将下部防喷盒转到释放位置、调节，地面观察直至防喷盒罩窗完全打开，完全露出胶芯等组件。

④防喷盒泄压后，操作人员更换液压管线至“LOWER RETRACT（下防喷盒松开）”“LOWER PACK-OFF（下防喷盒夹紧）”油口，操作手将下部防喷盒转到释放位置、调节压力，直至松动方便检查。

⑤操作人员分两次各取下半块胶芯进行目视化检查，磨损情况下及时更换，同样方法检查盘根磨损情况，使用游标卡尺测量铜套内径检查磨损量。

⑥检查或更换完毕后，保持铜套、盘根、胶芯各对接面均错开且外端面在同一曲面，在外端面涂抹黄油进行润滑。

⑦操作人员更换液压控制管线连接至“OPEN WINDOW（打开防喷盒罩窗）”“CLOSE WINDOW（关闭防喷盒罩窗）”油口，操作手将下部防喷盒转到加压位置、调节压力，地面观察直至防喷盒罩窗完全关闭，确认关闭后手动关闭侧门、门锁。

⑧操作人员更换液压控制管线连接至“LOWER RETRACT（下防喷盒松开）”“LOWER PACK-OFF（下防喷盒夹紧）”油口。

⑨需检查测试上防喷盒时，应先将其放置在专用底座内，然后拆卸注入头，再拆卸上防喷盒内六角螺钉，将卡箍取下，操作手操作“UPPER RETRACT（上防喷盒松开）”“UPPER PACK-OFF（上防喷盒夹紧）”进行检查测试。双联防喷盒设备检查测试完成后，须确认液压管线均处于“松开、夹紧”工作端。

⑩若为单防喷盒设备，从下部的“OPEN WINDOW”油口打压，使防喷盒“罩窗”完全打开，并完全露出下部胶芯组件；从“LOWER RETRACT”油口打压，使下部防喷盒下活塞完全退回，其他操作如上。

⑪作业完成后填写《防喷盒功能测试表》。

（二）技术要求

①防喷盒的胶芯、抗挤压环、下铜套、上铜套，均为左右对称的半圆形，安装时各构件的对接缝隙的相位角应在30°~45°方位排列，不得在同一直线上。

②安装铜套时，先将1组下部导向铜套安装好，以便于在安装其他上部构件时，保护下活塞。

③安装前清理各构件内的杂尘、污物，不得有破损、划痕，确保清洁，在构件内外轻抹一层黄油，做好保护。

④双联防喷盒测试完成后需确认液压接口均安装在工作端位置。

⑤防喷盒控制管线内不得有空气，若有气泡及时排空。

（三）注意事项

①施工人员应穿戴好劳保用品，顶部观察人员应佩戴好护目镜，防止橡胶密封件残余压力释放。

②作业前做好人员分工，清楚作业风险和注意事项。

③液压管线在泄压情况下插拔，快速接头在憋压情况下应使用扳手松扣泄压。

④操作期间专人指挥。

第四节　设备关键部件更换

一　更换注入头夹持块

夹持块是注入头夹紧油管，使自身与油管之间产生摩擦力，从而控制注入头起下油管的基本单元。

（一）操作步骤

1. 作业准备

①连接液压动力站与注入头躺床的液压管线。

②将注入头直立，安装固定销。

2. 取夹持块

①人员正对夹持块站立，一只手按下夹持块固定弹片。

②另一只手将夹持块左右滑动取下夹持块。

③取下减震垫片。

④用平口起子清洁夹持块牙齿。

⑤检查减震垫片是否出现裂纹或磨损。

3. 设备安装

①将减震垫片对应卡槽装入。

②按下弹簧片。

③顺着限位卡槽，装入夹持块。

④左右晃动夹持块，检查是否安装到位。

（二）技术要求

①弹簧片必须按压到底，才能取出夹持块。

②安装完毕后，必须左右晃动夹持块，确保安装到位。

（三）注意事项

①登高作业时，做好安全防护。

②操作空间狭小，注意安全防护。

二 更换注入头夹紧轴承

夹紧轴承，是夹紧压力传递的媒介，夹紧液缸通过夹紧轴承，传递夹紧力到链条，再传递到夹持块，形成一种动夹紧力。

（一）操作步骤

1. 作业准备

①连接液压动力站与注入头躺床的液压管线。

②将注入头直立，安装固定销。

2. 拆卸注入头夹紧轴承

①拆卸链条护罩。

②使用卡簧钳取下夹紧轴承限位卡簧。

③使用小榔头、铜棒敲出夹紧轴承销轴。

④取下轴承。

⑤检查轴承两端防尘圈是否完好，转动轴承顺畅，无卡涩。

3. 设备安装

①将夹紧轴承安装到轴承基座，同时插入销轴。

②使用榔头、铜棒使销轴安装到位。

③安装卡簧，并转动卡簧，检查卡簧是否安装到位。

（二）技术要求

①卡簧钳必须正对卡簧，才能快速插入卡簧小孔，取出卡簧。

②卡簧安装完毕，必须转动检查卡簧是否安装到位。

（三）注意事项

①登高作业时，做好安全防护。

②操作空间狭小，注意安全防护。

三 更换单开门双联防喷盒胶芯铜套

防喷盒，挂于注入头下部，是利用外接液压系统，推动防喷盒内的单个或多个铜套，挤压胶芯使之与连续油管紧密贴合，密封井内油气不能外泄。

（一）操作步骤

1. 作业准备

①按照施工要求，将连续油管液压动力站、防喷盒、吊车等设备设施摆放就位。

②用吊车将防喷盒固定在防喷盒维保基座上。

2. 上部盘根铜套拆卸

①从“UPPER RETRACT”油口打压使上活塞完全缩回，拆卸内六角螺栓将卡箍取下。

②取出顶部铜套。

③从“UPPER PACK-OFF”油口打压将盘根组件推出，取出抗挤压环、隔套、盘根，取出导向铜套。

3. 下部盘根铜套拆卸

①将防喷盒操作窗限位销拧出，打开门。

②从下部的“OPEN WINDOW”油口打压，使防喷盒操作窗完全打开，露出盘根挤压环组件。

③从“LOWER RETRACT”油口打压，使防喷盒下活塞完全退回。

④依次取出上抗挤压环、盘根、下抗挤压环、上铜套、下铜套。

4. 盘根铜套安装

①检查所有的盘根和抗挤压环，如有磨损则更换，测量所有铜套内径、磨损量超过0.1in，更换。

②依次安装下部防喷盒的下铜套、抗挤压环、上铜套、盘根、抗挤压环，并在主密封涂抹黄油。

③从“CLOSE WINDOW”油口打压，关闭防喷盒操作窗。

④关闭下部防喷盒门，并锁死。

⑤从“UPPER RETRACT”油口打压，完全缩回上部活塞。

⑥依次安装上部防喷盒的盘根、隔套、抗挤压环、上铜套、卡箍，并安装限位螺栓。

（二）技术要求

①防喷盒的胶芯、抗挤压环、下铜套、上铜套，均为左右对称的半圆形，安装时各构件的对接缝隙的相位角应在30°~45°方位排列，不得在同一直线上。

②安装铜套时，先将1组下部导向铜套安装好，以便于在安装其他上部构件时，保护下活塞。

③安装前清理各构件内的杂尘、污物，不得有破损、划痕，确保清洁，在构件内外轻抹一层黄油，做好保护。

④双联防喷盒测试完成后需确认液压接口均安装在工作端位置。

⑤防喷盒控制管线内不得有空气，若有气泡及时排空。

（三）注意事项

①吊装时，设备周围具备足够的操作空间，便于人员操作、撤离。

②登高作业时，做好安全防护。

③操作空间狭小，注意安全防护。

④操作人员要服从指挥，完毕要做到工完料净。

⑤地面操作人员做好设备检查，对高速运转部件保持安全距离。

四 更换双开门双联防喷盒胶芯（1号防喷盒）

1号防喷盒是作业用防喷盒。

（一）操作步骤

1. 作业准备

①按照施工要求，将连续油管滚筒车、控制车、注入头、地锚基墩、吊车等设备设施

摆放就位；将注入头升起至直立状态；使用倒链将注入头的四角绷绳紧固以固定注入头。

②依照对应的管线铭牌连接注入头控制管线、动力管线和防喷盒控制管线，检查核实、挂减负绳。

2. 盘根检查

①确认防喷盒内无密封压力。

②从“LOWER RETRACT”油口打压，使 1 号防喷盒下活塞完全退回。

③将下部门锁销轴拧出，打开 1 号防喷盒 2 个活门总成。

④从下部的“OPEN WINDOW”油口打压，使 1 号防喷盒“罩窗”完全打开，并完全露出下部胶芯组件。

⑤取出抗挤压环，支撑上部铜套。

⑥依次取出胶芯、抗挤压环、上部 1 对铜套、下部 1 对导向铜套。

⑦检查所有的铜套、盘根组件和密封，如有磨损，必须进行更换。

3. 盘根安装

①安装下部 1 对导向铜套。

②安装并支撑（托）住上部 1 对铜套。

③依次安装胶芯和抗挤压环。

④从下部的“CLOSE WINDOW”油口打压，使 1 号防喷盒“罩窗”完全关闭。

⑤关闭 1 号防喷盒 2 个活门总成，转动门锁销轴直至门锁头部到达下螺柱后端。

（二）技术要求

①防喷盒的胶芯、抗挤压环、下铜套、上铜套，均为左右对称的半圆形，安装时各构件的对接缝隙的相位角应在 30°~45° 方位排列，不得在同一直线上。

②安装铜套时，先将 1 对下部导向铜套安装好，以便于在安装其他上部构件时，保护下活塞。

③安装前清理各构件内的杂尘、污物，不得有破损、划痕，确保清洁，在构件内外轻抹一层黄油，做好保护。

④防喷盒控制管线内不得有空气，若有气泡及时排空。

（三）注意事项

①吊装时，设备周围具备足够操作空间，便于人员操作、撤离。

②登高作业时，做好安全防护。

③操作空间狭小，注意安全防护。

④操作人员要服从指挥，完毕要做到工完料净。

⑤地面操作人员做好设备检查，对高速运转部件保持安全距离。

五 更换双开门双联防喷盒胶芯（2 号防喷盒）

2 号防喷盒是紧急备用防喷盒。

（一）操作步骤

1. 作业准备（拆防喷盒）

①将防喷盒支座放置在平坦地面上。

②分离防喷盒上的控制管线。

③吊车起吊注入头，将防喷盒放在支座上，拆除防喷盒与注入头之间的挂销轴。

④将注入头吊离防喷盒，放置于操作区域附近地面。

2. 检查胶芯、铜套

①确认防喷盒内无密封压力。

②拆卸 2 号防喷盒内六角螺钉，将卡箍取下，在此过程中，注意从上部柱塞内腔托住铜套组件，避免其突然落下，并从上部缓慢取出。

③依次取出 2 号防喷盒 1 对顶部导向铜套、抗挤压环、胶芯、1 对下导向铜套。

④检查 2 号防喷盒所有的铜套组件，如有磨损，必须进行更换。

3. 胶芯、铜套的安装

①装配时，将 1 对下导向铜套、胶芯、抗挤压环、1 对顶部导向铜套，依次从 2 号防喷盒上部的活塞内腔中装入。

②将安装好的铜套组件从 2 号防喷盒上部柱塞内腔向上托起使其露出轴套上部，并安装卡箍。

③用内六角螺钉将卡箍连接紧固。

4. 挂注入头

①吊车起吊注入头，将注入头对正至防喷盒上部，缓慢下放引入注入头，待挂销孔对齐之后，插入挂销轴。

②连接防喷盒控制管线。

（二）技术要求

①防喷盒的胶芯、抗挤压环、下铜套、上铜套，均为左右对称的半圆形，安装时各构件的对接缝隙的相位角应在 30°~45° 方位排列，不得在同一直线上。

②安装各构件时，注意先后顺序，保护各构件不受损伤。

③安装前清理各构件内的杂尘、污物，不得有破损、划痕，确保清洁，在构件内外轻抹一层黄油，做好保护。

④防喷盒控制管线内不得有空气，若有气泡及时排空。

（三）注意事项

①吊装时，设备周围具备足够操作空间，便于人员操作、撤离。

②登高作业时，做好安全防护。

③操作空间狭小，注意安全防护。

④操作人员要服从指挥，完毕要做到工完料净。

⑤地面操作人员做好设备检查，对高速运转部件保持安全距离。

六 更换四闸板防喷器闸板

防喷器，是井控设备系统，它是利用外接液压系统，在井下施工异常时，关闭半封或者全封隔绝地层压力，防止井控事故的关键装备。

（一）操作步骤

1. 作业准备

①用吊车将防喷器固定在维保基座上。

②防喷器全封、剪切、卡瓦、半封闸板侧盖螺栓全部拆卸。

③连接液压管线。

2. 检查胶芯、铜套

①从上而下，依次打开全封、剪切、卡瓦、半封闸板。

②设备停机熄火。

③拆卸全封闸板，若前密封和后密封密封件有磨损、裂纹、老化，则更换，检查侧盖密封钢圈（垫环）、密封圈是否有缺口、磨损，若有则更换。

④拆开剪切闸板，检查剪切刀片刃口，刃口有裂纹或钝口则更换。检查侧盖密封钢圈（垫环）、密封圈是否有缺口、破损，若有则更换。

⑤拆开卡瓦闸板，检查卡瓦，若螺纹牙变钝、有裂纹则更换。检查侧盖密封钢圈（垫环）、密封圈是否有缺口、破损，若有则更换。

⑥拆卸半封闸板，若前密封和后密封密封件有磨损、裂纹、老化，则更换，检查侧盖密封钢圈（垫环）、密封圈是否有缺口、磨损，若有则更换。

⑦拆卸平衡阀，清洁检查平衡阀本体、密封件。

3. 设备安装

①将防喷器本体清洁并涂抹黄油。

②自上而下依次安装半封、卡瓦、剪切、全封闸板。

③安装平衡阀。

（二）技术要求

①防喷器各闸板钢圈必须平稳放置在总成上，防止防喷器关闭时挤坏钢圈。

②拆卸时从上而下，装配时从下而上，防止闸板总成由于没有放好掉落。

③安装前清理各构件内的杂尘、污物，不得有破损、划痕，确保清洁，在构件内外轻抹一层黄油，做好保护。

（三）注意事项

①吊装时，设备周围具备足够的操作空间，便于人员操作、撤离。

②登高作业时，做好安全防护。

③操作空间狭小，注意安全防护。

④操作人员要服从指挥，完毕要做到工完料净。

⑤地面操作人员做好设备检查，对高速运转部件保持安全距离。

七 更换滚筒高压旋转接头密封件

高压旋转接头，主要作用是当滚筒在高速旋转时，将外部高压水等液体传递到连续油管内，将液体动力传递到井下，起到动密封作用。

（一）操作步骤

1. 作业准备

①连续油管滚筒摆放到位。

②将滚筒旋转接头侧踏板摆放到位（至少可容纳 2 人作业）。

2. 拆卸注入头夹紧轴承

①拆除旋转接头前端连接管汇。

②拆除旋转接头高压管汇固定螺栓，取下高压管汇。

③拆除旋转接头法兰固定螺栓。

④使用顶丝将旋转接头顶出，取出旋转接头。

⑤取下高压密封圈，检查密封圈破损情况并做必要的更换。

⑥清洁并检查芯轴是否磨损严重。

⑦清洁并检查高压旋转接头腔体。

⑧清洁并检查高压管汇与旋转接头连接处密封圈。

3. 设备安装

①将高压旋转接头腔体清洁干净并涂抹黄油。

②将高压旋转接头隔圈安装于腔体内并压紧。

③将高压旋转接头密封圈安装于腔体内并与隔圈压紧。

④将高压旋转接头密封压环安装于腔体内并与密封圈压紧。

⑤将旋转接头轴和铜环涂抹黄油，正对腔体装入。

⑥安装旋转接头法兰固定螺栓。

⑦安装旋转接头高压管汇，并固定螺栓。

⑧安装旋转接头前端连接管汇。

（二）技术要求

①取出高压旋转接头前，顶丝必须将高压旋转接头顶出。

②高压旋转接头密封圈，必须先装入腔体，每一个圈必须压紧。

（三）注意事项

①登高作业时，做好安全防护。

②操作空间狭小，注意安全防护。

第五节　连接器安装

连续油管不同于常规钻具，没有自带丝扣连接工具，只有通过人工在油管底部安装一个连接器，方可与井下工具相连。

一　安装铆钉式连接器

铆钉式连接器是一种通过专用铆钉工具把连续油管与连接器锚定在一起的连续油管专用连接器。

（一）操作步骤

①安装工观察外露的连续油管，挑选外壁光洁、无明显划痕且相对较直的一段做连接器。

②使用连续油管割刀将该位置以下不合格的连续油管割除。

③使用平板锉将割好的连续油管断口锉平。

④使用平板锉将连续油管断口外部打磨出3~5mm的倒角。

⑤使用100~150目砂纸将断口以上10cm的外壁打磨，至无明显划痕。

⑥使用300~400目砂纸将断口以上10cm的外壁抛光，至手触光滑无毛刺感。

⑦将专用打窝器内的打窝销钉退至打窝器壁内；自下而上，套入打窝器；使用打窝器上的运动头进行锤击，确保造坑器到位，做好标识。

⑧以先上后下、先对角后两边的顺序，上紧打窝销钉，在连续油管上挤出凹坑，确保每个打窝销钉上到位。

⑨将打窝销钉退至打窝器壁内，使用打窝器上的运动头进行锤击，退出打窝器。

⑩检查打窝效果，用平板、砂纸锉修理凹坑周边卷起毛边；检查铆钉式连接器密封圈，

在连接器内壁和密封圈上涂抹均匀少量黄油。

⑪将连接器内的固定销钉退出，留作观察孔。

⑫将连接器连接到专用打窝器上，自下而上，套入连续油管；观察销钉孔，使用打窝器上的运动头轻轻震击，直至看到凹坑到位，12 个孔对齐。

⑬固定销钉外涂抹厌氧胶后，以先上后下、先对角后两边的顺序，上紧固定销钉，连接器安装完成。

⑭连接器下部上紧试拉盘，使用浅色记号笔在连接器上部边缘的连续油管上做记号。

⑮缓慢上提连续油管至试拉盘顶到防喷管下部；分别上提 5t、10t、15t，并保持 3~5min，测试连接器强度。

⑯安装工根据记号变化情况检查试拉结果；主操手记录悬重变化曲线和测试结果。

⑰连续油管内通水，直至出口出水；关闭试拉盘泄压针阀。

⑱根据施工设计要求，对连接器进行密封性试压；主操手记录压力变化曲线和测试结果。

（二）技术要求

①工具准备：应符合所连接连续油管的规格型号和技术规范。

②施工准备：安装连接器时，不得使用榔头直接敲击的方式操作，可使用垫厚木板缓冲的方式震击，注意保护连接器。

③查找合适连续油管时，为保证连接器的密封圈所处位置安全有效，连续油管外壁不能有明显的凹坑和横纹，不能有深度超过 1mm 的划痕、细纹。

④使用锉刀处理划痕或使用角磨机打磨时，手要把稳，注意不要在同一位置锉动，避免产生深沟。

⑤割刀在割断连续油管时，因刀片切入油管外壁产生挤压，会形成 1~2mm 的锋利台阶，此处极易伤害连接器内部的密封圈，必须在做倒角时将其清除干净。

⑥在将连接器套入端口时，要注意对正，防止因歪斜刮伤密封圈。

⑦厌氧胶涂抹均匀，防止脱扣。

（三）注意事项

①施工人员应穿戴好劳保用品，戴好护目镜。

②操作人员在吊臂下作业，施工前要分工明确，确保安全操作。

③吊车回转系统、吊臂、吊钩，必须具备锁定功能，确保吊车在受力作业时不会发生溜钩、回转，确保施工人员安全。

④割除不合格的连续油管时，根据操作人员身高，宜每 1.0~1.2m 长度割一次；操作人员不得踩踏未加固定的脚垫。

⑤操作严格执行相关标准，吊车动作要缓慢。

⑥操作人员要服从指挥，完毕要做到工完料净。

二 安装外卡瓦式连接器

外卡瓦式连接器是通过卡瓦咬合与连续油管连接起来的连续油管专用连接器。

（一）操作步骤

①安装工观察外露的连续油管，挑选外壁光洁、无明显划痕且相对较直的一段做连接器。

②使用连续油管割刀将该位置以下不合格的连续油管割除。

③使用平板锉将割好的连续油管断口锉平。

④使用平板锉将连续油管断口外部打磨出 3~5mm 的倒角。

⑤使用 100~150 目砂纸将断口以上 10cm 的外壁打磨，至无明显划痕。

⑥使用 300~400 目砂纸将断口以上 10cm 的外壁抛光，至手触光滑无毛刺感。

⑦将卡瓦连接器拆卸开，卸下固定、锁紧螺钉，按顺序将下接头、卡瓦自下而上套入油管（卡瓦注意方向）。

⑧卡瓦与本体比对距离，固定卡瓦位置。

⑨检查本体密封圈，在本体内壁和密封圈上涂抹均匀少量黄油。

⑩将连接器本体，自下而上，套入连续油管；与下接头进行连接，用管钳进行紧扣。

⑪ 固定、锁紧螺钉外涂抹厌氧胶后，按顺序上紧螺钉，连接器安装完成。

⑫ 连接器下部上紧试拉盘，使用浅色记号笔在连接器上部边缘的连续油管上做记号。

⑬ 缓慢上提连续油管至试拉盘顶到防喷管下部；分别上提 5t、10t、15t，并保持 3~5min，测试连接器强度。

⑭ 安装工根据记号变化情况检查试拉结果；主操手记录悬重变化曲线和测试结果。

⑮ 连续油管内通水，直至出口出水；关闭试拉盘泄压针阀。

⑯ 根据施工设计要求，对连接器进行密封性试压；主操手记录压力变化曲线和测试结果。

（二）技术要求

①工具准备：应符合所连接连续油管的规格型号和技术规范。

②施工准备：安装连接器时，不得使用榔头直接敲击的方式操作，可使用垫厚木板缓冲的方式震击，注意保护连接器。

③查找合适连续油管时，为保证连接器的密封圈所处位置安全有效，连续油管外壁不能有明显的凹坑和横纹，不能有深度超过 1mm 的划痕、细纹。

④使用锉刀处理划痕或使用角磨机打磨时，手要把稳，注意不要在同一位置锉动，避免产生深沟。

⑤割刀在割断连续油管时，因刀片切入油管外壁产生挤压，会形成 1~2mm 的锋利台阶，此处极易伤害连接器内部的密封圈，必须在做倒角时将其清除干净。

⑥在将连接器套入端口时，要注意对正，防止因歪斜刮伤密封圈。

⑦厌氧胶涂抹均匀，防止脱扣。

（三）注意事项

①施工人员应穿戴好劳保用品，戴好护目镜。

②操作人员在吊臂下作业、施工前要分工明确，确保安全操作。

③吊车回转系统、吊臂、吊钩，必须具备锁定功能，确保吊车在受力作业时不会发生溜钩、回转，确保施工人员安全。

④割除不合格的连续油管时，根据操作人员身高，宜每 1.0~1.2m 长度割一次；操作人员不得踩踏未加固定的脚垫。

⑤操作严格执行相关标准，吊车动作要缓慢。

⑥操作人员要服从指挥，完毕要做到工完料净。

三 安装 Roll-on 式连接器

Roll-on 式连接器需通过专用的环压工具将其连接在连续油管的末端，将连续油管转换成一个螺纹接头，是连续油管的一种常见连接器，多用于井筒内径较小的过油管作业或完井管柱作业。

（一）操作步骤

①安装工观察外露的连续油管，挑选外壁光洁、无明显划痕且相对较直的一段做连接器。

②使用连续油管割刀将该位置以下不合格的连续油管割除。

③使用平板锉将割好的连续油管断口锉平。

④使用平板锉将连续油管断口内、外都打磨出 3mm 的倒角。

⑤使用内铰刀将连续油管内径的焊缝切割掉。

⑥使用 Roll-on 连接器与连续油管比对，在连续油管上标注 Roll-on 连接器上三道凹槽的位置。

⑦在 Roll-on 连接器 O 形圈上涂抹黄油并使用橡皮锤将其敲击进连续油管，使用滚压工具在油管上标注的位置从下往上进行滚压。其压痕深度从下到上分别是 2mm、1.8mm、1.5mm。

⑧缓慢上提连续油管至试拉盘顶到防喷管下部；分别上提 5t、10t 并保持 3~5min，测试连接器强度。

⑨安装工根据记号变化情况检查试拉结果；主操手记录悬重变化曲线和测试结果。

⑩连续油管内通水，直至出口出水；关闭试拉盘泄压针阀。

⑪根据施工设计要求，对连接器进行密封性试压；主操手记录压力变化曲线和测试结果。

（二）技术要求

①工具准备：应符合所连接连续油管的规格型号和技术规范。

②施工准备：安装连接器时，不得使用榔头直接敲击的方式操作，可使用垫厚木板缓冲的方式震击，注意保护连接器。

③查找合适连续油管时，为保证连接器的密封圈所处位置安全有效，连续油管外壁不能有明显的凹坑和横纹，不能有深度超过 1mm 的划痕、细纹。

④使用锉刀处理划痕时，手要把稳，注意不要在同一位置锉动，避免产生深沟。

⑤割刀在割断连续油管时，因刀片切入油管外壁产生挤压，会形成 1~2mm 的锋利台阶，此处极易伤害连接器内部的密封圈，必须在做倒角时将其清除干净。

⑥在将连接器套入端口时，要注意对正，防止因歪斜刮伤密封圈。

（三）注意事项

①施工人员应穿戴好劳保用品，戴好护目镜。

②操作人员在吊臂下作业、施工前要分工明确，确保安全操作。

③吊车回转系统、吊臂、吊钩，必须具备锁定功能，确保吊车在受力作业时不会发生溜钩、回转，确保施工人员安全。

④割除不合格的连续油管时，根据操作人员身高，宜每 1.0~1.2m 长度割一次；操作人员不得踩踏未加固定的脚垫。

⑤操作严格执行相关标准，吊车动作要缓慢。

⑥操作人员要服从指挥，完毕要做到工完料净。

第六节　计数器清零

连续油管作业时井口部分未有井架，为保证和钻井井深数据一致，需统一按钻井平台校正深度。

（一）操作步骤

①核实该井套（油）补距数据 h。

②核准该井井口大四通位置。

③测量大四通底部法兰面到井口防喷器上端法兰面高度 H。

④将连续油管工具串全部收入防喷管内，工具底部刚好与防喷管底部平齐。

⑤计算连续油管校深数据：$L=h-H$。

⑥将注入头连接至井口。

⑦调整机械计数器和数采数据为连续油管校深数据（L）。

（二）技术要求

①找准大四通底部法兰位置。

②测量高度时要拉直紧贴井口装置。

（三）注意事项

①施工人员应穿戴好劳保用品。

②登高作业时，做好安全防护。

思考题

扫一扫
获取更多资源

1. 安装防喷器时安全注意事项有哪些？

2. 穿连续油管进注入头时安全注意事项有哪些？

3. 如何进行计数器清零？

4. 现将2in连续油管更换成1.75in连续油管进行冲砂作业，哪些设备部件需调整、更换，需准备哪些井下工具？

参考文献

[1] 袁发勇，马卫国．连续管水平井工程技术［M］．北京：科学出版社，2018.

[2] 聂海光，王新河．油气田井下作业修井工程［M］．北京：石油工业出版社，2002.

[3] 杨国圣．井下作业工艺技术［M］．北京：中国石化出版社，2013.

[4] 沈琛．井下作业工程监督手册［M］．北京：石油工业出版社，2005.

[5] 孙金瑜．井下作业工［M］．北京：石油工业出版社，2012.

[6] 石玉章．地质学基础［M］．青岛：中国石油大学出版社，2006.

[7] 武占．油田注气锅炉［M］．乌鲁木齐：新疆大学出版社，1997.

[8] 吴奇．井下作业工程师手册［M］．北京：石油工业出版社，2017.

[9] 黄革．井下作业工［M］．北京：石油工业出版社，2018.

[10] 尹建辉．埕岛油田防砂工艺技术［M］．北京：石油工业出版社，2013.

[11] 魏淋生．地层测试工［M］．北京：中国石化出版社，2013.

[12] 王永胜，武月旺．连续油管作业机常见故障分析及解决办法［J］．石油机械，2009，37（4）：81–82.

[13] 赵章明．连续油管工程技术手册［M］．北京：石油工业出版社，2011.

[14] 贺会群．连续油管技术与装备发展综述［J］．石油机械，2006，28（1）：1–6.

[15] 毕宗岳．连续油管及其应用技术进展［J］．焊管，2012，7（9）：5–12.

[16] 庞德新．连续油管作业技术实践［M］．北京：石油工业出版社，2020.

[17] 李宗田．连续油管技术手册［M］．北京：石油工业出版社，2003.

[18] 于东兵，包文德，马卫国，等．连续油管打捞技术专用工具研究现状及展望［J］．石油机械，2017，31（1）：45–47.

[19] 冯定，鄢标，王鹏，等．深水套管切割装置数值模拟与试验研究［J］．石油机械，2015，43（10）：47–49.